U0147581

C/C++ 代码调试的艺术（第2版）

张海洋 著

人民邮电出版社

北　京

图书在版编目（ＣＩＰ）数据

C/C++代码调试的艺术：第2版 / 张海洋著. -- 北京：人民邮电出版社，2023.4
ISBN 978-7-115-60806-2

Ⅰ. ①C… Ⅱ. ①张… Ⅲ. ①C语言－程序设计②C++语言－程序设计 Ⅳ. ①TP312.8

中国版本图书馆CIP数据核字(2022)第252445号

内 容 提 要

本书围绕 C/C++程序调试这一主题，系统深入地介绍了在 Windows 和 Linux 操作系统上如何高效地调试 C/C++程序。

本书分为 11 章，内容涵盖了程序调试的基本知识、Visual C++调试的基本功能与技巧、Linux 系统中 gdb 工具的使用、死锁调试、动态库调试、内存检查、远程调试、转储文件调试分析、发行版调试，以及调试的高级话题和调试方面的扩展知识。

本书作为学习 C/C++调试技术的重要资料，讲解通俗易懂，选取的示例注重理论与实际的联系。无论是 C/C++的初学者，还是经验丰富的开发人员，都会从中受益。

◆ 著　　　　张海洋

责任编辑　傅道坤

责任印制　王　郁

◆ 人民邮电出版社出版发行　　北京市丰台区成寿寺路 11 号

邮编　100164　电子邮件　315@ptpress.com.cn

网址　https://www.ptpress.com.cn

固安县铭成印刷有限公司印刷

◆ 开本：800×1000　1/16

印张：21.25　　　　　　　　　　2023 年 4 月第 2 版

字数：421 千字　　　　　　　　　2023 年 4 月河北第 1 次印刷

定价：109.80 元

读者服务热线：(010)81055410　印装质量热线：(010)81055316
反盗版热线：(010)81055315
广告经营许可证：京东市监广登字 20170147 号

≪≪≪**作者简介**≫≫≫

张海洋，云坞科技联合创始人，清华大学计算机专业毕业，从事软件开发近 20 年，曾在外企工作 10 余年，长期工作在开发第一线，已经申请软件发明专利 10 余项。精通 C/C++、Python 等编程语言，在 Windows 驱动、Linux 驱动、Windows/Linux 系统开发和调试方面具有丰富的经验。

≪≪ **前　言** ≫≫

——"有人的地方就有江湖，有软件的地方就有 BUG。"

比尔·盖茨在 1998 年演示 Windows 98 操作系统的时候，突然出现蓝屏，但是他一点也不惊慌，因为他知道这就是真实的软件世界。

盖茨表现淡定还有另外一个原因，那就是在 Windows 蓝屏以后，会生成崩溃转储文件，软件工程师可以根据该文件来分析蓝屏的原因，能够快速地定位并解决 BUG。

为什么写作本书

在 C/C++领域工作的这 10 多年里，令我印象深刻的并不是使用 C/C++去实现一个复杂的功能有多么困难，而是解决一个看似微不足道的 BUG 并不像我们想象的那么容易。很多读者可能也有这个体会，长时间地熬夜、加班，并不是为了完成一项重大的任务或者实现一个新功能，而通常是为了解决一个不容易发现的 BUG——这个 BUG 可能是别人留下的，也可能是自己留下的。C/C++开发人员通常有很强的代码编写能力，可以完成复杂的任务。常言道"代码写得越多，BUG 就会越多"，这是事实。如何才能又快又好地开发出高质量的软件呢？这也是软件开发人员一直在思考的问题，所以很多组织和培训机构都从软件开发的外围入手，比如使用一定的开发模式和方法，增加或者改变软件开发的流程等。的确，这些措施能够在一定程度上提升软件开发的效率。

但是 BUG 并没有减少，因此作者希望能够将这些年积累下来的解决 C/C++程序中的 BUG 的经验整理成书，希望能够帮助读者在开发工作的初期避免一些本不应该出现的 BUG。即使是在开发工作的后期出现 BUG，相信读者也能够有效地使用本书介绍的调试手段和技巧，迅速地定位并解决 BUG。

本书特色

本书坚持理论结合实际，融入了作者 10 多年的 Windows 系统和 Linux 系统开发经验，尤其是 C/C++开发方面的调试经验与心得。除第 1 章外，其他每章都编写了示例代码，无论是在 Windows 还是 Linux 系统中开发，本书都竭尽所能把问题解释清楚，确保每一位读者都能从本书中获得宝贵的调试技巧与方法。

通过本书的示例代码，读者可以熟练掌握书中介绍的调试工具、调试方法和调试技巧。本书虽然无法做到面面俱到，但是只要读者掌握了相关理论以及相应的实战技巧，就一定能够提升调试技术，在解决 BUG 时产生事半功倍的效果。

主要内容

全书共分为 11 章，几乎涉及 C/C++程序调试的方方面面，其中包括在 Windows 系统和 Linux 系统中调试 C/C++程序的方法与技巧，下面简单介绍一下每章的内容。

- **"第 1 章　C/C++调试基本知识"**主要介绍了什么是 BUG，还介绍了与调试有关的一些概念，以及 C/C++调试的重要性。

- **"第 2 章　Visual C++调试基本功能"**详细介绍了 Visual C++的基本调试功能，包括断点管理、调试执行、监视/快速监视、内存查看、即时窗口、调用堆栈、多线程管理等，还介绍了一些断点的高级用法，比如条件断点、函数断点、数据断点等。

- **"第 3 章　Linux 系统下 gdb 调试基本功能"**详细地介绍了 Linux 系统下 gdb 的调试技巧与方法，包括 gdb 的断点管理、查看变量、查看内存、查看调用栈、线程管理，还介绍了一些 gdb 特有的调试功能，比如观察点、捕获点等。

- **"第 4 章　多线程死锁调试"**介绍了一些多线程的基本知识，以及多线程同步与死锁的概念，然后通过 Windows 系统和 Linux 系统中的死锁调试实例来演示如何解决死锁问题，最后介绍了如何在多线程环境中避免死锁。

- **"第 5 章　调试动态库"**介绍了 Windows 系统和 Linux 系统动态库的一些基本知识，并简单演示了如何在 Windows 系统和 Linux 系统中开发动态库，最后详细介绍了在 Windows 系统和 Linux 系统中调试动态库的多种方法。

- **"第 6 章　内存检查"**介绍了如何调试、分析和发现 C/C++代码中的内存错误，比如内存泄漏、堆栈溢出等，并详细地介绍了如何在 Windows 系统和 Linux 系统中发现和解决内存泄漏和堆栈溢出问题。

- **"第 7 章　远程调试"**介绍了远程调试的多种方法与技巧，既包含 Windows 系统的远程调试方法，也包含 Linux 系统的远程调试方法，同时还介绍了在 Windows

系统中如何远程调试 Linux 程序。

- **"第 8 章 转储文件调试分析"** 主要介绍了如何生成转储（dump）文件，以及如何在 Windows 系统和 Linux 系统中分析死锁转储文件和崩溃转储文件。

- **"第 9 章 发行（Release）版调试"** 介绍了发行版与调试版的一些区别，解释了为什么发行版不容易进行调试，并演示了如何在 Windows 系统和 Linux 系统中调试发行版。

- **"第 10 章 调试高级话题"** 介绍了一些与调试有关的高级话题，比如断点的秘密、与 Windows 调试和 Linux 调试相关的 API 和系统调用、使用 gdb "破解" 软件密码等。

- **"第 11 章 调试扩展知识"** 介绍了在 Windows 系统和 Linux 系统中使用 C/C++开发驱动的一些入门知识，并通过一个示例演示了如何创建第一个驱动程序，包括如何调试驱动，以及如何分析内核转储文件等，最后介绍了用 Visual Studio 2022 调试 C/C++程序的新特性。

资源获取

本书所有的示例代码可以从异步社区下载，也可以使用 Git 客户端工具从地址 https://github.com/SimpleSoft-2020/book_debug.git 下载。如果使用的是 Windows 系统，那么可以使用 VC 2019 打开 debug_examples.sln 解决方案文件。如果使用的是 Linux 系统，就可以进入每个目录，然后直接执行 make 命令来编译和运行示例代码。

资源与支持

本书由异步社区出品，社区（https://www.epubit.com/）为您提供相关资源和后续服务。

配套资源

本书提供源代码。要获得这一配套资源，请在异步社区本书页面中单击 配套资源 ，跳转到下载界面，按提示进行操作即可。注意：为保证购书读者的权益，该操作会给出相关提示，要求输入提取码进行验证。

提交勘误

作者和编辑尽最大努力来确保书中内容的准确性，但难免会存在疏漏。欢迎您将发现的问题反馈给我们，帮助我们提升图书的质量。

当您发现错误时，请登录异步社区，按书名搜索，进入本书页面，单击"发表勘误"，输入勘误信息，单击"提交勘误"按钮即可。本书的作者和编辑会对您提交的勘误进行审核，确认并接受后，您将获赠异步社区的 100 积分。积分可用于在异步社区兑换优惠券或样书。

扫码关注本书

扫描下方二维码，您将会在异步社区微信服务号中看到本书信息及相关的服务提示。

与我们联系

我们的联系邮箱是 fudaokun@epubit.com.cn。

如果您对本书有任何疑问或建议，请您发邮件给我们，并请在邮件标题中注明本书书名，以便我们更高效地做出反馈。

如果您有兴趣出版图书、录制教学视频，或者参与图书翻译、技术审校等工作，可以发邮件给我们；有意出版图书的作者也可以到异步社区在线投稿。

如果您所在的学校、培训机构或企业，想批量购买本书或异步社区出版的其他图书，也可以发邮件给我们。

如果您在网上发现有针对异步社区出品图书的各种形式的盗版行为，包括对图书全部或部分内容的非授权传播，请您将怀疑有侵权行为的链接发邮件给我们。您的这一举动是对作者权益的保护，也让我们有动力持续为您提供有价值的内容。

关于异步社区和异步图书

"**异步社区**"是人民邮电出版社旗下 IT 专业图书社区，致力于出版精品 IT 技术图书和相关学习产品，为作译者提供优质出版服务。异步社区创办于 2015 年 8 月，提供大量精品 IT 技术图书和电子书，以及高品质技术文章和视频课程。

"**异步图书**"是由异步社区编辑团队策划出版的精品 IT 专业图书的品牌，依托于人民邮电出版社 30 余年的 IT 优质出版资源和专业编辑团队，相关图书在封面上印有异步图书的 LOGO。异步图书的出版领域包括软件开发、大数据、AI、测试、前端、网络技术等。

异步社区

微信服务号

<<< 目 录 >>>

<<< 第1章 >>>

C/C++调试基本知识

1.1 BUG 与 Debug

什么是 BUG 呢？BUG 的本意是虫子，现在泛指计算机硬件或者软件中的错误、缺陷等。我们随处可以听到 BUG 这个词：电梯运行不稳定，就会有人说"电梯出 BUG 了"；手机 App 功能不正常，也会有人说"App 出 BUG"了。这种表达方式没错，但是虫子为什么会成为软硬件错误的代名词呢？关于 BUG 一词的来源，还有一个小小的传说。

这个传说与计算机科学家 Grace Hopper 有关。

Grace Hopper 是著名的计算机科学家，而且是第一位获得美国海军少将军衔的女性。1947 年 9 月 9 日，作为程序员的 Grace Hopper 发现 Mark II 计算机出现了故障。经过一番排查之后，她发现引起计算机故障的原因是一只死了的飞蛾卡在了计算机的某个电器元件中。当把这只飞蛾取出来后，故障也就解决了。Grace Hopper 当时把这件事记录了下来，并且把那只飞蛾粘贴在当天的工作手册中，并写下了"First actual case of bug being found."的字句，如图 1-1 所示。

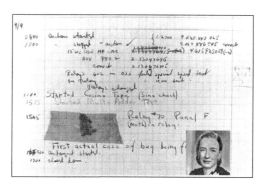

图 1-1　BUG 来源的传说

从此这个故事就广为流传，后来 BUG 一词就用来指代计算机硬件或者软件中的错误以及缺陷等。

那么什么是 Debug 呢？我们都知道，在英文中 De 是前缀，具有"去除"和"离开"的意思，比如 detach（分离），因此 Debug 就是去除 BUG 的意思。但是怎样去除 BUG 呢？过程就是 Debug，我们一般不将 Debug 称作除错，而是叫作调试，因为反复的调试过程才能去除 BUG。调试过程很复杂，要修改代码、借助工具进行测试等，有时候甚至比开发一个软件还要复杂。

很多人可能都会有这种感觉，即我们开发一个小功能可能只需要 1 个小时，但是去除其中的错误可能会花费一天甚至更长的时间。事实表明，我们在发现问题、解决问题的过程中往往需要更多的智慧与技巧。

加拿大著名的计算机科学家 Brian Wilson Kernighan 说过一句有趣的名言："调试代码的难度是编写代码的两倍，如果编写代码的时候已经黔驴技穷，那你便没有足够的聪明才智去调试它了。"原文如图 1-2 所示。

"Everyone knows that debugging is twice as hard as writing the code in the first place. Therefore, if you write the code as cleverly as possible, you are, by definition, not smart enough to debug it."

图 1-2　Brian Wilson Kernighan 有关调试的言论

这句话看似简单，实则对调试充满敬畏。的确，虽然编写和调试代码看起来密不可分，但是确实都需要特别的能力。无论是编写代码还是调试代码，都需要发挥我们的聪明才智。

调试的形式多种多样，只要是为软件去除 BUG 的过程或者行为，甚至有时候不一定是去除 BUG 的过程或者行为（比如优化），都可以被称为软件调试。在我们的印象中，好像只有在调试器中运行软件才叫作调试。其实调试有很多种方式，比如我们可以在调试器中运行软件进行调试，也可以分析软件的转储文件去进行调试，等等。我们可以将软件调试定义为"发现和去除 BUG 的过程或者行为"。

要解决 BUG，首先要定位 BUG 的根源（root cause），然后为 BUG 提出解决方案。定位 BUG 根源的过程往往要比提出解决方案困难很多，一旦找到了问题根源，就会有各种方案来解决问题。

有一个小故事很好地诠释了定位 BUG 和为 BUG 提出解决方案这两者之间的关系。

20 世纪初，美国福特公司正处于高速发展时期，多个车间和厂房被迅速建成并投入使用，客户的订单堆满了福特公司销售处的办公室。福特汽车供不应求。就在这时，福特公司的一台电机出了问题，这几乎导致整个车间不能运转，相关的生产工作也被迫停了下来。公司调来大批检修工人反复检修，又请来许多专家进行检查，却始终没有找到问题的根源，更谈不上维修了。这时有人提议去请著名的电机专家 Charles Proteus Steinmetz（如图 1-3 所示）来帮忙。

图 1-3　Charles Proteus Steinmetz

Steinmetz 仔细检查了电机，然后用粉笔在电机外壳画了一条线，对工作人员说："打开电机，将记号处里面的线圈少绕 16 圈。"令人惊异的是，工作人员照办后，故障竟然排除了，福特公司很快就恢复了生产。

福特公司经理问 Steinmetz 要多少酬金，Steinmetz 说："不多，只需要 1 万美元。""1万美元？就只简简单单画了一条线！"Steinmetz 看大家迷惑不解，转身开了个清单：画一条线，1 美元；知道在哪儿画线，9999 美元。福特公司经理看了之后，不仅照价付酬，还重金聘用了 Steinmetz。

这个故事用在这里非常合适，不仅体现了发现问题的根源比提出解决方案更重要，而且说明了找到问题的根源是一种技能，也更有价值。我们调试的目的通常是找到"画线"的地方，这就是调试的重要性。

1.2　为什么选择 C/C++

C/C++语言已经发展了 40 多年，生命力也越来越旺盛，在 TIOBE 世界编程语言排行榜中，C 语言长期保持前三位。2020 年 6 月的 TIOBE 世界编程语言排行榜如图 1-4 所示。

C/C++语言受到广泛欢迎的原因是 C/C++语言几乎无所不能。Windows 系统和 Linux 系统中的绝大部分代码是用 C/C++语言实现的，只有一小部分代码是汇编代码。由于 C/C++比其他语言具有更高的性能，因此对性能要求比较高的系统大多会选择 C/C++语言进行开发。

与硬件相关的一些应用开发场景也是非 C/C++语言莫属，比如单片机开发、无人机系统开发、物联网应用开发等，都需要使用 C/C++语言。无论是 Windows 系统还是 Linux 系统中的内核驱动模块开发，一般都只能使用 C/C++语言来实现。

Jun 2020	Jun 2019	Change	Programming Language	Ratings
1	2	^	C	17.19%
2	1	v	Java	16.10%
3	3		Python	8.36%
4	4		C++	5.95%
5	6	^	C#	4.73%
6	5	v	Visual Basic	4.69%
7	7		JavaScript	2.27%
8	8		PHP	2.26%
9	22	⋇	R	2.19%
10	9	v	SQL	1.73%

图 1-4　2020 年 6 月的 TIOBE 世界编程语言排行榜

尽管 C/C++语言的学习难度可能比其他语言更大，学习周期更长，但是真正掌握了 C/C++语言后，再学习其他语言就会容易得多。很多编程语言本身也是用 C/C++语言开发的，例如 Python 语言。

本书主要介绍如何调试 C/C++代码，如果掌握了本书的调试方法与技巧，其他语言的调试也能够驾轻就熟。

本书中关于调试方面的方法与技巧长期有效，而且很多方法与技巧也适用于早期的软件产品，比如 Visual C++ 6.x（发布于 1998 年）。无论操作系统以及调试软件怎样升级换代，这些基本的调试方法与技巧都是通用的。如果掌握了 Visual C++软件的调试方法与技巧，就可以将代码轻松地迁移到 Dev-C++中进行调试，甚至能够将 Java 代码平滑地迁移到 Eclipse 中调试——尽管界面有所不同，但是软件调试的核心是相同的。

1.3　什么是调试器

调试器（Debugger）是用来调试软件的工具，是开发人员的得力助手。有效的工具能够使我们的工作得心应手，BUG 也会无所遁形。调试器有很多种类，例如 Windows 系统的 Visual Studio 和 Linux 系统的 gdb 等。无论使用哪种调试器，我们只有熟练地掌握它们，才能使其发挥巨大作用。

工欲善其事，必先利其器。要想快速地发现 BUG，解决 BUG，必须要掌握使用这些调试器的基本方法和技巧。

本书主要用到的调试器是 Visual Studio 的 Visual C++和 Linux 系统的 gdb，后面的章节会进行详细的介绍。

Visual C++调试基本功能

自 1997 年微软发布 Visual Studio 97 以来，至今已有 20 多年的历史了。时代在变，Visual Studio 的版本在更新，它的几个主要功能也一直在增强，比如"所见即所得"的界面设计器，能够后台实时编译、增量编译的编译器，以及功能强大的调试器。Visual Studio 的功能非常强大，支持的编程语言也非常多，例如 VB、C/C++、C#等。在这些编程语言中，C/C++的使用人数是最多的，Visual C++在开发人员中也很受欢迎，作者一直在使用 Visual Studio 系列版本（从 Visual Studio 6.0 到如今的 Visual Studio 2022）。

2.1 Visual C++简介

Visual C++（简称为 Visual C++、MSVC、VC++、VC，为了方便起见，后续简称为 VC）是微软的 C++开发工具，具有集成开发环境，可提供编辑、编译、调试 C/C++等编程语言的功能。VC 提供了强大的调试工具，方便开发人员迅速发现和定位 BUG，从而快速地修复 BUG。目前 VC 最新的版本是 VC 2022。

VC 对 C 语言和 C++语言的支持紧密结合 C 和 C++标准，VC 2015 基本上支持 C99 标准，VC 2017 支持 C++17 标准，VC 2019 支持 C++20 标准的大部分核心功能以及几乎全部 C++20 标准库。

对于熟练使用 VC 的用户，VC 是 Windows 软件开发的一大利器，简直无所不能。而对于不太熟悉 VC 的用户，VC 只能用来开发 Windows 软件，而且仅限于 Windows 应用层软件。随着 VC 近年来的不断升级，其功能和特性已经发生了巨大变化，用户可以使用 VC 集成开发环境轻松开发 Windows 应用层软件，还可以开发 Windows 内核驱动程序。

对于想学习 Windows 驱动开发的读者，VC 集成开发环境还提供了巨大的便利，不但降低了开发驱动的门槛，而且大大缩短了开发周期，效率也得到了提高。更重要的是，虽然以前能够使用 VC 来开发 Windows 驱动，但仅仅是使用 VC 来编辑代码，如果要对代码进行编译，通常需要以命令行的方式来进行，这非常不方便，而且需要借助其他调试工具（比如 WinDbg）来进行内核调试。现在，这个局面已经得到了彻底的改观，新版本的 VC（比如 VC 2019）开发 Windows 内核驱动的方式已经与开发普通的应用层程序的方式基本一致，内核的双机调试也更方便。本书后续章节会对 Windows 驱动开发进行简单的介绍。

VC 的另一个变化就是开发平台的功能更加完善。图 2-1 是 VC 2019 创建 C++项目的平台选择界面。C++项目可以支持更多平台和类型，比如可以在 Windows 系统中使用 VC 开发 Linux 应用，甚至 iOS、Android 等应用。以前在创建 Linux 系统下的 C++项目时，一般都是在 Windows 系统中使用图形化的代码编辑工具（比如 Source Insight 等）进行编辑，再通过文件传输工具传到 Linux 系统中进行编译、测试和运行。一旦发现编译有错误或者代码有 BUG，就需要修改代码之后再回传到 Linux 系统中。如此反复，效率非常低下，这是因为通过 Linux 命令行编写大规模的代码确实不方便，尤其是有多个模块时，来回切换代码文件十分烦琐。

图 2-1　VC 2019 创建 C++项目的平台选择界面

由于 VC 2019 的出现，效率低下这一情况得到极大改善。通过 VC 2019 可以直接创建 Linux 系统下的 C++项目，并在 VC 2019 中进行编码、编译、调试和测试，与开发普通的 Windows 系统应用程序一样方便。本书后面也会有专门的章节来简单介绍如何使用 VC 进行 Linux 程序的开发和调试。

尽管 VC 的版本已经更新至 2022 版，但是本书中所讨论的调试技术的核心几乎没有变化，即使是使用 VC 6 等早期版本，大多数功能也是适用的，只有少数功能是 VC 较高版本才具有的，比如远程调试 Linux 程序、开发调试 Windows 驱动等功能，需要用到 VC 2017 或者更高版本。

虽然本书的核心调试技术几乎在所有的 VC 版本中都可以体现，但是为了能够领略新技术带来的便利并让大家感受到 VC 的新特性，本书以目前最新的 VC 2019 作为演示软件。

2.1.1　VC 2019 版本选择

Visual Studio 2019 共有 3 个版本：社区版、专业版和企业版。其中专业版和企业版需要收费，而社区版是免费的。虽然 3 个版本所支持的功能有一些区别，但是本书中使用的调试技术得到 3 个版本的支持，读者可以免费下载 Visual Studio 2019 社区版。因为我们只需要 VC 的一部分功能，其他很多功能在本书中没有涉及。Visual Studio 2019 的 3 个版本的异同如表 2-1 所示。

表 2-1　Visual Studio 2019 的 3 个版本的异同

支持的功能	社区版（免费）	专业版（收费）	企业版（收费）
单个开发人员	√	√	√
学术研究	√	√	√
参与开源项目	√	√	√
企业用户	×	√	√
开发平台支持	√	√	√
重构	√	√	√
代码评审	√	√	√
基本调试	√	√	√
高级调试	部分支持	部分支持	√

其中社区版不允许企业用户（企业用户指的是超过 250 台 PC 或年收入超过 100 万美元的组织）使用，对本书中要使用的功能没有任何限制。另外一个区别是社区版只支持部分高级调试功能。在 Visual Studio 2019 中，高级调试功能主要包括表 2-2 所示的几个方面。

表 2-2　Visual Studio 2019 高级调试功能

支持的功能	社区版（免费）	专业版（收费）	企业版（收费）
智能跟踪（IntelliTrace）	×	×	√
代码映射调试器集成	×	×	√
.NET 内存转储分析	×	×	√
代码指标	√	√	√
图形调试	√	√	√
静态代码分析	√	√	√
性能和诊断中心	√	√	√
快照调试程序	×	×	√
按时间顺序查看调试	×	×	√

下面简单介绍 Visual Studio 2019 社区版不支持的高级调试功能。

● **智能追踪**：可以记录和追踪代码执行的历史信息，记录特殊的事件、调试过程中局部变量窗口中的相关代码、数据以及函数调用信息等。智能追踪可以帮助开发人员更便捷地发现 BUG，并追踪 BUG 出现的原因。

● **代码映射调试器集成**：调试时生成代码的映射关系，比如各个模块、各个文件之间的调用关系等。对于一些大型项目，调试时理解代码之间的关系对后期工作非常有帮助。

● **.NET 内存转储分析**：针对.NET 的 dump 文件分析。

● **快照调试程序**：主要是针对微软云（Azure）应用服务程序的一种调试技术，可以理解为现有调试技术的综合体，比如远程调试、dump 文件分析等。在生产环境中运行时，如果执行到应用程序的某行代码，就会自动创建一个该应用程序的快照（dump）文件，而不会影响现有应用程序的执行，因此可以远程分析该 dump 文件。未来该技术可能也会应用到 Azure 的虚拟机快照中。

● **按时间顺序查看调试**：可以简单地理解为录像机，即对代码的执行过程进行"录像"，还可以执行回放操作，这对于分析 BUG 的产生过程是非常有用的。

2.1.2　VC 2019 安装

Visual Studio 2019 社区版可以从微软官方地址下载。

建议选择下载中文版，本书中的软件界面也都会是中文显示。在安装时需要注意，在"工作负载"选项卡中选中"使用 C++的桌面开发"和"使用 C++的 Linux 开发"两项，并勾选图 2-2 和图 2-3 所示的可选项。

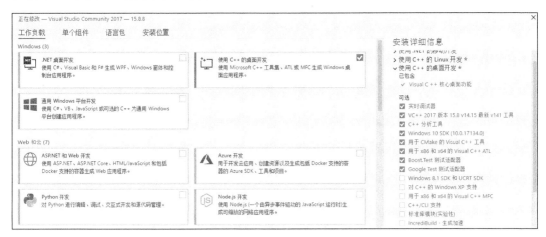

图 2-2　选中"使用 C++的桌面开发"

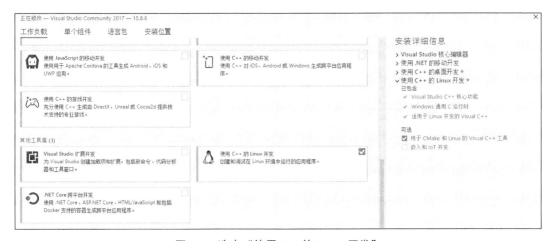

图 2-3　选中"使用 C++的 Linux 开发"

2.2　断点管理

断点（breakpoint）在调试技术中最为重要，因此我们首先介绍与断点相关的技术。

断点是为了满足调试的需要而在程序中设置的特殊标志，代码执行到包含特殊标志的位置时会暂停，我们可以查看或者修改程序运行的一些信息，比如内存信息、堆栈信息等，还可以检查程序运行的结果，并且据此判断程序运行是否符合期望等。总而言之，断点就是程序中断（暂停运行）的地方。

2.2.1 设置/删除断点

在 VC 系列版本中，从 VC6 开始，设置断点的快捷键默认为 F9，删除断点的默认快捷键也是 F9。也就是说，F9 是一个断点切换键，当被按下时，如果光标所在的代码行没有设置过断点，就会在光标处设置一个断点；如果光标所在的代码行已经设置过断点，就会删除对应的断点。我们可以在任意代码位置（甚至是代码注释行）设置断点，但是在启动调试以后，就只能在有效的代码行设置断点。

也可以通过菜单来设置断点，如图 2-4 所示，可以通过菜单"调试"→"切换断点"在第 312 行代码处设置一个断点。

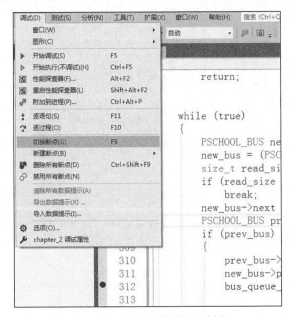

图 2-4　通过调试菜单设置断点

用户可以在程序启动前提前设置好断点，也可以在调试过程中随时设置新的断点或者删除断点。

2.2.2 禁用断点

对于一个暂时不需要的断点，可以将其删除或者禁用。删除和禁用断点的区别在于，如果一个断点被删除，该断点就会消失；如果一个断点被禁用，我们可以对被禁用的断点继续操作，比如重新启用断点，只是程序代码运行到被禁用的断点后并不会暂停下来。我们可以通过以下几种方式来禁用断点。

● **用鼠标右键点击菜单**：在断点处单击鼠标右键，选择"禁用断点"命令即可禁用断点。如图 2-5 所示，在第 302 行代码对应的断点处单击鼠标右键并选择"禁用断点"命令后，该行的断点即被禁用。在断点被禁用后，断点的图标会从红色小圆点变成白色小圆圈。

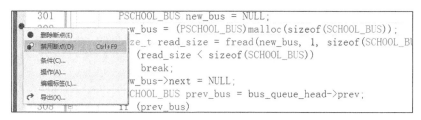

图 2-5　用鼠标右键单击菜单中的"禁用断点"命令

● **组合键**：禁用断点和启用断点的组合键是 Ctrl+F9，按下后即可禁用一个启用的断点，或者启用一个已经禁用的断点。该组合键与 F9 键类似，都是进行切换的功能。

2.2.3　查看所有断点

无论是在调试启动前还是调试过程中，都可以随时查看已经设置好的所有断点。VC 提供了一个"断点"窗口，可以查看所有已经设置好的断点，如图 2-6 所示，通过菜单"调试"→"窗口"→"断点"，就会打开如图 2-7 所示的"断点"窗口。

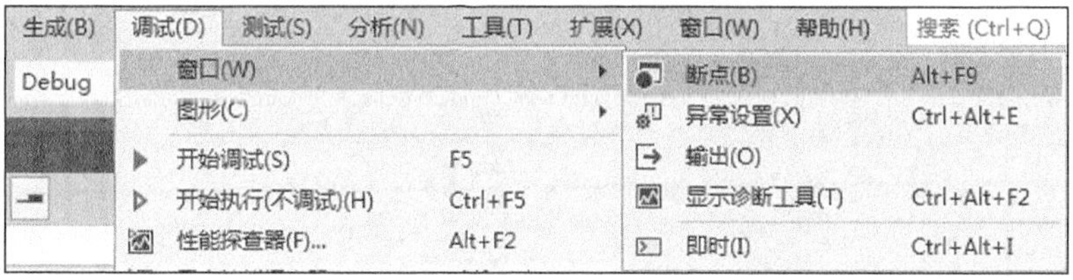

图 2-6　打开"断点"窗口

在"断点"窗口中，可以很方便地对断点进行管理，比如删除某些断点、禁用/启用某些断点。需要说明的是，"断点"窗口中显示的是当前解决方案中所有项目的断点信息，而不是某一个项目的断点信息。比如，如果当前打开的解决方案中包含 10 个项目，那么 10

个项目中的所有断点都会被显示出来，如图 2-8 所示。

图 2-7　"断点"窗口

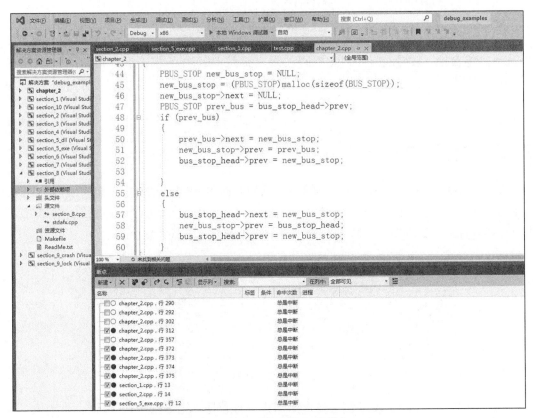

图 2-8　解决方案中的所有断点

从图 2-8 中可以看出，一个断点的属性有很多，比如名称、标签、条件、进程等。名称属性就是源文件的文件名，后面是断点在该文件中的代码行号。标签属性是对断点有意义的描述（比如这个断点的用途），可以用来区分其他断点。尤其是当同一个文件有多个断点时，通过"断点"窗口很难直接看出各个断点的作用，如果给断点打一个标签，取一个有意义的名字，就会一目了然。条件属性是断点执行的条件。命中次数指的是在调试过程中，这个断点命中了多少次。进程属性指的是当前断点属于哪一个进程，只有在调试状态下才会显示。"断点"窗口非常有用，尤其是解决方案中有多个项目的时候，如果两个项目中的文件名都相同，根据进程属性就可以判断断点属于哪一个进程。我们来看一个调试状态下的"断点"窗口效果，如图 2-9 所示。

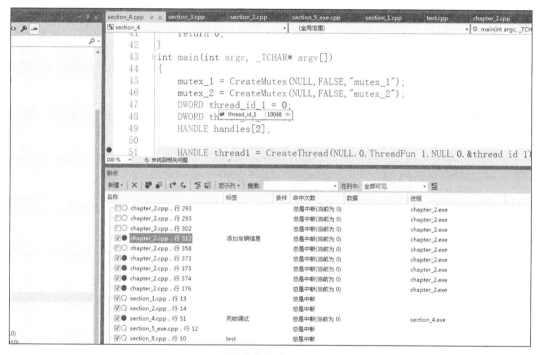

图 2-9　同时调试多个进程的"断点"窗口

从图 2-9 中我们看到了一类特殊的断点图标，它既不是红色小圆点，也不是白色小圆圈，而是白色小圆圈外加一个惊叹号。这说明该断点不是启用状态，也不是禁用状态。这种图标表示该断点不会被命中，因为源代码所对应的调试符号没有被加载。调试符号在两种情况下不会被加载，一种是该断点对应的程序不处于调试状态，比如图 2-9 中标签为"test"的断点，它对应的程序是 section_8.exe，但是 section_8.exe 并没有被调试，所以显示该图标；另外一种情况是虽然断点对应的程序已经启动，而且处于调试状态，但是由于各种原因（比如版本不匹配）没有办法成功加载，也会显示该图标。另外我们也看到了几个添加了标签属性的断点，比如有一个标签为"死锁调试"，则可以判断该断点的用途是调试死锁，可能是这个程序在某些情况下会发生死锁。进程属性显示了两个进程：chapter_2.exe 和 section_4.exe。这表示我们当前正在调试这两个进程，而且这两个进程都设置了断点。

后面的调试实践过程中还会涉及更多的断点细节，例如条件断点如何设置、什么是函数断点等，之后会有专门的章节来介绍相关知识。

2.3 调试执行

上一节介绍了调试过程中最重要的技术——断点，合理设置断点有助于调试并发现 BUG。本节主要介绍调试过程中另一个重要的概念——调试执行，即程序在断点处中断后，我们希望通过什么方式来执行程序中的代码，以达到预期效果，并能够快速地定位并解决 BUG。

2.3.1 启动调试

启动调试有多种方法：可以从"调试"菜单中执行"开始调试"命令；也可以从"调试"菜单中执行"附加到进程"命令。两者的功能略有不同，后面会有一个专门的小节来介绍"附加到进程"这一命令。

还可以按 F5 键来启动调试。这种启动调试的方法一般是在程序还没有开始运行时使用，可以直接从调试器中启动程序。这种方式的好处是可以调试程序任意位置的代码，比如 main 函数的第一行。使用这种方式来运行程序是一个好习惯，尤其是在开发阶段，因为我们不知道程序中是否包含 BUG，也不知道程序在执行过程中是否会崩溃、是否有内存泄漏等。但是，如果我们在调试器中运行程序，那么就很容易探测到上述情况，从而提前发现并解决 BUG。如果在程序运行过程中出现了一些错误的操作，比如内存被多次释放、缓存区溢出等，就可以立即捕获这些错误。

建议平时以启动调试的方式来运行程序，而不要选择"开始执行（不调试）"，即使我们并没有特定的调试目的，这样也可以及早发现并解决程序中的问题。

启动调试后，程序会执行到第一个断点处暂停，这里的第一个断点指的不是位置上的第一个（即代码行最靠前的那一个），而是逻辑上的第一个（即所有断点中最先执行的那个）。

当程序暂停后，"启动调试"菜单就会变成"继续"，如果此时继续按 F5 键或者单击调试菜单中的"继续"，程序就会继续执行，直到遇到下一个断点。

与启动调试对应的功能是停止调试，可以从"调试"菜单中执行"停止调试"命令，或者按组合键 Ctrl+Shift+F5 来停止调试，此时无论程序是暂停状态还是运行状态，都会停止运行。另外一种方法是直接退出程序，但是必须是在程序没有进入暂停状态时退出，否则程序便无法退出。

2.3.2　逐语句执行

逐语句（Step Into）执行（F11 键）也称为单步执行或者逐行执行，即一行一行地执行程序中的代码。如果某行代码中调用了一个函数，那么逐语句执行命令就会进入函数中去，而不是跳过函数。我们来看一个简单的例子，如代码清单 2-1 所示。

代码清单 2-1　逐语句执行示例

```
239  void order_bus()
240  {
241      printf("请输入需要的班车数量,然后按回车\n");
242      int number = 0;
243      scanf("%d", &number);
244
245      if (number + ordered_bus_number > total_bus())
246      {
247          printf("空闲班车数量不足！预定班车失败\n");
248          return;
249      }
250      else
251      {
252          ordered_bus_number += number;
253      }
254      printf("预定班车成功！\n");
255
256  }
```

在代码清单 2-1 中，order_bus 函数的第一行（也就是第 241 行）代码设置了一个断点，当代码执行到这里时会暂停。我们可以按 F11 键来逐语句执行，每按一次就执行一行代码，当执行到第 245 行代码时，由于这条语句中调用了 total_bus 函数，因此这时按 F11 键，就会进入 total_bus 函数中继续执行，即调试已经从 order_bus 函数进入 total_bus 函数中。如果在 total_bus 函数中继续逐语句执行，那么执行方式一致。如果遇到了函数调用，还会继续进入函数内部执行。

如果调用的函数是系统函数或者 C/C++库函数会怎样呢？逐句执行会得到什么结果？如果该函数有源代码，也会直接进入该函数中；如果该函数没有对应的源代码，则会像普通语句一样逐语句执行，不会进入函数中。

如果一行语句中有多个函数调用，逐语句执行会依次进入多个函数中执行，但是会按照什么顺序执行呢？我们来看一个逐语句执行多个函数调用的例子，如代码清单 2-2 所示。

```
153  ⊟int delete_bus()
154   {
155       char bus_no[16] = { 0 };
156       printf("请输入班车车牌（15个字符以内），然后按回车\n");
157       scanf("%s", bus_no);
158       PSCHOOL_BUS bus = bus_queue_head->next;
159
160       bool found = false;
161       while (bus)
162       {
163           if (is_ordered(bus) && get_seat_num(bus) < 100)
164           {
165               continue;
166           }
167           if (stricmp(bus->bus_no, bus_no) == 0)
168           {
169               printf("删除班车成功\n");
170               bus->prev->next = bus->next;
171               if (bus->next)
172                   bus->next->prev = bus->prev;
173               free(bus);
```

在代码清单 2-2 中，第 163 行代码设置了一个断点。该断点所在处的代码是一个 if 条件语句，if 表达式里面调用了两个函数：is_ordered 和 get_seat_num。如果此时进行逐语句执行，会首先进入 is_ordered 函数中，从函数返回后，再次执行逐语句执行，则会进入到 get_seat_num 函数中。但是，我们都知道 C/C++编译器会对代码进行一些优化，有时并不会完全按照预期执行，特别是条件语句。仍然以第 163 行代码为例，由于两个函数中间的操作符是&&，表示两个条件都为真时，整个 if 条件才为真。如果第一个函数返回 false，第二个函数也不会执行。因为继续执行已经没有任何意义，无论 get_seat_num 函数获取到的值是否大于 100，都不会改变整个 if 条件的取值，所以如果逐语句执行从 is_ordered 函数返回，并且其返回值为 false 的话，那么再次执行逐语句执行也不会进入 get_seat_num 函数中，而是会直接执行下一行代码。

类似的一种情况是，如果两个条件之间的操作符是||，如

```
if (is_ordered(bus) || get_seat_num(bus) < 100)
```

如果 is_ordered 函数的返回值为 true，第二个函数 get_seat_num 就不会被执行，因为无论是否执行第二个函数 get_seat_num，都不会影响整个 if 条件的判断。

注意　这里的逐语句执行好像是逐行执行，大多数情况下的确如此。但是 C/C++代码规范比较灵活，有别于其他书写要求严格的编程语言，C/C++可以在一行中书写很多代码。所以逐语句（逐行）执行指的并不是物理意义上的一行代码，而是逻辑上的代码行，如果一行代码中书写了很多命令，逐语句执行的时候会逐个执行，就像逐个执行函数调用一样。

2.3.3　逐过程执行

逐过程（Step Over）执行与逐语句执行有一些相似之处。如果代码行中没有函数调用，那么执行结果是相同的，都是执行完当前代码行，在下一行代码处暂停。不同之处在于当前代码行中是否包含函数。如果当前代码行中有函数调用，逐语句执行会进入函数中然后暂停，而且如果有多个函数的话，逐语句执行会依次进入到每个函数中。逐过程执行则刚好相反，无论当前代码行有多少个函数调用，都不会进入到函数中，而是直接进入到下一行代码并暂停。

所以大多数情况下逐过程执行可以节省调试时间，对于不重要的函数调用或者函数代码，就可以使用逐过程执行或者按 F10 键，直接跳过该函数，执行下一行代码。

2.3.4　跳出执行

跳出执行（Step Out）是指跳出当前执行的函数。跳出执行的组合键是 Shift+F11，该功能只有在程序暂停的状态下才可以使用，即正在逐语句或者逐过程执行代码时，跳出执行才有效。

跳出执行非常有用，比如我们正在一个函数中进行逐语句或者逐过程调试时，而且已经对关键代码进行了检查，相关的信息也进行了查看，如果并不关心函数后面部分的代码，这个时候就没有必要再逐步进行调试，就可以跳出执行。执行跳出命令或者按 Shift+F11 组合键，就会跳出当前函数的调试，进入调用该函数的代码的下一行代码处并暂停。

2.3.5　运行到光标处

运行到光标处（Run To Cursor）是一个非常有趣的功能。"调试"菜单中不包含该命令，只能在上下文菜单中找到或者使用 Ctrl+F10 组合键来调用。如图 2-10 所示，在第 389 行代码处单击鼠标右键后，就会在弹出的菜单中看到"运行到光标处"命令。

"运行到光标处"相当于先在光标处设置一个断点，然后继续执行"启动调试/继续"命令。不过这只是一个虚拟的断点，不会出现在"断点"窗口中，而且只会作用一次，即执行过后就不再起作用。

以图 2-10 为例，假设我们在第 389 行代码处执行"运行到光标处"命令或者按 Ctrl+F10 组合键，如果此时程序没有启动，那么程序会启动并进入调试状态。如果第 389 行代码之前还有其他断点，那么会先在其他断点处暂停，继续调试执行才会执行到第 389 行代码处并暂停，因此，"运行到光标处"设置的断点本身并不具备比其他断点更高的优先级，其作用只是一个普通的一次性断点。

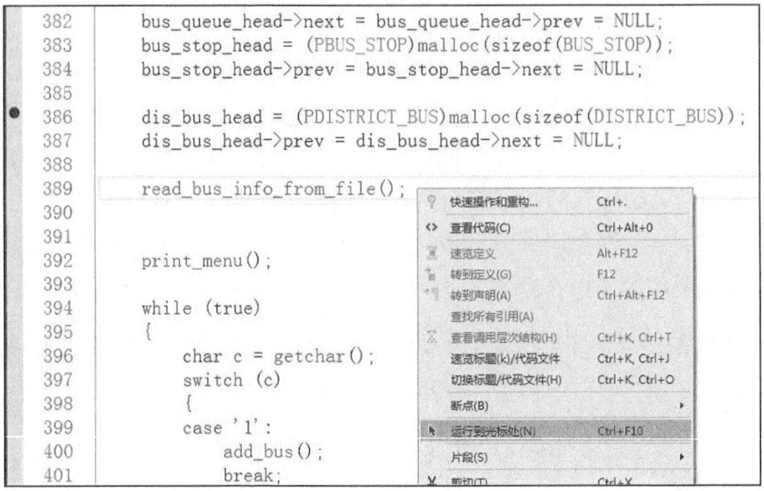

```
382         bus_queue_head->next = bus_queue_head->prev = NULL;
383         bus_stop_head = (PBUS_STOP)malloc(sizeof(BUS_STOP));
384         bus_stop_head->prev = bus_stop_head->next = NULL;
385
386         dis_bus_head = (PDISTRICT_BUS)malloc(sizeof(DISTRICT_BUS));
387         dis_bus_head->prev = dis_bus_head->next = NULL;
388
389         read_bus_info_from_file();
390
391
392         print_menu();
393
394         while (true)
395         {
396             char c = getchar();
397             switch (c)
398             {
399             case '1':
400                 add_bus();
401                 break;
```

图 2-10 "运行到光标处"右键菜单

如果在执行"运行到光标处"命令时，调试已经开始，那么相当于先执行一个"继续"命令，然后执行至光标处暂停。

2.3.6　多次执行代码

多次执行代码指的是在调试状态下，多次执行某些代码。这个功能非常有用。如果对前面某个函数的调用没有理解清楚，或者对其返回的值有疑问，这时就可以对该函数重复执行一次，而不用等待下一次命中断点时再执行。因为能进入到一个断点是非常不容易的，特别是一些大型的软件，操作会非常耗时，BUG 也不能稳定重现，因此最好在期望的断点处暂停下来，绝不能错过反复调试的机会。

假设我们正在进行代码调试，准备查看一辆班车的信息，如图 2-11 所示，我们在第 216 行代码处设置了一个断点，以查看查询到的班车信息。此时代码即将执行 218 行，但是发现班车信息并不是期望值，于是希望再次执行 get_bus 函数，查看问题出现的原因。

VC 确实提供了这样的功能。从图 2-11 中可以看到，第 218 行代码的行首有一个箭头表示当前要执行的代码位置，它相当于代码执行的指针，这个指针指向哪里，代码就执行到哪里。因此，要想执行某行代码，可以将该指针移动到期望执行的地方。移动指针的操作没有菜单命令，也没有快捷键，只能通过拖动鼠标来执行，这也是最简单的方式——将箭头拖动到哪里，就从哪里开始执行。

将鼠标指针放到小箭头上面，就会出现如图 2-12 所示的代码执行的指针提示。这时只要按鼠标左键，拖动箭头到想要执行的位置，比如第 216 行代码，即可释放鼠标指针，此时执行指针就会指向新的位置，并准备好执行新位置的代码。

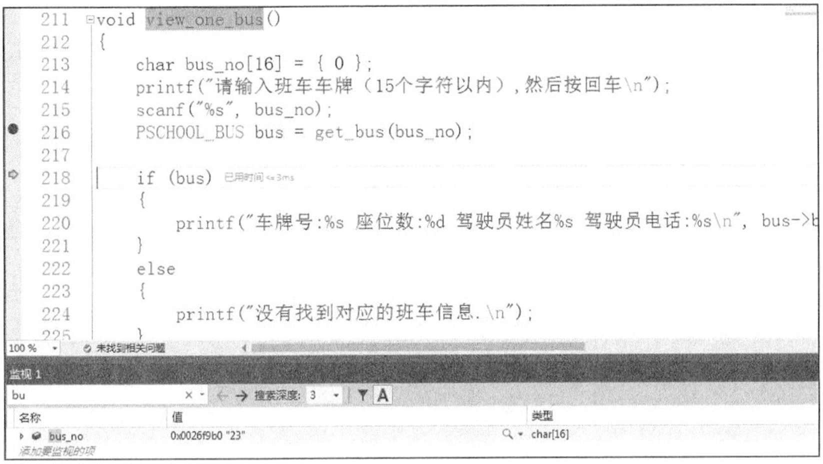

图 2-11 代码多次执行示例

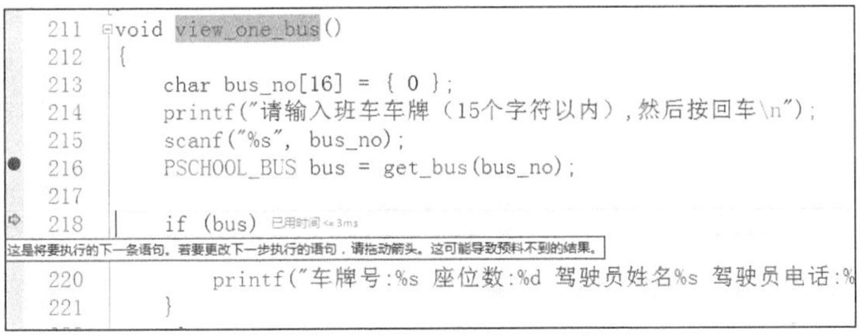

图 2-12 代码执行的指针提示

从代码执行的指针提示可以发现，如果新的执行位置不合理，可能就会导致预料之外的结果，甚至会导致程序崩溃。因为在程序执行时，有很多信息需要保存，而且很多信息是互相依赖的，所以一定要保证拖动的位置能够正常执行，否则调试可能会终止。

利用代码执行指针的功能，除了可以反复执行某些代码，还可以跳过某些代码的执行。如果不想执行某行或者某几行代码，就可以通过移动执行指针来跳过这几行代码。同样地，如果这几行代码很重要，比如是一些赋值或者初始化的操作，就会影响后面代码的执行结果，需要特别注意。

注意 移动执行指针时需要遵循两个基本原则：一是不要移动到函数外；二是不要跳过重要的初始化操作语句。总之，最基本的原则是要保证程序能够正常运行。至于怎样做才能保证程序的正常运行，不同的程序需要进行具体分析，在实践中总结经验。

2.4　监视/快速监视

当程序处于调试状态时，可以使用快速监视和监视窗口命令，执行变量值查看和修改等操作。

2.4.1　快速监视

快速监视（Quick Watch）每次只能查看或者修改一个变量的值，而且必须关闭"快速监视"窗口之后才能进行调试，因为它是一个模态的窗口。打开"快速监视"窗口的操作也比较简单：在调试状态并且程序处于暂停的情况下，将鼠标指针放到需要快速监视的变量上，然后单击鼠标右键，就会弹出"快速监视"的选择菜单，如图 2-13 所示。

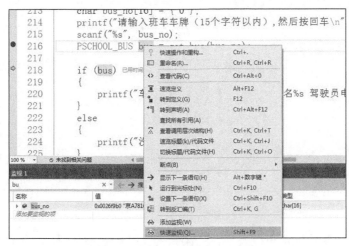

图 2-13　"快速监视"的选择菜单

然后用鼠标左键单击选择"快速监视"（或者按 Shift+F9 组合键），就会弹出"快速监视"窗口，同时会把该变量当前值的信息显示出来，如图 2-14 所示。无论该变量是一个简单变量、一个结构体或者一个类，相应的信息都会显示出来，而且非常清晰。

同时"快速监视"可以修改变量的值，也可以修改结构体对象的某个字段或者类对象的某些成员变量的值等。比如我们要修改图 2-13 中的 bus 变量下 bus_seat_number 字段的值，只需要用鼠标左键双击它进入修改状态，即可进行修改。我们可以按回车键来保存对这个字段的修改，也可以通过将鼠标指针移动到其他字段来保存修改。完成修改后，"快速监视"窗口对变量的值的显示会有一个变化，提示该变量已经被修改，在变量对应的行（即第一行）会用不同的颜色来显示，如图 2-15 所示。

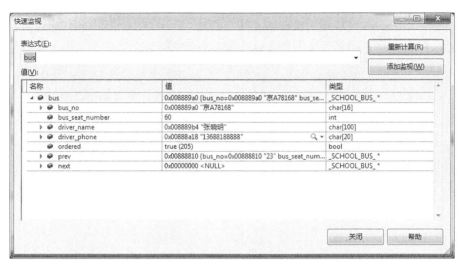

图 2-14　通过"快速监视"窗口查看变量

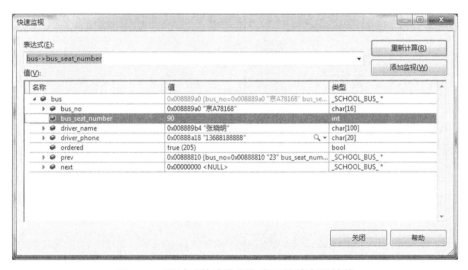

图 2-15　通过"快速监视"窗口修改变量的值

2.4.2　监视窗口

　　监视（Watch）窗口是"快速监视"窗口的升级版本，不存在"快速监视"窗口的局限性，在调试状态下，可以通过"调试"菜单的"窗口"命令来打开"监视"窗口。"监视"窗口可以同时显示或者修改多个变量，而且可以同时打开多个"监视"窗口。如果在调试过程中想要监视的变量非常多，则"监视"窗口会非常有帮助。比如在同时调试多个程序的情况下，可以针对每一个程序使用一个"监视"窗口，从而避免一个"监视"窗口中的变量太多而引起混淆。

可以通过拖动的方式将希望监视的变量添加到"监视"窗口中，也可以在变量上单击鼠标右键，然后选择"添加监视"命令添加要监视的项。

还可以在"监视"窗口中直接输入要监视的变量名。如果该变量名在当前调试的上下文中有效，那么该变量就会成功被监视；如果该变量名不存在或者找不到，那么就会提示错误。"监视"窗口如图 2-16 所示。

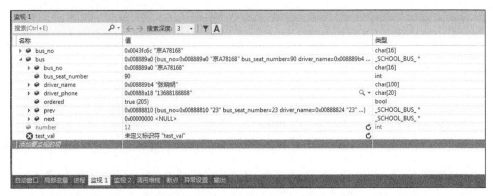

图 2-16　"监视"窗口

图 2-16 中有两个"监视"窗口："监视 1"和"监视 2"。其中"监视 1"窗口中共监视了 4 个变量：bus_no、bus、test_val 以及 number。test_val 是一个无效的变量，所以它的值显示为"未定义标识符"。而 number 是一个在该调试上下文中无效的变量，即 number 不是全局变量，也不是在该函数内可以访问的变量，所以它显示为被禁用的状态（number 其实是另外一个函数中的一个临时变量，是在调试那个函数的时候被添加到"监视 1"窗口中的）。

"监视"窗口和"快速监视"窗口的功能相同，可以修改变量的值，该功能非常有用。有时在调试过程中，程序执行到断点处暂停下来，我们没有得到期望的变量值，于是无法执行某些特殊的语句，这时就可以去修改该变量的值。比如图 2-16 中变量 bus 的 ordered 字段，当前的值是 true，因为它是一个布尔型的值，后面执行的逻辑会因为这个值而有所不同。如果想查看 ordered 的值为 false 的执行情况，那么可以直接将其修改为 false 或者 0，程序继续执行就会得到期望的结果。

如果变量是简单数据类型，比如整型、布尔型等，修改起来是比较方便的，可以直接修改。字符数组修改起来则稍微麻烦一些，需要定位到具体的某个位置，修改对应的某个字符，而不能像整型、布尔型等变量那样直接修改整个变量。比如我们想修改图 2-16 中的 bus_no 变量，由于 bus_no 是一个字符串类型，当前值为"京 A78169"，如果想将其修改成"京 A78179"，就需要定位到 bus_no[6]，然后将其修改为"7"，如图 2-17 所示。如果希望修改为中文字符，就需要知道中文字符对应的 ASCII 编码（一个中文字符对应两个 ASCII 字符）。

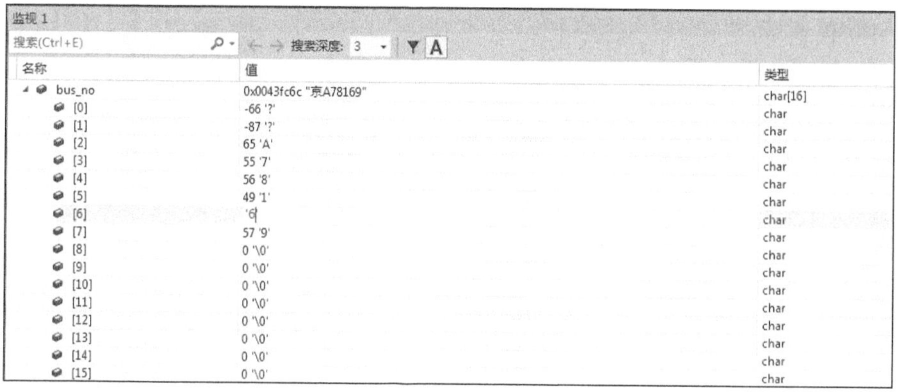

図 2-17　修改字符串变量

对于标准库的字符串（比如 std::string 类型），仍然可以通过这种方式进行修改，这是 VC 2019 的增强功能。早期的 VC 版本不能修改标准库的 std::string 类型变量，甚至连监视和查看字符串内容都不容易实现。

即使一个变量被声明为 const，仍然可以在"监视"窗口中进行修改。还可以在"监视"窗口中计算表达式的值，使用四则运算来进行一些简单的计算；也可以使用 C/C++ 的一些关键字，比如查看某个数据类型的大小、计算系统结构体的大小等。

如果变量是一个指针（比如字符串指针），那么修改起来不是特别直观。例如，将字符串变量 const char* test_str = "this is a test string" 添加到"监视"窗口中，可以发现"监视"窗口中只显示了第一个字符，其余的字符并没有显示出来。如果想修改字符串中的某个字符，就只能将指针变量对应位置的值添加到"监视"窗口中。比如要把"a"修改成"b"，就需要将 test_str[8] 添加到"监视"窗口中，然后进行修改，如图 2-18 所示。

图 2-18　修改字符串指针的值

2.4.3　表达式支持

处于调试状态时，可以在"监视"窗口或者"快速监视"窗口中输入表达式，并且可以计算表达式的值。

1．内嵌函数支持

在使用表达式时，可以使用调试器支持的一些函数（也称为内嵌函数），这些函数的名称和功能与 Windows API 或者 C/C++运行时库中的函数名称和功能都是相同的，分别为字符串长度函数、字符串比较函数、字符串查找函数、Win32 API 等，如表 2-3 所示。

表 2-3　VC 调试器内嵌函数列表

函数类型	函数名称	说明
字符串长度	strlen、wcslen、strnlen、wcsnlen	与 C/C++运行时库函数一致
字符串比较	strcmp、wcscmp、stricmp、wcsicmp、_stricmp、_strcmpi、_wcsicmp、_wcscmpi、strncmp、wcsncmp、strnicmp、wcsnicmp、_strnicmp、_wcsnicmp	与 C/C++运行时库函数一致
字符串查找	strchr、wcschr、memchr、wmemchr、strstr、wcsstr	与 C/C++运行时库函数一致
Win32 API	CoDecodeProxy、DecodePointer、GetLastError、TlsGetValue	Windows API
Windows 8	RoInspectCapturedStackBackTrace、WindowsCompareStringOrdinal、WindowsGetStringLen、WindowsGetStringRawBuffer	Windows 8 特有
其他	DecodeHString、DecodeWinRTRestrictedException、DynamicCast、DynamicMemberLookup、GetEnvBlockLength	VC 调试器特有

下面通过几个简单的例子来了解如何在"监视"窗口中调用这些内嵌函数，如图 2-19 所示。

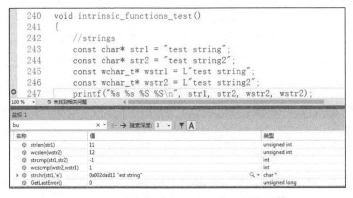

图 2-19　"监视"窗口调用调试器内嵌函数

在图 2-19 中，"监视"窗口中调用了字符串相关的 strlen、wcslen、strcmp、strchr 和 GetLastError，都成功地返回了结果。

2．不支持的表达式

虽然可以在调试时使用一些表达式和一些调试器内嵌函数，但是其中有些表达式是不受支持的，这些表达式不能在监视窗口中使用。

- **构造函数、析构函数、类型转换**：比如下面这些构造函数的方式和类型转换都是不受支持的表达式。

```
CMyClass myclass
(CMyClass)test
```

- **预处理器宏**：预处理器宏也是不受支持的，比如定义了一个宏 "#define MAX_VALUE 100"，那么在 "监视" 窗口中就不能使用 MAX_VALUE。

- **不能使用 using namespace 声明**：如果要访问一个类型名称或当前命名空间之外的变量，就必须使用完全限定的名称。

2.5 内存查看

内存（Memory）窗口在调试中也是非常重要的，可以通过 "调试" → "窗口" 中的 "内存" 命令来打开内存窗口。除此之外，"调试" 设置中的 "启用地址级调试" 必须是被勾选的，如图 2-20 所示。默认情况下该选项是启用的，如果在调试过程中发现不能使用 "内存" 窗口，可以通过 "工具" 菜单下的 "选项" 命令进行设置。

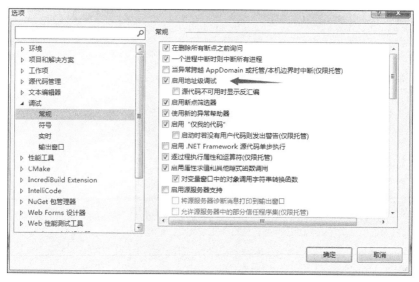

图 2-20　勾选 "启用地址级调试"

上一节介绍了查看变量、修改变量的方法，使用起来非常方便。但如果变量类型是字符串指针，修改起来就不会那么方便，因为我们并不了解该变量在内存中的布局、存储方式、空间分布等。实际上，这些问题都可以通过"内存"窗口来解决。通过本节的学习，我们可以对内存有更深刻的认识。

2.5.1 字符串内存布局

代码清单 2-3 展现了一个简单的函数，我们用它来演示说明关于内存的一些知识。

代码清单 2-3 内存示例

```
348  void memory_window_test()
349  {
350      const char* test_str = "test";
351      const wchar_t* wtest_str = L"test";
352      int len = strlen(test_str);
353      int wlen = wcslen(wtest_str);
354      int itest = 0x12345678;
355      printf("test str is %s,wtest str is %S,itest %d", test_str, wtest_str, itest);
356  }
```

调试程序，执行至第 355 行代码时暂停，通过"调试"菜单或者 Alt+6 组合键打开"内存"窗口，如图 2-21 所示。

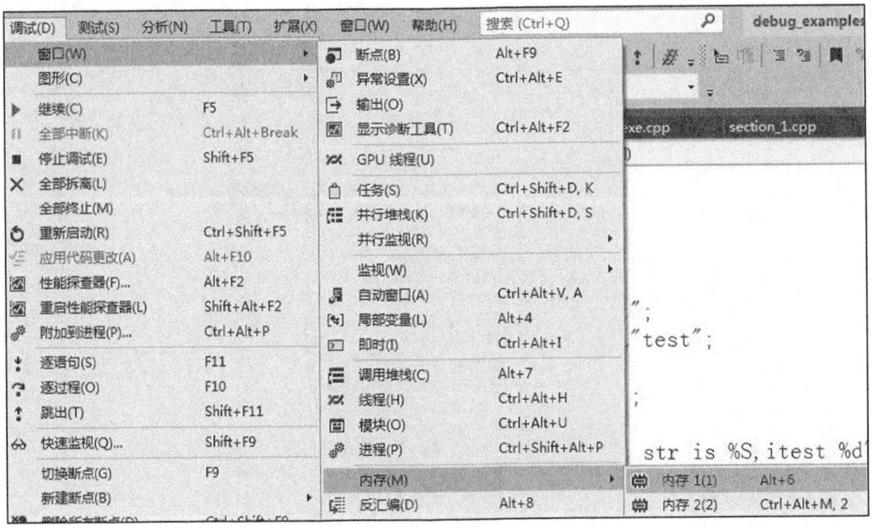

图 2-21 打开"内存"窗口

打开"内存"窗口之后，"内存"窗口中默认没有什么内容，只有一些随机的值或者 0，如图 2-22 所示。

内存 1

地址: 0x001FF680

0x001FF680	?? ??
0x001FF69D	?? ??
0x001FF6BA	?? ??
0x001FF6D7	?? ??
0x001FF6F4	?? ??
0x001FF711	?? ??
0x001FF72E	?? ??

图 2-22　"内存"窗口

在 memory_windows_test 函数中，函数的第一行（也就是第 350 行代码）定义了一个字符串，值为"test"。第 351 行代码也定义了一个字符串，值为"test"，只有这个变量是宽字符，即 Unicode 字符。第 352 行代码和 353 行代码分别计算两个字符串的长度。第 354行代码定义了一个整型变量并赋值为 0x12345678。第 355 行代码把它们显示出来。

这个代码很简单，两个字符串的长度相同，字符串的长度都为 4，我们观察一下它们在内存中的存储方式。先来看 test_str 的内存布局，可以把 test_str 直接拖曳至"内存"窗口的地址栏中，地址栏会自动显示它的内存布局；也可以在内存窗口的地址栏中直接输入test_str，然后按下回车键。test_str 的内存布局如图 2-23 所示。

内存 1

地址: 0x00B89CB0

| 0x00B89CB0 | 74 65 73 74 00 00 00 00 00 00 00 00 00 00 00 00 00 00 00 00 00 00 00 00 00 00 | test..... |
| 0x00B89CCD | 00 00 00 00 00 00 00 00 00 00 00 00 00 00 00 00 00 00 00 00 00 00 00 00 74 00 | .... |

图 2-23　test_str 的内存布局

从图 2-23 中可以看到，test_str 的起始地址为 0x00B89CB0，一共占用了 5 字节，因为结束符也需要占用空间，对应的值分别为 74 65 73 74 00。这很好理解，一个字符对应一个字节的内存。wtest_str 的内存布局如图 2-24 所示。

内存 1

地址: 0x00B89CE8

| 0x00B89CE8 | 74 00 65 00 73 00 74 00 00 00 00 00 2a 2a 2a 2a 2a 2a 2a 2a 71 2e cd cb b3 f6 b0 e0 b3 | t.e.s.t... |

图 2-24　wtest_str 的内存布局

从图 2-24 中可以看到，wtest_str 的内存布局与 test_str 的内存布局完全不同，wtest_str在内存中对应的值分别为 74 00 65 00 73 00 74 00 00 00，所占用的空间比 test_str 多了一倍。因为 wtest_str 是宽字符（Unicode 编码），每一个字符要占用 2 字节，即使是英文字符，也要占用 2 字节。UTF-8 编码则有些不同，内存中的布局也会不同，如果使用 UTF-8 来编码汉字字符，一个汉字字符要占用 3 字节，但是英文字符就只占用 1 字节。

2.5.2　整型变量内存布局

代码清单 2-3 中还有一个整型变量 itest，下面来看该变量在内存中是如何布局的。

整型变量的内存布局涉及字节序（即字节的顺序）的问题，比如有一种数据类型占用 2 字节，那么是高位字节在前面还是低位字节在前面？如果一个类型只占用 1 字节，就不用关心字节序的问题。

在代码清单 2-3 中，itest 变量是整型，所以占用 4 字节，它的值为 0x12345678，分成 4 字节，分别为 0x12、0x34、0x56、0x78，但是在内存中，这 4 字节是按照从低到高的顺序排列呢？还是按照从高到低的顺序排列呢？

在计算机世界中，主要有两种 CPU 架构：PowerPC 系列和 X86 系列。它们存储数据的方式是不同的，PowerPC 系列采用的是大端存储方式，X86 系列采用的是小端存储方式。大端是指把字节序的尾端放入高地址，而小端是指把字节序的尾端放入低地址。以 itest=0x12345678 为例，如果是大端存储，因为字节序的尾端是 0x78，所以 0x78 在高地址，0x12 在低地址，最终的存储是 0x12345678（假设内存地址从左到右递增）。小端存储则完全相反，最终的存储是 0x78563412。作者的 CPU 是 X86 系列，因此是小端存储，在内存中应该是 0x78563412。接下来实际验证一下，将 itest 添加到内存窗口中，可以在内存窗口的地址栏中直接输入 "&itest"，然后按回车键。itest 的内存布局如图 2-25 所示。

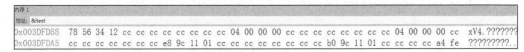

图 2-25　itest 的内存布局

从中可以看到，作者的 CPU 确实是小端存储方式。

2.6　通过"局部变量"窗口和"自动"窗口查看变量

在调试状态下也可以通过"局部变量"窗口和"自动"窗口查看变量值，这两个窗口只有在调试状态下才能打开。

2.6.1　"局部变量"窗口查看变量

局部变量（Locals）窗口能够查看的变量是当前执行函数的作用域范围内的所有局部变量。"局部变量"窗口可以通过"调试"→"窗口"菜单下的"局部变量"命令来打开，也可以使用 Alt＋4 组合键打开。注意，作用域是函数，包括函数的参数，以及函数级别的所有变量。如果变量是全局的，就不会在"局部变量"窗口中自动显示。如果变量包含在该函数中，但不是函数级别，比如是在 if、while 或 for 循环中定义的变量，也不会显示，如图 2-26 所示。

图 2-26 "局部变量"窗口

图 2-26 是代码刚进入 capture_data 函数时的情景。"局部变量"窗口中显示了 capture_data 的所有函数级别的变量，包括所有的函数参数以及函数中定义的变量。所有的局部变量都是按照字母顺序排列的，比如 current_data 变量是第一个显示的，save_to_file 变量是最后一个显示的。而且我们可以看到第 85 行代码的全局变量 global_val 并没有在"局部变量"窗口中显示，第 93 行代码的 btest 变量也没有在"局部变量"窗口中显示，因为这两个变量都不是函数级别，这两个变量的作用域也不是函数级别。

在"局部变量"窗口中，可以对显示出的所有局部变量进行修改，修改方式与在"监视"窗口中的修改变量相同。随着代码的执行，"局部变量"窗口中的变量也会自动更新，这与"监视"窗口中的变量是一致的。但是在"局部变量"窗口中不能添加任何变量，一切变量都是由系统管理的。

如果一个函数的局部变量特别多，可以使用"局部变量"窗口前的搜索框来定位或者搜索想要查看的变量。如果局部变量是一个结构体，并且成员字段比较多，不方便查看，而且有些字段我们并不关心，这时可以使用"将成员固定到收藏夹"功能，在显示的时候就可以只显示比较重要的字段。图 2-27 展示 capture_data 的 size 字段固定到收藏夹中。

从图 2-27 中可以看到，这里使用了搜索功能，搜索了 file 关键字，所以"局部变量"窗口中含有 file 的变量名都被高亮显示。将成员固定到收藏夹之后，单击"局部变量"窗口中的漏斗型图标（在图标 A 的前面），就可以只查看已固定的成员字段（收藏夹中的成员字段），隐藏其他成员字段，如图 2-28 所示。

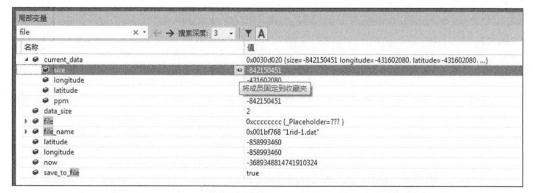

图 2-27　在"局部变量"窗口进行搜索，将成员固定到收藏夹中

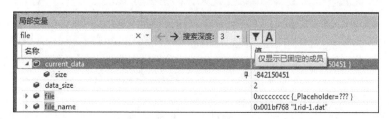

图 2-28　显示已固定的成员字段

2.6.2　"自动"窗口查看变量

自动（Autos）窗口只能显示当前栈中的一些变量。"自动"窗口可以通过"调试"→"窗口"菜单下的"自动窗口"命令来打开，也可以通过按 Alt + Ctrl + V 组合键和 A 键打开（即先按 Alt + Ctrl + V 组合键，释放这 3 个组合键之后再按 A 键）。顾名思义，"自动"窗口就是自动显示当前调试上下文的变量。比如在刚进入一个函数时，"自动"窗口会显示这个函数的参数值以及全局变量，然后显示这个函数第一行代码所定义的变量，但是不会显示其他变量，如图 2-29 所示。

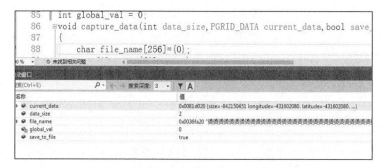

图 2-29　"自动"窗口在函数入口处显示变量

随着代码的执行，"自动"窗口中的变量也会发生变化。同样地，在"自动"窗口中也可以修改变量的值，以及执行搜索。除了显示的变量不同，"自动"窗口的基本功能与"局部变量"窗口类似。

"自动"窗口的变量显示随着代码的上下文不停变化，比如进入到循环内部时，则会显示循环变量，以及作用域在循环范围内的局部变量。可以简单概括一下，就是当前执行的代码涉及哪些变量，哪些变量就会自动显示在"自动"窗口中。

"自动"窗口还有一个与"局部变量"窗口或"监视"窗口不同的功能：在调用一个函数或者方法的时候，"自动"窗口会自动显示这个函数或者方法的返回值。这个功能非常方便，因为有时不是每个方法的调用都会接收到返回值，"自动"窗口刚好能够满足需要查看但是又不方便查看函数的返回值的需求，如图 2-30 所示。

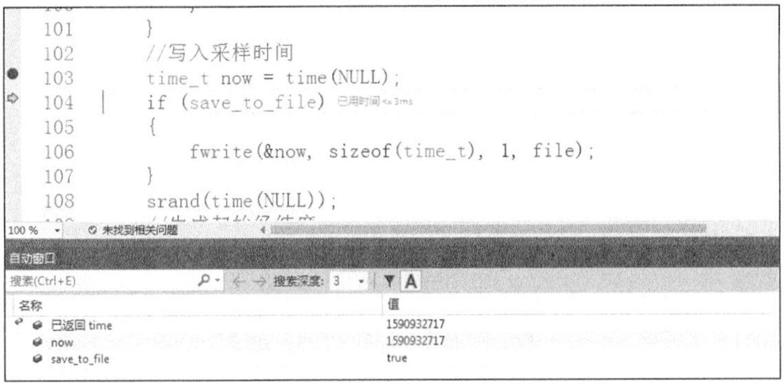

图 2-30　在"自动"窗口中显示函数的返回值

在图 2-30 中，代码执行到第 104 行，第 103 行代码调用了一个 time(NULL)函数，所以"自动"窗口中自动显示了 time 函数的返回值（即图 2-30 中的第一行"已返回 time"）。

2.7　即时窗口

在即时（Immediate）窗口中，可以执行调试、计算表达式、执行语句、输出变量的值等操作。"即时"窗口在调试状态下才可以使用，可通过"调试"→"窗口"菜单下的"即时"命令打开，也可以通过按 Ctrl + Alt + I 组合键打开。

2.7.1　显示变量的值

在"即时"窗口中显示变量的值是比较常用的方式，主要有 3 种方式可以显示变量的值：第一种是在"？"（问号）命令后面加上变量的名称；第二种是执行>Debug.Print 命令，该命令的参数也是变量名称；第三种是直接输入算术式，可以省略"?"。这 3 种在"即时"窗口中显示变量值的方式如图 2-31 所示。

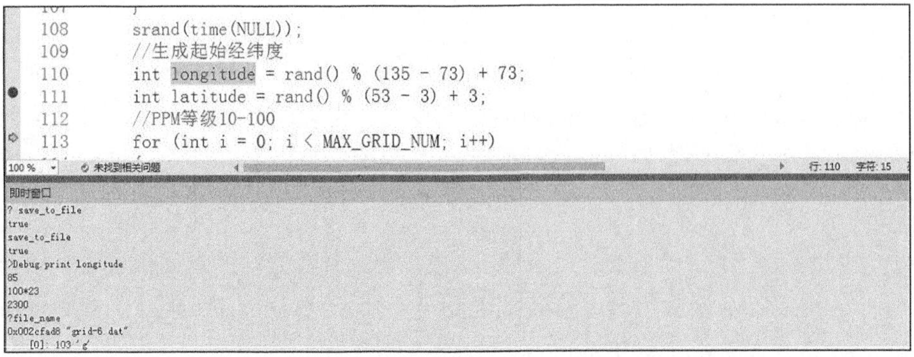

图 2-31 在"即时"窗口中显示变量的值

从图 2-31 中可以发现，虽然可以在"即时"窗口中计算和显示一些变量的值，但是在大多数情况下可以在"监视"窗口中实现显示变量值的功能。

2.7.2 执行内嵌函数

除显示变量以外，还可以在"即时"窗口中执行调试器的一些内嵌函数。例如 2.4.3 节中介绍的部分函数可以在"即时"窗口中执行。图 2-32 所示为调用 time(0)来获取当前时间，以及调用 strlen 等字符串函数后的显示。

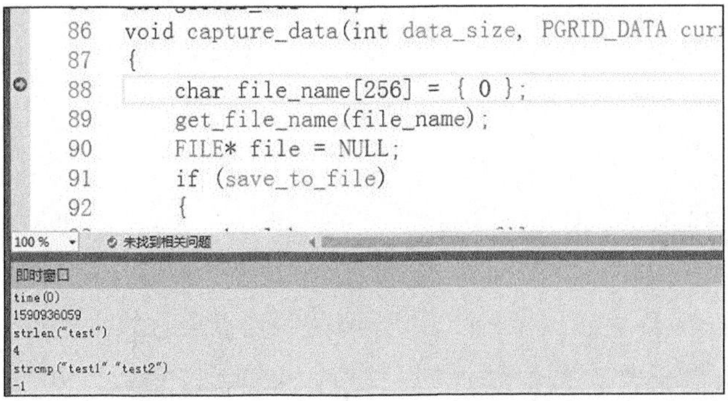

图 2-32 "即时"窗口中调用内嵌函数

2.8 调用堆栈

调用堆栈（Call Stack，也称作调用栈）是函数或者方法调用的一个顺序列表，"调用堆栈"窗口可以通过"调试"→"窗口"菜单下的"调用堆栈"命令来打开。图 2-33 所示为当前线程的"调用堆栈"窗口。

图 2-33 "调用堆栈"窗口

2.8.1 调用堆栈基本信息

"调用堆栈"窗口会按照函数的调用顺序来显示。图 2-33 中主要有 3 个函数,依次是 main、delete_bus 和 is_ordered,最上面的 is_ordered 是最后被调用的,这也是称为调用堆栈的原因——栈底的函数是最先被调用的,栈顶的函数是最后被调用的。

在图 2-33 中,每一个函数调用称为帧,也称为栈帧。帧这个名称很形象,就像视频是由一帧帧图像组成的那样,调用堆栈是由一帧帧函数组成的。每一个栈帧主要包括模块名(比如 chapter_e.exe 和 kernel32.dll)、函数名、函数参数(包括参数类型和值)、帧状态(比如符号是否加载),以及行号等。其中参数部分默认只显示参数的名称,可以通过右键菜单来显示参数对应的值,也可以通过设置来显示或者隐藏某些信息。

2.8.2 设置符号信息

从图 2-33 中可以看到,程序中的 main 函数是由 Windows 系统动态库 kernel32.dll 调用的,原因是 main 函数是整个程序的入口函数。但是 kernel32.dll 被标记为外部代码,表示不是当前程序中的代码。因为没有源代码,也没有调试符号,我们无法得知是 kernel32.dll 中的哪个函数调用了程序中的 main 函数。

微软发布的操作系统或者其他应用软件都提供了调试符号的下载方式,如果想查看到底是哪个函数调用了程序中的 main 函数,可以通过如下步骤加载系统库的调试符号,来查看具体的信息。

步骤 1:设置符号信息。在图 2-33 所示的"调用堆栈"窗口中,用鼠标右键单击"kernel32.dll",选择"符号设置"命令,如图 2-34 所示。

在弹出的窗口中勾选"Microsoft 符号服务器",然后在"在此目录下缓存符号"选项中设置好用来存放符号文件的路径（比如 G:\SymCache），最后单击"确定"按钮，如图 2-35 所示。

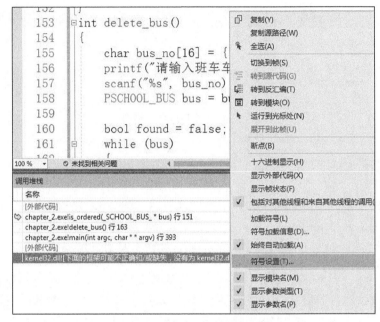

图 2-34　"符号设置"命令

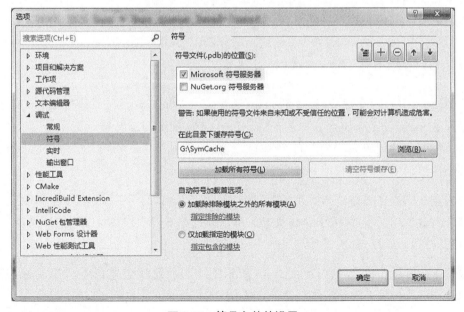

图 2-35　符号文件的设置

步骤 2：加载符号。同样地，在图 2-33 所示的堆栈窗口中用鼠标右键单击"kernel32.dll"，在弹出的右键菜单中选择"加载符号"命令，如图 2-36 所示。

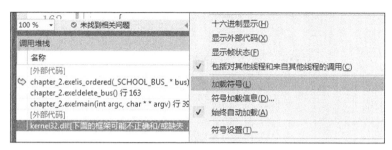

图 2-36 "加载符号"命令

如果是第一次执行"加载符号"命令，那么会花费一些时间，因为系统的动态库对应的调试符号需要从微软的官方网站下载，所以会有延迟，而延迟时间取决于网络状况。第二次加载符号时会使用本地存储的符号，几乎不会延迟。

步骤 3：显示外部代码。在图 2-36 所示的菜单中，用鼠标右键单击"显示外部代码"命令，即可加载系统动态库中的符号信息，结果如图 2-37 所示。

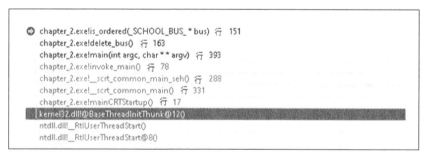

图 2-37 加载显示系统动态库中的符号信息

从图 2-37 中也可以看出，kernel32.dll 中的 BaseThreadInitThunk 函数并不是直接调用程序中的 main 函数，而是调用了 mainCRTStartup 函数。mainCRTStartup 函数是 Windows 控制台程序的真正入口函数，是在 C/C++系统库中实现的。Windows 的系统库大部分都是以动态库的形式存在的，每个动态库都会导出很多函数，供开发人员使用。我们可以使用工具来查看 BaseThreadInitThunk 函数是否真的从 kernel32.dll 中导出。

这里用到的工具为 Dependency Walker，也是微软开发的工具，可以从微软网站上下载。使用 Dependency Walker 打开 kernel32.dll，可以看到其中确实包含 BaseThreadInitThunk 函数，如图 2-38 所示。

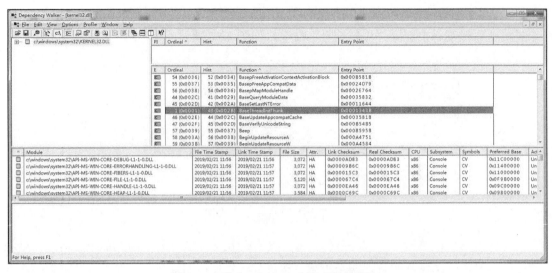

图 2-38　从 kernel32.dll 中导出函数列表

提示　在配置符号时，由于从中国访问微软的符号服务器会不稳定，有时可能需要通过代理服务器才能稳定访问。读者可以通过搜索引擎查询怎样使用代理服务器来访问微软的符号服务器，这里不再赘述。

2.9　多线程管理

相对来讲，多线程的开发和调试比较复杂。如果出现了 BUG，定位也会更困难。本节介绍 VC 调试器对多线程的支持，以及如何使用这些工具或者技术来帮助我们在多线程程序中尽快地定位并解决 BUG。

2.9.1　创建多线程测试项目

在本示例中，我们不再使用 CreateThread 这个 Windows API 来创建线程，而是使用 C++标准库中的函数来创建和使用线程，为跨平台软件开发打下基础。本示例代码很简单，如代码清单 2-4 所示，在 main 函数中启动 10 个线程，在线程函数中对全局变量 count 执行加 1 操作，然后等待 3 秒。

代码清单 2-4　多线程示例代码

```
1  #include <thread>
2  #include <iostream>
3  #include <vector>
4  #include <string>
5  int count = 0;
6  void do_work(void *arg)
7  {
8      std::cout << "线程函数开始"<< std::endl;
9      //模拟做一些事情
10     count++;
11     std::this_thread::sleep_for(std::chrono::seconds(3));
12     std::cout << "线程函数结束" << std::endl;
13 }
14 int main()
15 {
16     std::vector<std::thread> threads;
17     //启动10个线程
18     for (int i = 0; i < 10; ++i)
19     {
20         threads.push_back(std::thread(do_work,&i));
21         std::cout << "启动新线程: " << i << std::endl;
22     }
23     //等待所有线程结束
24     for (auto& thread : threads)
25     {
26         thread.join();
27     }
28 }
```

这里的演示代码没有进行同步，没有使用锁。关于锁的使用以及如何调试死锁，后面章节会进行简单介绍。

2.9.2　开始调试多线程程序

在多线程程序中，对于同一个线程函数，往往会有多个线程同时执行。比如代码清单2-4 中的示例代码，程序启动后可能会有 10 个线程同时执行线程函数的代码，这给调试带来了很多困难，有时候很难判断到底是哪一个线程出现了问题。

在启动调试程序之前，先在线程函数中设置一个断点。我们将断点设置在代码清单 2-4 中的第 9 行，然后执行"开始调试"命令或者按 F5 键。

1．并行监视

启动程序后，可以先跳过几次断点命中（直接按 F5 键），等到比如第 7 次命中的时候，在断点处停下来。从"调试"→"窗口"菜单中选择"并行监视"命令，或者按 Ctrl + Shift + D 组合键和 1 键，如图 2-39 所示。

从图 2-39 中可以看到，目前有 7 个线程在执行 do_work 线程函数。我们之前在 main 函数中启动了 10 个线程，说明有些线程可能未启动或者已经结束，当前线程号为 18880。如果这时要查看线程函数中的值（比如 data 的值），就可以在普通的"监视"窗口中查看。

如果要查看其他线程的线程函数的变量值,可以用鼠标左键双击线程号来切换线程,然后再在"监视"窗口中查看对应的值。

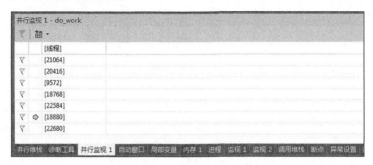

图 2-39 "并行监视"窗口

但是,如果想同时查看所有线程对应的变量值,通过这种方式就很难实现。"并行监视"窗口提供了强大的功能,可以同时查看所有线程函数的值。只需要在"并行监视"窗口中添加想查看的变量值,就可以看到每个线程对应的值,如图 2-40 所示。

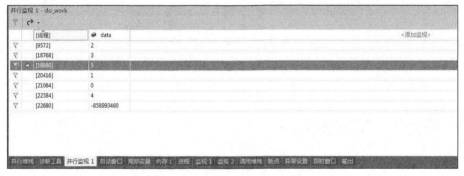

图 2-40 在"并行监视"窗口中查看变量值

如果变量的值不能正常显示,就会出现图 2-41 所示的情况,可以单击"重新计算"按钮,即可正常显示。

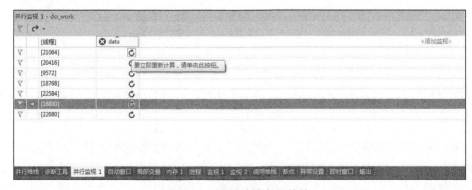

图 2-41 重新计算变量的值

2．并行堆栈

"并行堆栈"窗口对于调试多线程应用程序非常有用。多线程堆栈视图显示了应用程序中所有线程的调用堆栈信息，通过该视图可以方便地切换线程，也可以在这些线程的堆栈帧之间进行切换。

在"调试"→"窗口"菜单中执行"并行堆栈"命令，或者按 Ctrl + Shift + D 组合键和 S 键，都可以打开"并行堆栈"窗口，如图 2-42 所示。

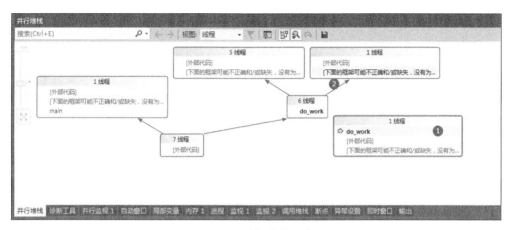

图 2-42 "并行堆栈"窗口

下面对这个"并行堆栈"窗口中的线程图进行简单的介绍。图中的小圆圈数字是作者添加的，旨在方便说明"并行堆栈"窗口。标号❶处有两个特征，表示当前线程的调用路径。标号❷处的箭头表示线程的调用路径。有时候还会在线程图上看到不同的小图标，比如标号❶处向右的箭头可以用来表示函数上下文（即线程执行到该函数时的信息）所对应的调用帧和线程的一些关系。表 2-4 描述了 3 个常用的函数上下文图标。

表 2-4 常用的函数上下文图标

图标	含义
⇨	表示函数上下文包含当前线程的活动堆栈帧
∿	表示函数上下文包含的活动堆栈帧不是当前线程
⇨	表示函数上下文包含活动堆栈帧

在"并行堆栈"窗口和"并行监视"窗口中，可以方便地对线程进行操作，比如冻结线程、切换堆栈帧等。

3．在源中显示线程

单击调试工具栏中的"在源中显示线程"按钮，如图 2-43 所示，使源代码中的线程显示出来，如图 2-44 所示。

图 2-43　在源中显示线程

```
  6  void do_work(void *arg)
  7  {
  8      std::cout << "线程函数开始"<< std::endl;
  9      //模拟做一些事情
 10      int data = count;
 11      count++;
 12      std::this_thread::sleep_for(std::chrono::seconds(3));  已用时间 <= 1ms
 13      std::cout << "线程函数结束" << std::endl;
 14  }
```

图 2-44　在源代码中显示线程信息

将鼠标指针移动到方法上下文图标的地方，就会显示相关的线程信息，如图 2-45 所示。

```
  6  void do_work(void *arg)
  7  {
  8      std::cout << "线程函数开始"<< std::endl;
  9      //模拟做一些事情
 10      int data = count;
 11      count++;
 12      std::this_thread::sleep_for(std::chrono::seconds(3));
         该进程或线程自上一个步骤以来已更改。ut << "线程函数结束" << std::endl;
                      线程
         21064 (ucrtbased.dll 线程)
         20416 (ucrtbased.dll 线程)
         9572 (ucrtbased.dll 线程)
         18768 (ucrtbased.dll 线程)
         22584 (ucrtbased.dll 线程)
         18880 (ucrtbased.dll 线程)
```

图 2-45　方法上下文图标显示线程信息

在图 2-45 中，将鼠标指针移动到第二个方法上下文图标处，就会显示 6 个线程，这表示 6 个线程的代码都执行到这里。

2.10　查看错误码

如果调用 Windows API 失败，那么很多 API 都会重新设置 last-error 的值（通过调用

SetLastError），以便调用人员能够比较清楚地了解调用失败以及失败的原因等。调用人员可以通过 GetLastError API 获得错误值，然后通过 FormatMessage 获取具体的错误信息。GeLastError 是线程相关的，不是全局的，多线程之间互不影响。也就是说，如果每个线程中的错误不同，那么 GetLastError 的返回值是不同的。下面来简单演示如何获得错误码以及如何获取具体的错误信息，如代码清单 2-5 所示。

代码清单 2-5　获取错误码以及错误信息

```
253    void get_last_error_message()
254    {
255        fstream file;
256        file.open("test.dat", std::ios_base::in);
257        if (!file)
258        {
259            LPVOID  msg;
260            DWORD err = GetLastError();
261            FormatMessage(
262                FORMAT_MESSAGE_ALLOCATE_BUFFER |
263                FORMAT_MESSAGE_FROM_SYSTEM |
264                FORMAT_MESSAGE_IGNORE_INSERTS,
265                NULL,
266                err,
267                MAKELANGID(LANG_NEUTRAL, SUBLANG_DEFAULT),
268                (LPTSTR)&msg,
269                0, NULL);
270            printf("错误码是%d,错误信息是%s\n", err, (char*)msg);
271            LocalFree(msg);
272        }
273        file.close();
274    }
```

在代码清单 2-5 中，尝试打开一个文件 test.dat，如果文件打开失败，就会显示错误码和错误信息。为了验证测试失败时会显示错误码和错误信息，这里的 test.dat 文件名是虚构的。接下来，运行代码就可以查看错误码和错误信息，如图 2-46 所示。

图 2-46　错误码与错误信息

从图 2-46 中可以看到，由于 test.dat 文件不存在，因此打开文件失败，错误码是 2，错误信息是"系统找不到指定的文件"。但是在调试过程中，我们无法对所有的错误都采用这种处理方式，而且由于各种原因，并不是函数或者 API 的每次调用都会检查返回值或者错误码，此时要想检查函数调用的错误码，就需要使用其他调试技术。

在 2.4 节中，曾经提到可以调用调试器的一些内嵌函数。其中有一个函数是 GetLastError，我们可以在调试状态下，在"监视"窗口或者"即时"窗口中直接使用 GetLastError 函数来获取错误码，如图 2-47 所示。

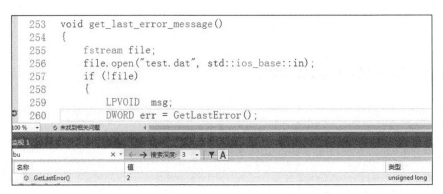

图 2-47　在"监视窗口"中调用 GetLastError 函数

在执行第 260 行代码之前，我们可以在"监视"窗口直接运行 GetLastError 函数，返回的结果也是 2。

然而，我们只知道错误码，并不知道这个错误码代表什么意思。这时可以利用"错误查找"工具查看错误码对应的错误信息，在"工具"菜单下单击"错误查找"命令，如图 2-48 所示。

然后在值的输入框中输入错误码，比如"2"，单击"查找"按钮，就会显示错误码对应的错误信息，如图 2-49 所示。感兴趣的读者也可以输入其他错误码，查看具体的错误信息。完整的 Windows 错误码可以通过微软官方网站查看。

图 2-48　打开错误查找工具

图 2-49　查找错误码对应的错误信息

在调试时还有一种更方便的办法来查看错误码和对应的错误信息，即在调试暂停的情况下打开"监视"窗口，直接在"监视"窗口中输入"err,hr"，就会显示对应的错误码和错误信息，如图 2-50 所示。

图 2-50　使用"err,hr"来显示错误码和错误信息

也可以单独使用"err"，此时只会显示错误码，而且会以数字的形式显示出来。如果同时输入"err,hr"，就会将错误码转换成错误码对应的常量，比如图 2-49 中的错误码 2 就会转换成 ERROR_FILE_NOT_FOUND，这是 HRESULT 定义的常量，hr 是 HRESULT 的缩写。

2.11　调试宏 assert 使用

使用 C/C++ 开发软件的读者一定不会对图 2-51 中的调试错误对话框感到陌生，在开发过程中可能会经常遇到。

对刚接触调试的读者来说，初次看到图 2-51 所示的调试错误对话框时可能会害怕，以为是编写的代码出现问题，这时可能会单击"中止"按钮来结束程序。

其实，当我们看到这个对话框时，不应该害怕，反而应该感到幸运，这是因为代码中的 BUG 即将被发现。单击"重试"按钮，即可找到代码出错的地方。

图 2-51　调试错误对话框

这个错误对话框其实是 assert 宏产生的。使用 assert 宏是一种非常好的调试习惯，assert 宏可以用来检查输入参数的合法性、运行结果的正确性等。

2.11.1 assert 宏简介

assert（断言）语句指定了程序中的某个点期望为 true 的条件，如果该条件不为 true，那么断言失败，程序执行就会中断并显示"断言失败"对话框。

断言是一种非常有效的调试或者错误诊断方法，可以在程序运行时发现问题，帮助我们在程序开发的初期比较容易地发现错误，使得整个调试过程更加高效。

VC 支持几种类型的断言，比如微软 MFC 的断言、ATL 的断言、C 运行时的断言函数以及 ANSI C/C++中的断言函数等。尽管这些断言的实现方法略有不同，但是基本思想是相同的，比如 C 语言 assert 宏的原型如下：

```
assert(expression);
```

C 运行时库的_ASSERT 宏如下：

```
_ASSERT( booleanExpression );
```

其他的 assert 宏（比如 MFC 的 ASSERT 原型）也基本类似，只是宏的名称变成了大写，但是本质上都是相同的。这里以 C 运行时库的_ASSERT 宏来举例说明。

booleanExpression 是一个布尔表达式，如果该表达式的值为 true，那么程序正常执行；如果该表达式的值为 false，那么 assert 对话框就会弹出来，报告程序出错。assert 宏在程序中普遍使用，比如 MFC 的框架中经常用到 assert 宏，strcpy 函数也使用了 assert 宏，如代码清单 2-6 所示。

代码清单 2-6　strcpy 函数源代码

```
 6  char* strcpy(char* strDest, const char* strSrc)
 7  {
 8      char* address = strDest;
 9      assert((strDest != NULL) && (strSrc != NULL));
10      while ((*strDest++ = *strSrc++) != '\0')
11          ;
12      return address;
13  }
```

在 strcpy 函数中，用 assert 宏去检查 strDest 和 strSrc 是否为空，因为任何一个为空都将导致程序崩溃，于是在开发阶段就能发现错误使用 strcpy 函数的情况。

接下来，我们在代码中使用_ASSERT 宏，如代码清单 2-7 所示。

代码清单 2-7 使用_ASSERT 宏

```
179  ⊟class student
180   {
181   public:
182  ⊟    student(const char* name, int score)
183       {
184           _ASSERT(name != NULL);
185           int len = strlen(name);
186           _name = new char[len + 1];
187           strcpy(_name, name);
188           _score = score;
189       }
190  ⊟    ~student()
191       {
192           delete[]_name;
193       }
```

在代码清单 2-7 中，在 student 的构造函数中检查 name 是否为空，如果为空，就会弹出 assert 错误对话框，这时单击"重试"按钮，就会定位到程序出错的地方，如图 2-52 所示。

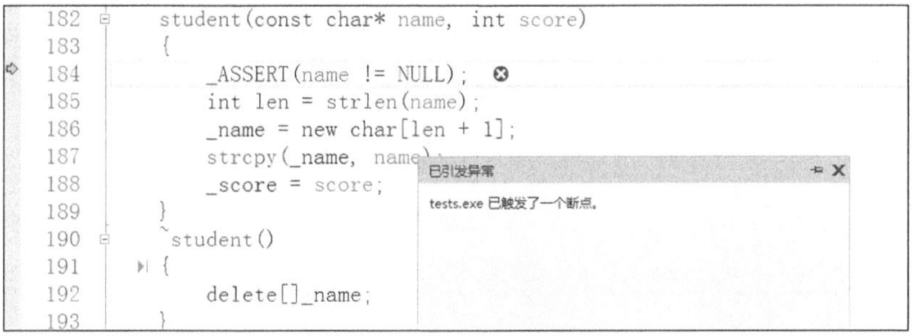

图 2-52　定位到代码出错处

2.11.2　使用 assert 宏的注意事项

assert 宏不是万能的，是用来检测那些在程序正常运行时不应该出现的情况的。assert 宏是用来发现错误的，而不是用来纠正运行时发生的错误，因此一定要正确使用 assert 宏。

1．不要在 assert 宏表达式中使用函数调用

由于 assert 宏只在调试版（Debug）中有效，在发行版（Release）中不起作用，如果在 assert 宏表达式中调用了函数，那么在发行版中不会执行该函数调用，这将导致程序运行错误。这种错误有时候是很隐蔽的，不太容易被发现。例如代码清单 2-8 中_ASSERT 宏表达式的使用方法是错误的，在发行版运行时会导致程序的错误。

```
217        PSCHOOL_BUS bus = NULL;
218        _ASSERT((bus = get_bus(bus_no)) != NULL);
219
220        if (bus)
221        {
222            printf("车牌号:%s 座位数:%d 驾驶员姓名%s 驾驶员电话
223        }
224        else
225        {
226            printf("没有找到对应的班车信息.\n");
227        }
```

代码清单 2-8 中的代码在发行版中总会失败，因为 bus 始终为 NULL，得不到正确的结果。VC 的发行版默认定义了一个预处理器宏 NDEBUG，所以与 assert 宏相关的宏（比如 assert、_ASSERT）在发行版中都不会被执行。

2．不要在 assert 宏表达式中对变量进行赋值

同样的原因，因为 assert 宏不会在发行版中运行，所以任何赋值操作都无法在发行版中执行。如代码清单 2-7 所示，除进行函数调用以外，还进行了变量赋值，因此第 218 行代码犯了两个错误：既调用了函数，又对变量赋了值。

3．不要在 assert 宏表达式中有任何修改操作

与前面的原因相同，发行版不会执行 assert 宏表达式中的代码，所以如果表达式中有任何修改操作（例如++i），都会导致错误的结果。

4．不要使用有副作用的表达式

因为 assert 宏是一个宏，并不是一个函数调用，所以传入 assert 宏的参数会像普通宏一样展开。如果宏表达式展开后与实际期望不同，也得不到期望的结果。

2.12　其他

除了前面几节介绍的基本功能，VC 调试还有一些实用的小技巧或者小工具，对于调试过程也非常有用，能够显著提高调试效率并改善调试效果。

2.12.1　编辑并继续调试

VC 调试器还提供了一个很强大的功能，即可以一边编辑一边调试，不用重新启动调

试。这对调试过程中遇到的较小改动来讲，确实是非常方便的。因为一旦终止调试，重新启动调试往往需要时间，而且需要构造满足调试断点的条件，实现起来并不是十分容易。要启用"编辑并继续"功能，需要在"调试"设置中打开该选项，如图 2-53 所示。

图 2-53　启用"编辑并继续"

2.12.2　字符串可视化工具

在调试过程中，有时要查看的字符串内容很多（如 XML 格式或者 JSON 格式的字符串），通过"监视"窗口或者其他方式都不太方便。VC 调试器提供了一个字符串可视化工具，可以以普通文本的方式查看字符串。如果该字符串是 XML 格式，就能以 XML 格式来显示字符串的内容；如果是 JSON 格式，就能以 JSON 格式来显示。比如一个字符串的内容是 JSON格式，可以将鼠标指针移动到变量上，然后选择"JSON 可视化工具"来查看，如图 2-54 所示。这时会打开一个新窗口，内容会以 JSON 格式显示出来，如图 2-55 所示。

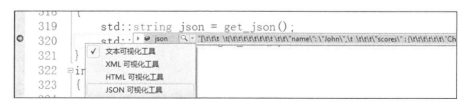

图 2-54　使用 JSON 可视化工具

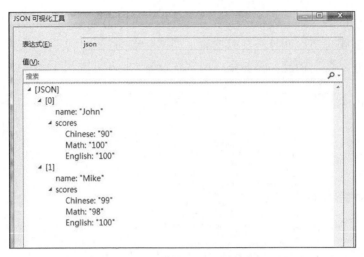

图 2-55　JSON 可视化工具显示字符串内容

2.12.3　条件断点

2.2 节中介绍的断点也可以称为普通断点或者位置断点，代码执行到断点处时会暂停。这些普通断点在大多数时候都能够帮助我们解决很多问题。但代码是千变万化的，有时普通断点在复杂的调试过程中无能为力。我们先来看一个简单的示例，这个示例代码是在一个循环中获取一些信息，然后添加到一个 vector 对象中，如代码清单 2-9 所示。

代码清单 2-9　循环获取信息并添加到 vector 对象中

```
64      if (res)
65      {
66          prev_vcn = pointers_buffer->StartingVcn;
67
68          for (DWORD i = 0; i < pointers_buffer->ExtentCount; i++)
69          {
70              LARGE_INTEGER lcn = pointers_buffer->Extents[i].Lcn;
71
72              for (LONG64 count = pointers_buffer->Extents[i].NextVcn.QuadPart - prev_vcn.QuadPart;
73                  count; count--, lcn.QuadPart++)
74              {
75                  blocks.push_back(lcn.QuadPart * bytes_per_cluster);
76              }
77
78              prev_vcn = pointers_buffer->Extents[i].NextVcn;
79          }
80      }
```

从代码清单 2-9 中可以看到，这里有两层 for 循环，而且外层循环和内层循环的结束条件都是未知的，因为不能确定这个 ExtentCount 到底是多少，也不知道 NextVcn.QuadPart 等信息，这些信息都是动态变化的。代码的真实功能是获取 NTFS 文件系统上某个文件在磁盘的布局分配情况。对于不同文件大小的文件，这些信息都是不同的。

假设在代码清单 2-9 中，当外层循环 i 等于 120 并且内层循环 count 等于 99 时，会有一个 BUG 产生，我们需要去解决这个 BUG，而且会在代码的第 75 行设置一个断点，以查看 BUG 到底是怎样产生的。

这里的问题是，断点设置在第 75 行代码处，调试时代码会在第 75 行停下来，无论是逐语句执行还是逐过程执行，代码执行到第 75 行都会暂停下来。要知道，真正产生问题的条件是 i==120 && count==99，要想捕获这个错误有些困难，断点要命中上万次。

其实 VC 可以为断点设置条件，只有设置的条件得到满足时，断点才会真正被命中并使代码暂停。如果条件不满足，代码执行到断点处也不会暂停，这就是条件断点。

我们来为代码清单 2-9 中第 75 行的断点设置条件。在断点上单击鼠标右键，在弹出的右键菜单中选择"条件"，如图 2-56 所示。选择"条件"以后，会弹出图 2-57 所示的断点条件对话框。

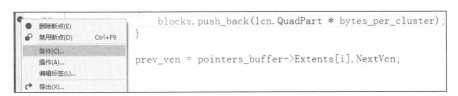

图 2-56　选择"条件"

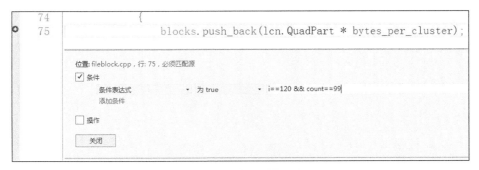

图 2-57　为断点设置条件

在图 2-57 中，选中"条件"复选框，然后选择"条件表达式"，并且选择"为 true"，最后在条件文本框中设置条件，比如代码清单 2-9 中断点需要的条件，可以设置为 i==120 && count==99，然后按回车键保存修改。此时，就为第 75 行的断点设置了条件，而且可以看到，第 75 行代码的断点图标多了一个"+"。再次调试代码清单 2-9 时，就不会那么烦琐，不满足断点条件时断点不会命中，一旦满足了条件，代码立刻就会暂停，这时就可以仔细地查看各个变量的情况或者其他信息。

如果为断点设置的条件不合理或者不符合语法，调试时会生成警告信息。比如将条件设置为 i==120 && count=99，调试时就会弹出如图 2-58 所示的错误对话框，以告知条件设置有问题。

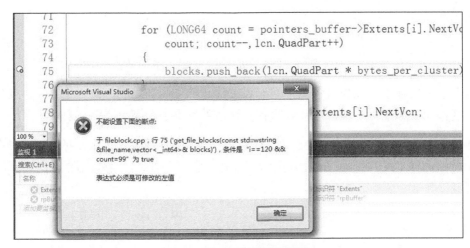

图 2-58　条件断点错误对话框

从图 2-58 中可以发现，不但弹出了条件断点错误对话框，而且第 75 行的断点也被禁用。除了断点所在的行，错误提示信息还指明了设置的断点条件，而且指出了错误"表达式必须是可修改的左值"。这里以经常会出现的手误作为示例，即把==写成了=，也就是将比较变成了赋值，所以设置的断点条件确实有问题。

在为断点设置条件时，条件表达式还支持另外一种情况，即监控的某个变量值发生变化，如图 2-59 所示。

图 2-59　设置"更改时"条件

图 2-59 表示当更改 lcn 值时，断点才会被命中。如果 lcn 是一个布尔型的值，一开始是 false，只有达到某种条件的时候它才变为 true，这时才会命中断点。这也是非常便利的一种条件。

对 C/C++代码而言，可以同时添加 3 个条件。单击"添加条件"后，还可以添加另外两个条件，其中一个条件是"命中次数"，如图 2-60 所示。

图 2-60　"命中次数"条件设置

我们既可以设置这个断点命中多少次后暂停，又可以设置这个断点命中次数大于多少时暂停。

另外一个条件是"筛选器"，如图 2-61 所示。

图 2-61　"筛选器"条件设置

在"筛选器"的设置中，可以设置机器名、进程 ID、进程名、线程 ID 和线程名。比如在设置了某机器名后，在同时调试多个进程并且都是远程调试时可以用到该机器名。

2.12.4　函数断点

函数断点是指对某个函数设置断点，当该函数被调用时就会命中断点并暂停。这个功能非常有用。比如我们知道一个函数名，但是不知道这个函数代码的具体位置；再比如多个函数具有相同的函数名（比如重载的情况），我们希望在每次调用该函数时暂停，此时就可以使用函数断点。还有一种情况，即多个模块或者多个项目中有相同的函数名，而我们又无法了解哪一个函数会被调用，此时就可以使用函数断点。

如图 2-62 所示，在"调试"菜单中选择"新建断点"，然后用鼠标左键单击"函数断点"（或者按 Ctrl+K 组合键和 B 键），就会弹出新建函数断点对话框，如图 2-63 所示。

在图 2-63 中，我们为函数 fun_test 设置了一个函数断点，代码每次调用 fun_test 函数时，都会在 fun_test 函数处暂停。注意语言一定要选对：如果是 C++语言，就选择 C++；如果是 C 语言，就选择 C。同样地，函数断点也支持条件，条件的设置方法与普通条件断点相同。

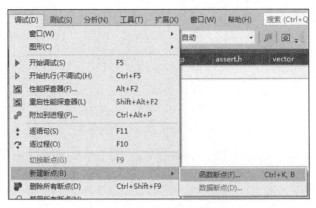

图 2-62　打开"调试"菜单

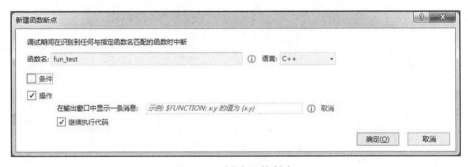

图 2-63　新建函数断点

如果想要精准地指定函数名，就可以使用以下方式来限定函数名。

● **函数全名**：使用完整的函数名称，如 NamespaceX.ClassY.FunctionZ()。

● **指定参数**：对于重载的函数，如果要指定函数名，就可以指定参数，如 Function(int,float)。

● **指定模块名**：如果要指定某个模块的函数，就可以使用"!"号来指定模块名，如 ModuleX.dll!FunctionY。

● **使用上下文操作符**：格式为 {function, , [module]} [+<模块开始行号>]，如 {FunctionX, , ModuleY.dll}+10。

在实际调试的过程中，可以根据具体情况去使用更符合当前调试目的的方法。

2.12.5　数据断点

数据断点用来监控某一内存上的值，如果值发生改变，代码执行就会暂停。如果该内存的值只是被读取，没有被修改，那么断点不会被命中。我们先来看一段代码，如代码清单 2-10 所示。

代码清单 2-10　数据断点示例代码

```
352 ┌void data_breakpoint_test()
353 │{
354 │    char str1[11];
355 │    char str2[5];
356 │    strcpy(str1, "breakpoint");
357 │    printf("str1 is %s\n", str1);
358 │    strcpy(str2, "this is data breakpoint test");
359 │    printf("str1 is %s\nstr2 is %s\n", str1, str2);
360 └}
```

代码清单 2-10 中的示例代码比较简单，代码中定义了两个字符串，分别对两个字符串进行复制，然后输出字符串 str1 和 str2，运行结果如图 2-64 所示。

图 2-64　数据断点示例代码的运行结果

从图 2-64 中可以发现，运行结果并不是我们所期望的。str1 的两次输出结果居然不同：第一次 str1 的输出是正常的，第二次对 str2 进行赋值操作后，str1 的输出异常。出现异常的原因是对 str2 赋值的字符串太长，超出了 str2 的长度，从而覆盖了 str1 的内容，导致 str1 输出结果不正常，这就是进程遇到的栈溢出或者栈被破坏问题。

我们来看一下为什么 str1 的值会被覆盖。先在第 356 行代码处设置一个断点，然后开始调试，执行到第 356 行代码时命中断点，这时来看一下 str1 和 str2 的起始地址。为了方便查看，我们直接把 str1 和 str2 添加到"监视"窗口中，地址分别是 0x0045fadc 和 0x0045facc，如图 2-65 所示。

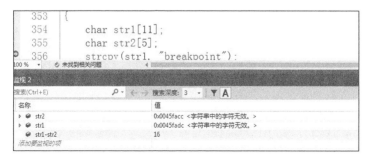

图 2-65　str1 和 str2 的内存地址

从图 2-65 中可以发现，str1 的起始地址比 str2 的起始地址要高 16 字节，在没有对它们进行赋值前或者只对 str1 进行赋值时，str1 和 str2 并没有重叠，因为它们的起始地址相差了 16 字节。str2 只申请了 5 个字符，加上结束符，只占用 6 字节的空间。查看只对 str1 进行赋值后 str1 和 str2 的内存布局如图 2-66 所示。

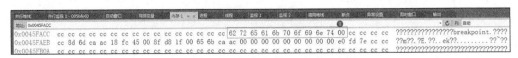

图 2-66　只对 str1 赋值后的内存布局

从图 2-66 中可以看到，对 str1 进行赋值后，一切都很正常。还没有对 str2 赋值，所以此时 str1 的输出也是正常的。代码继续执行，对 str2 进行字符串拷贝操作。对 str2 进行赋值后，str1 和 str2 的内存布局如图 2-67 所示。

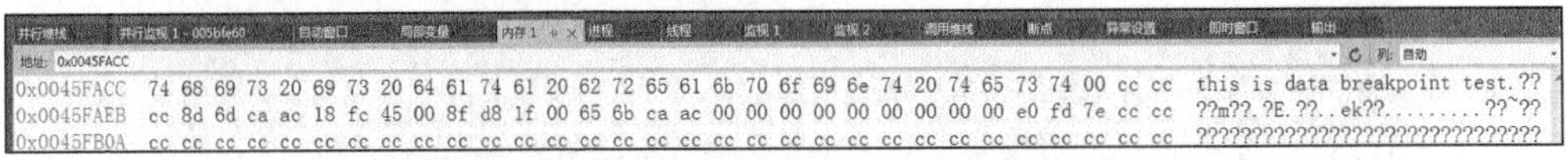

图 2-67　对 str2 赋值后的内存布局

从图 2-67 中可以发现，str2 的内容已经把 str1 的内容完全覆盖。因为 str1 的起始地址是 0x0045fadc，所以最后输出 "akpoint test" 的内容。

下面来描述一下如何对 str1 的内存被修改的情况进行监控。我们给 str1 赋值以后，如果 str1 再次被修改，就一定有 BUG，所以我们要对 str1 设置数据断点。数据断点需要在调试启动后才能设置。在代码的第 357 行设置一个断点，启动调试后，代码会在第 357 行暂停。从 "调试" 菜单中选择 "新建断点"，再选择 "数据断点"，弹出如图 2-68 所示的对话框。

图 2-68　为 str1 设置数据断点

为 str1 设置数据断点，在 "地址" 文本框中输入 "str1"，在 "字节" 下拉列表中选择 "4"，也可以选择其他字节长度，同样地可以设置相关的条件和操作。然后，单击 "确定" 按钮，监控 str1 的数据断点就设置好了。如果后面的操作对 str1 对应的内存进行了修改，就会命中断点并暂停执行代码。接下来继续执行后面的代码，对 str2 进行赋值操作，断点被命中并暂停执行代码，如图 2-69 所示。

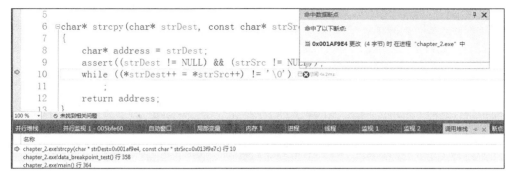

图 2-69　命中数据断点

通过调用栈可以发现，在对 str2 进行字符串拷贝时修改了 str1 的值，所以命中了数据断点，从而我们可以发现 BUG 是怎样产生的。

这个数据断点的示例很直白，但是在实际开发过程中很难定位栈被破坏的问题。因为不确定栈数据会在什么时候被破坏，而且栈数据被破坏后，往往并不会立刻导致程序崩溃，甚至数据也是正确的，它会在再次使用某些变量时才出现问题。对于这样的错误，我们要在开发的初期阶段通过调试的方法和技巧来避免。

虽然数据断点的作用很大，但是还是有一些限制条件，数据断点在下列情况下不起作用。

● **写内存地址的进程没有被调试**：这种情况下数据断点不起作用。

● **内存地址被多个进程共享**：如果监控的内存由两个或者多个进程共享，那么数据断点不起作用。

● **内存被内核模式修改**：如果内存地址的内容被内核修改，那么数据断点也不会起作用。

2.12.6　VC 调试时常用的快捷键和组合键列表

在调试时，相比从菜单中选择菜单命令，使用快捷键和组合键可以更加方便、更加快捷地进行各种操作。表 2-5 中列出了 VC 调试时常用的快捷键和组合键。

表 2-5　VC 调试时常用的快捷键和组合键

功能	快捷键和组合键
开始调试/继续	F5
停止调试	Shift + F5
全部中断	Ctrl + Alt + Break
重新启动	Ctrl + Shift + F5

功能	快捷键和组合键
更改应用代码	Alt + F10
附加到进程	Ctrl + Alt + P
逐语句	F11
逐过程	F10
跳出	Shift + F11
快速监视	Shift + F9
切换断点	F9
新建函数断点	Ctrl + K 和 B
删除所有断点	Ctrl + Shift + F9
查看断点	Alt + F9
并行堆栈	Ctrl + Shift + D 和 S
监视窗口 1	Ctrl + Alt + W 和 1
监视窗口 2	Ctrl + Alt + W 和 2
监视窗口 3	Ctrl + Alt + W 和 3
监视窗口 4	Ctrl + Alt + W 和 4
自动窗口	Ctrl + Alt + V 和 A
局部变量窗口	Alt + 4
即时窗口	Ctrl + Alt + I
调用堆栈	Alt + 7
线程窗口	Ctrl + Alt + H
模块窗口	Ctrl + Alt + U
进程窗口	Ctrl + Shift + Alt + P
内存窗口	Alt + 6

Linux 系统下 gdb 调试基本功能

gdb 是 UNIX/Linux 系统最常用的代码调试工具，相较于图形界面的调试工具（如前面介绍的 VC），虽然 gdb 在某些方面的使用不是特别直观或方便，但是 gdb 也有自己的特点，也是 Linux 系统开发必不可少的调试工具。

gdb 的功能非常强大，本章将会对 gdb 的安装以及基本功能的使用进行详细的介绍，关于 gdb 的一些更高级应用将会在后续章节中分别介绍。

本书将使用 PuTTY 进行 Linux 系统下的演示。PuTTY 可以远程登录到 Linux 系统。作者采用虚拟机的方式安装了多个 Linux 系统，多个 Linux 系统之间可以相互切换，非常方便。如果读者不具备物理 Linux 环境，也可以使用虚拟机进行学习。远程登录 Linux 机器的工具软件有很多种，除了经典的 PuTTY，还有很多类似的工具（如 SecureCRT 等），读者可以根据自己的喜好来选择。

3.1 Linux 系统下 C/C++编程的基本知识

在 Linux 系统中开发 C/C++程序与在 Windows 系统中有少许不同。Windows 系统一般都有比较好的集成开发环境（如 VC、VS Code、Dev C++等），而 Linux 系统一般都会使用命令行的方式来开发程序（因为大多数 Linux 环境没有图形界面）。有的用户为了能够在编写代码的时候效率更高，也会在 Windows 系统中编写代码，然后转移至 Linux 系统中编译、调试和运行。有的用户也会直接在 Linux 系统中使用 vi 和 vim 等编辑软件编写代码。从本质上讲，这些做法并没有太大的区别，只是用户的不同习惯。

无论在哪里编写代码，最后都要到 Linux 系统中编译、调试和运行。下面简单介绍一下在 Linux 系统中开发 C/C++程序的基本知识。由于本书主要讲述 C/C++调试，因此只对开发 C/C++相关的知识做一些简单介绍，如果在开发方面有疑问，可以通过查询相关的文档来解决。

无论是本书的代码还是本书工具的使用，都希望能够在所有 Linux 发行版中正常使用。本书中的所有代码都已经在 Ubuntu 和 CentOS 上编译通过，使用的工具也在这两个发行版中测试通过。尽管作者没有在 Linux 其他发行版中编译测试和运行本书的示例，但是区别应该不会太大，读者可以自行尝试调整，以适应不同的操作环境。

3.1.1 开发环境安装

在 Linux 系统中开发 C/C++程序时，我们用到的工具一般是 gcc 和 g++。gcc 和 g++既有区别，又有联系，下面进行简单介绍。

GCC（GNU Compiler Collection）即 GNU 编译工具集，包含编译器、链接器、组装器等，主要用来编译 C 和 C++程序，也可以编译 Objective-C 和 Objective-C++程序。注意，这里的 GCC 是大写的，代表的是 GNU 编译工具集。

gcc（GNU C Compiler）（注意这里的缩写是小写的）代表的是 GNU C 语言编译器，而 g++代表的是 GNU C++语言编译器。从本质上讲，gcc 和 g++并不是真正的编译器，gcc 和 g++只是 GCC 里面的两个工具，在编译 C/C++程序时，gcc 和 g++会调用真正的编译器对代码进行编译。可以简单地这样理解：gcc 工作时会调用 C 编译器；g++工作的时候会调用 C++编译器。二者的部分区别如下所示。

- **文件后缀名的处理方式不同**：gcc 会将后缀为.c 的文件当作 C 程序，将后缀为.cpp 的文件当作 C++程序；g++会将后缀为.c 和.cpp 的文件都当成 C++程序。因为 C 和 C++在语法上有一些区别，所以有时候通过 g++编译的程序不一定能通过 gcc 编译。要注意的是，gcc 和 g++都可以用来编译 C 和 C++代码。

- **链接方式不同**：gcc 不会自动链接 C++库（如 STL 标准库），g++会自动链接 C++库。

- **预处理器宏不同**：g++会自动添加一些预处理器宏，比如__cplusplus，但是 gcc 不会。

所以，如果要开发纯 C 语言程序，那么可以使用 gcc；如果要开发 C/C++程序，还要使用 STL 标准库，那么为了开发的便利性，建议读者使用 g++。

1. 在 CentOS 上安装 gcc 和 g++

作者的 CentOS 系统的版本是 CentOS 8，为了操作更方便，使用的是 root 账户（包括后面提到的 Ubuntu 系统，都是使用 root 账户进行操作的）。如果读者不是以 root 账户身份登录，可以在执行命令时稍加修改，即在命令前面加上 sudo，比如在安装的时候执行 sudo yum install gcc gcc-c++。

在命令行终端（Shell）执行如下命令，如图 3-1 所示。

```
yum install gcc gcc-c++
```

[root@SimpleSoft ~]# yum install gcc gcc-c++

图 3-1　在 CentOS 上安装 gcc 和 g++

这个命令会同时安装 gcc 和 g++，中间会有一些交互的操作，需要用户确认（输入"y"）。如果想自动确认，可以在安装时输入以下命令：

```
yum -y install gcc gcc-c++
```

如果安装成功，终端就会提示安装完毕，如图 3-2 所示。

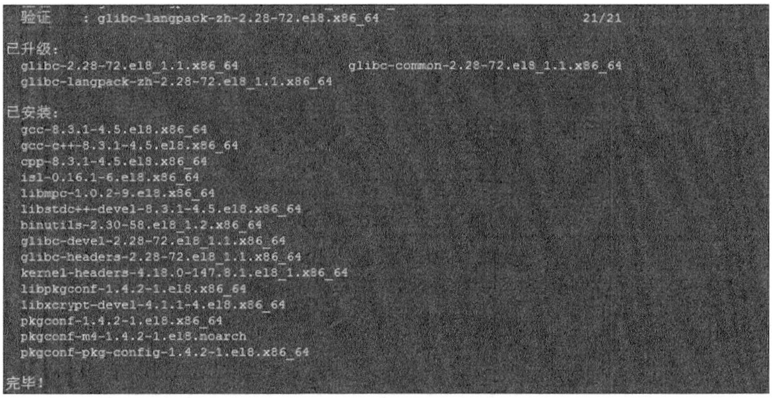

图 3-2　成功安装 gcc 和 g++

下面来验证安装是否成功。在命令行终端 Shell 中输入以下命令：

```
gcc -v
```

如果安装成功，就会显示图 3-3 所示的信息。读者也可以在 Shell 中执行 g++ -v 命令，得到的信息几乎相同。

2. 在 Ubuntu 上安装 gcc 和 g++

gcc 和 g++在 Ubuntu 上的安装方式基本与在 CentOS 上的安装方式一致，只是 g++在 Ubuntu 上的名称不同。

```
[root@SimpleSoft ~]# gcc -v
使用内建 specs。
COLLECT_GCC=gcc
COLLECT_LTO_WRAPPER=/usr/libexec/gcc/x86_64-redhat-linux/8/lto-wrapper
OFFLOAD_TARGET_NAMES=nvptx-none
OFFLOAD_TARGET_DEFAULT=1
目标：x86_64-redhat-linux
配置为：../configure --enable-bootstrap --enable-languages=c,c++,fortran,lto --prefix=/usr --mandi
r=/usr/share/man --infodir=/usr/share/info --with-bugurl=http://bugzilla.redhat.com/bugzilla --ena
ble-shared --enable-threads=posix --enable-checking=release --enable-multilib --with-system-zlib -
-enable-__cxa_atexit --disable-libunwind-exceptions --enable-gnu-unique-object --enable-linker-bui
ld-id --with-gcc-major-version-only --with-linker-hash-style=gnu --enable-plugin --enable-initfini
-array --with-isl --disable-libmpx --enable-offload-targets=nvptx-none --without-cuda-driver --ena
ble-gnu-indirect-function --enable-cet --with-tune=generic --with-arch_32=x86-64 --build=x86_64-re
dhat-linux
线程模型：posix
gcc 版本 8.3.1 20190507 (Red Hat 8.3.1-4) (GCC)
[root@SimpleSoft ~]#
```

图 3-3　执行 gcc -v 命令

在 Shell 中执行以下命令：

```
apt-get install gcc g++
```

同样地，安装过程中会提示用户进行安装确认（输入“y”）。如果想自动确认，可以执行以下命令：

```
apt-get -y install gcc g++
```

下面来验证安装是否成功。由于在 CentOS 中验证 gcc 和 g++是否安装成功使用的是 gcc -v 命令，这里使用 g++ -v 来验证。在 Shell 中输入以下命令：

```
g++ -v
```

如果安装一切就绪，就会显示图 3-4 所示的信息。

```
root@SimpleSoft-Ubuntu:~# g++ -v
Using built-in specs.
COLLECT_GCC=g++
COLLECT_LTO_WRAPPER=/usr/lib/gcc/x86_64-linux-gnu/5/lto-wrapper
Target: x86_64-linux-gnu
Configured with: ../src/configure -v --with-pkgversion='Ubuntu 5.4.0-6ubuntu1~16
.04.12' --with-bugurl=file:///usr/share/doc/gcc-5/README.Bugs --enable-languages
=c,ada,c++,java,go,d,fortran,objc,obj-c++ --prefix=/usr --program-suffix=-5 --en
able-shared --enable-linker-build-id --libexecdir=/usr/lib --without-included-ge
ttext --enable-threads=posix --libdir=/usr/lib --enable-nls --with-sysroot=/ --e
nable-clocale=gnu --enable-libstdcxx-debug --enable-libstdcxx-time=yes --with-de
fault-libstdcxx-abi=new --enable-gnu-unique-object --disable-vtable-verify --ena
ble-libmpx --enable-plugin --with-system-zlib --disable-browser-plugin --enable-
java-awt=gtk --enable-gtk-cairo --with-java-home=/usr/lib/jvm/java-1.5.0-gcj-5-a
md64/jre --enable-java-home --with-jvm-root-dir=/usr/lib/jvm/java-1.5.0-gcj-5-am
d64 --with-jvm-jar-dir=/usr/lib/jvm-exports/java-1.5.0-gcj-5-amd64 --with-arch-d
irectory=amd64 --with-ecj-jar=/usr/share/java/eclipse-ecj.jar --enable-objc-gc -
-enable-multiarch --disable-werror --with-arch-32=i686 --with-abi=m64 --with-mul
tilib-list=m32,m64,mx32 --enable-multilib --with-tune=generic --enable-checking=
release --build=x86_64-linux-gnu --host=x86_64-linux-gnu --target=x86_64-linux-g
nu
Thread model: posix
gcc version 5.4.0 20160609 (Ubuntu 5.4.0-6ubuntu1~16.04.12)
root@SimpleSoft-Ubuntu:~#
```

图 3-4　执行 g++ -v 命令

3.1.2　开发第一个 C/C++程序

本节将使用 GCC（注意是大写）来开发 C/C++代码，分别使用 gcc 和 g++来编写 C/C++
语言的 HelloWorld 程序。本节从最基本的内容开始，确保读者对 Linux 系统中的 C/C++开
发有比较全面的了解，从而能够快速入门。

1. 使用 C 语言编写 HelloWorld 程序

● 编辑源程序

最简单的一个 C 语言 HelloWorld 程序可以使用 vi 或者 vim 编辑器来编辑，并将文件保
存并命名为 helloworld.c。作者使用的是 vim，能够高亮显示关键字，如代码清单 3-1 所示。

代码清单 3-1　C 语言 HelloWorld 程序

```
1 #include <stdio.h>
2
3 int main(int argc,char ** argv)
4 {
5         printf("Hello World\n");
6         return 0;
7 }
```

● gcc 编译、链接

在 Shell 中执行命令：

```
gcc -o helloworld helloworld.c
```

-o 表示输出的可执行文件名为 helloworld，后面的 helloworld.c 是 C 语言源程序的文件
名。所以，这个命令就是编译 helloworld.c 源文件，并生成 helloworld 可执行文件。

因为这是最简单的一个 HelloWorld 程序，不会有任何错误，因此可在命令行中输入如
下命令来执行 helloworld 程序，结果如图 3-5 所示。

```
./helloworld
```

图 3-5　执行 helloworld 程序

● g++编译、链接

在 Shell 中执行以下命令：

```
g++ -o helloworld helloworld.c
```

与 gcc 的使用方式相同，上述命令同样会生成 helloworld 可执行文件。

2．使用 C++语言编写 HelloWorld 程序

● 编辑源程序

现在使用 C++语言来开发一个 HelloWorld 程序，可用 vi、vim 或者其他任意的源代码编辑器来生成 helloworldplus.cpp 源文件，如代码清单 3-2 所示。

代码清单 3-2　C++语言 HelloWorld 程序

```
1 #include <iostream>
2 using namespace std;
3
4 int main(int argc,char **argv)
5 {
6         cout << "Hello World C++" << endl;
7         return 0;
8 }
```

● g++编译、链接

我们先用 g++来编译并生成可执行文件，在 Shell 中输入以下命令：

```
g++ -o helloworldplus helloworldplus.cpp
```

编译、链接成功后会生成可执行文件 helloworldplus，然后在 Shell 中输入以下命令：

```
./helloworldplus
```

执行结果如图 3-6 所示。

图 3-6　执行 helloworldplus 程序

● gcc 编译、链接

我们可以按照 g++的方式来编译并链接 C++代码，在 Shell 中输入以下命令：

```
gcc -o helloworldplus helloworldplus.cpp
```

按回车键执行命令，这时会提示错误，如图 3-7 所示。

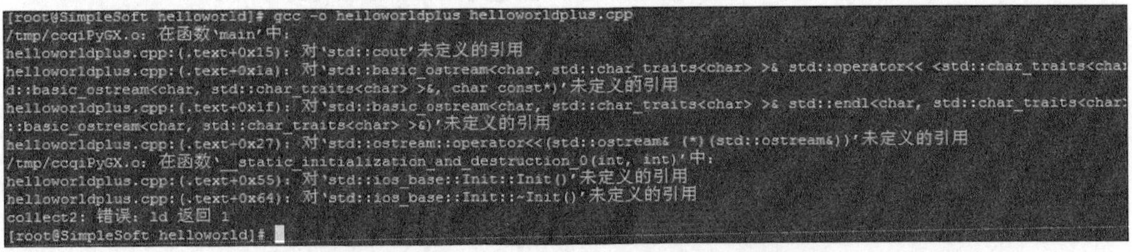

图 3-7　gcc 编译并链接 C++代码的出错信息

由于 gcc 在链接 C++代码时没有自动链接 C++标准库，因此链接失败（前面提到过，gcc 不会自动链接 C++标准库）。但是使用 gcc 编译 C++代码不会产生任何问题，可以在 Shell 中输入命令 gcc -c helloworldplus.cpp 进行测试，发现可以正常地编译通过。为了能够使 gcc 正常编译、链接 C++代码，可以在 Shell 中输入以下命令：

```
gcc -o helloworldplus helloworldplus.cpp -lstdc++
```

这样，gcc 既可以连接 C++标准库，又可以正常生成 helloworldplus 可执行文件。同样地，可以在 Shell 中执行./helloworldplus，结果与 g++生成的结果相同。

3. 使用 Makefile

如果代码中包含两个或多个源文件，比如整个程序包含 3 个文件：main.cpp、student.h 和 student.cpp，那么多个 C++源文件的示例代码如代码清单 3-3 所示。

代码清单 3-3 多个 C++源文件的示例代码

```
 1
 2 #include <string>
 3
 4 class Student
 5 {
 6 public:
 7         Student(const char* Name,int Age);
 8         const char* Name();
 9         int Age();
10 private:
11         std::string name;
12         int age;
13
14 };
```

```
 1
 2 #include "student.h"
 3 using namespace std;
 4
 5 Student::Student(const char* Name,int Age)
 6 {
 7         name = Name;
 8         age = Age;
 9 }
10 const char* Student::Name()
11 {
12         return name.c_str();
13 }
14 int Student::Age()
15 {
16         return age;
17 }
18
```

```
 1
 2 #include <iostream>
 3 #include "student.h"
 4
 5 int main(int argc,char ** argv)
 6 {
 7         Student stu("Mike",23);
 8         printf("Student's Name is %s,age is %d\n",stu.Name(),stu.Age());
 9         return 0;
10 }
```

main 函数中使用了一个 Student 类，可以打印学生的姓名和年龄。在使用 gcc 或者 g++ 编译时几乎与前面的例子相同，唯一的不同是要把两个 cpp 文件都包含进去。在 Shell 中执行以下命令：

```
g++ -o  chapter_3 main.cpp student.cpp
```

然后我们可以执行 ./chapter_3，其结果是打印"Student's Name is Mike, age is 20"。

目前执行代码没有什么问题，但是如果我们的程序比较复杂、实现的功能很多、包含的文件也很多，那么再使用 g++ 来编译代码就会很麻烦。如果代码中包含 10 个以上的 cpp 文件，就不方便在 Shell 中输入这么多文件名，而且文件可能会发生变化，比如文件数可能增加、也可能减少，文件名称可能发生改变等。如果再按照这种方式去编译一个程序，就很不方便。还有比如我们有很多文件，但是如果只修改了一个文件，又要重新生成程序的话，就需要重新编译所有的源文件，而这往往又不是必需的，因为编译所有的文件既费事又费时。因此，必须寻找一种更加简便的办法来编译 C/C++ 程序，为此可以使用 make 工具和 Makefile 文件。

make（GNU make）是 Linux 系统中的一款自动维护工具，它能够从程序的源代码中生成可执行文件。make 需要 Makefile 文件的配合，它从 Makefile 中获取构建程序的方法。因此，本书建议使用 Makefile 来编写 Linux C/C++ 程序，可以方便用户构建以及安装程序。

make 的功能很强大，它允许终端用户在不了解程序细节的情况下构建和安装程序。

如果程序中有文件发生改变，make 不仅可以自动获取需要更新的文件，还可以自动获取这些文件的顺序以及依赖关系等。因此，如果程序中的某个或者某些文件发生改变，make 并不需要去编译所有的源文件。

Makefile 是 make 所依赖的重要文件，Makefile 文件描述了怎样去构建程序，还描述了程序中的文件之间的依赖关系等。Makefile 文件还描述了整个程序的编译、链接等规则，描述了整个程序需要哪些源文件以及这些源文件如何编译，需要哪些库文件以及这些库文件如何编译，如何最后生成可执行文件，等等。

Makefile 看起来很复杂，但是这个工作是值得做的，因为做好之后基本上不用再修改 Makefile，编译程序的事情就可以交给 make。我们要做的就是调用 make，然后等待生成可执行文件。

Makefile 文件中最重要的内容就是"规则"，即告诉 make 怎样去执行一系列命令，以便从源文件中构建目标文件。Makefile 的规则如代码清单 3-4 所示。

代码清单 3-4　Makefile 的规则

```
21
22  目标：    依赖关系
23           命令
24           命令
25
```

注意依赖关系和命令可以书写在同一行，命令之间要用分号隔开。一般采用多行的方式以便查看。写为多行时，命令前面的空白不是按空格键形成的，而是按 Tab 键形成的。如果是空格，程序就不能正确进行编译，在使用 make 的时候也会提示错误，如图 3-8 所示。

图 3-8　Makefile 空格错误

图 3-8 提示 Makefile 的第 29 行应该使用 Tab 键，而不是空格键。这一点很容易被忽视，尤其是将文本内容拷贝到 Makefile 中时，更容易出现空格的情况。

接下来，为代码清单 3-3 中的程序编写一个简单的 Makefile 示例代码，以便使用 make 来编译、链接程序，而不需要在 Shell 中输入一长段命令，如代码清单 3-5 所示。

代码清单 3-5　Makefile 示例代码

```
1  main: main.o student.o
2         g++ -o chapter_3 main.o student.o
3  main.o: main.cpp
4         g++ -c main.cpp
5  student.o: student.cpp student.h
6         g++ student.cpp
7
```

下面简单介绍代码清单 3-5 中的各条规则和依赖关系。main 依赖的文件是 main.o 和 student.o，要执行的命令是 g++ -o chapter_3 main.o student.o；main.o 依赖的文件是 main.cpp，要执行的命令是 g++ -c main.cpp；student.o 依赖的文件是 student.cpp 和 student.h，要执行的命令是 g++ student.cpp。执行 make 时，首先检测到 main 依赖 main.o 和 student.o，然后再检查 main.o 和 student.o，并依次执行它们的命令，最后一步执行 g++ -o chatper_3 main.o student.o 命令，生成 chapter_3 可执行文件。

在 Shell 中执行 make 之前，需要先安装 make 工具，系统默认是没有安装该工具的。在 CentOS 中执行以下命令来安装 make 工具：

```
yum install make
```

在 Ubuntu 中执行以下命令来安装 make 工具：

```
apt-get install make
```

在 Shell 中执行以下命令来查看 make 是否安装成功：

```
make -v
```

如果出现图 3-9 所示的信息，就表示 make 安装成功。

```
[root@SimpleSoft chapter_3]# make -v
GNU Make 4.2.1
为 x86_64-redhat-linux-gnu 编译
Copyright (C) 1988-2016 Free Software Foundation, Inc.
许可证：GPLv3+: GNU 通用公共许可证第 3 版或更新版本<http://gnu.org/licenses/gpl.html>。
本软件是自由软件：您可以自由修改和重新发布它。
在法律允许的范围内没有其他保证。
[root@SimpleSoft chapter_3]#
```

图 3-9　查看 make 是否安装成功

现在一切准备就绪，在源代码目录中执行以下命令：

```
make
```

如果没有出现任何编译错误或者 Makefile 格式错误，执行结果如图 3-10 所示。

```
[root@SimpleSoft chapter_3]# make
g++ -c main.cpp
g++ -c student.cpp
g++ -o chapter_3 main.o student.o
```

图 3-10　make 执行结果

生成可执行文件 chapter_3，可以直接执行./chapter_3 来查看执行结果是否正确。如果我们这时修改了 student.cpp，而没有修改 main.cpp，再次执行 make 时，则会只编译 student.cpp，而无须编译 main.cpp。

需要说明的是，代码清单 3-5 将 Makefile 的目标文件命名为 main.o、student.o，这与 gcc 编译结果的真实目标文件是一致的，但这不是必需的，Makefile 目标文件可以被任意命名，如代码清单 3-6 所示，只要符合 Makefile 的命名规则即可。

代码清单 3-6　Makefile 目标文件的命名示例

```
main: maino studento
        g++ -o chapter_3 main.o student.o
maino: main.cpp
        g++ -c main.cpp
studento: student.cpp student.h
        g++ -c student.cpp

```

有些读者可能觉得 Makefile 不太好用，这是因为如果新增了源代码文件，还需要修改 Makefile 文件。作者在这里提供一个比较通用的 Makefile 示例代码，使用这个 Makefile 后，无论程序源文件怎样变换，几乎不用再对 Makefile 进行修改，如代码清单 3-7 所示。

代码清单 3-7　通用 Makefile 示例代码

```
 1 EXECUTABLE:= chapter_3
 2 LIBDIR:=
 3 LIBS:=
 4 INCLUDES:=.
 5 SRCDIR:=
 6
 7 CC:=g++
 8 CFLAGS:= -g -Wall -O0 -static -static-libgcc -static-libstdc++
 9 CPPFLAGS:= $(CFLAGS)
10 CPPFLAGS+= $(addprefix -I,$(INCLUDES))
11 CPPFLAGS+= -I.
12 CPPFLAGS+= -MMD
13
14 RM-F:= rm -f
15
16 SRCS:= $(wildcard *.cpp) $(wildcard $(addsuffix /*.cpp, $(SRCDIR)))
17 OBJS:= $(patsubst %.cpp,%.o,$(SRCS))
18 DEPS:= $(patsubst %.o,%.d,$(OBJS))
19 MISSING_DEPS:= $(filter-out $(wildcard $(DEPS)),$(DEPS))
20 MISSING_DEPS_SOURCES:= $(wildcard $(patsubst %.d,%.cpp,$(MISSING_DEPS)))
21
22
23 .PHONY : all deps objs clean
24 all:$(EXECUTABLE)
25 deps:$(DEPS)
26
27 objs:$(OBJS)
28 clean:
29         $(RM-F) *.o
30         $(RM-F) *.d
31
32 ifneq ($(MISSING_DEPS),)
33 $(MISSING_DEPS):
34         $(RM-F) $(patsubst %.d,%.o,$@)
35 endif
36 -include $(DEPS)
37 $(EXECUTABLE) : $(OBJS)
38         $(CC) -o $(EXECUTABLE) $(OBJS) $(addprefix -L,$(LIBDIR)) $(addprefix -l,$(LIBS))
39
```

　　通用的 Makefile 文件会自动查找源文件目录下的所有源文件，自动处理这些依赖关系。比如测试示例 chapter_3 中又新增了一个 Teacher 类（在 main 函数中调用），调用 Teacher 类的代码如清单 3-8 所示。

代码清单 3-8　调用 Teacher 类

```
#include <iostream>
#include "student.h"
#include "teacher.h"
int main(int argc,char ** argv)
{
    Student stu("Mike",25);
    printf("Student's Name is %s,age is %d\n",stu.Name(),stu.Age());
    Teacher teacher("John",3);
    printf("Teacher's Name is %s,class number is %d\n",teacher.Name(),teacher.classNumber());
    return 0;
}
```

　　这时 chapter_3 源代码目录下的文件列表如图 3-11 所示。

图 3-11　chapter_3 源代码目录下的文件列表

然后在 Shell 中执行如下命令：

```
make
```

可以看到，Teacher 类被自动编译并链接到可执行文件 chapter_3 中，执行结果如图 3-12 所示。

图 3-12　执行 make 命令编译新的 chapter_3

至此，我们生成了一个比较通用的 Makefile，执行 make 命令即可编译程序，执行 make clean 命令即可清除编译好的目标文件（比如.o 格式的文件）。因此在开发过程中不需要经常修改 Makefile，可以将主要精力投入到开发调试中。

4．选择 gcc 还是 g++

gcc 和 g++本质上并没有太多区别，前文提到的通用 Makefile 使用 g++进行编译和链接，当然也可以使用 gcc 命令，只是需要 C++库的支持。如果程序代码只支持 C 语言，比如开发 Linux 驱动模块，就可以选用 gcc，否则选用 g++比较方便。

3.2　gdb 简介

gdb（GNU debugger）是 UNIX/Linux 系统中强大的调试工具，它能够调试软件并分析软件的执行过程，帮助我们调查并研究程序的正确行为，查找程序中产生 BUG 的根源（这比直接查看源代码要方便得多），还能用来分析程序崩溃的原因等。gdb 支持多种语言，可以支持 C/C++、Go、Java、Objective-C 等。本书主要介绍 C/C++的调试，所以主要关注 C/C++程序的调试技巧和方法。

3.2.1　gdb 的安装

gdb 的安装比较简单，在 Ubuntu 上的安装方式与在 CentOS 上安装类似。

1. 在 CentOS 上安装 gdb

在 Shell 中输入以下命令：

```
yum install gdb
```

在图 3-13 所示的界面中输入"y"，然后执行安装操作。系统会自动下载相关的依赖包和软件，如果安装成功会提示安装完成，如图 3-14 所示。

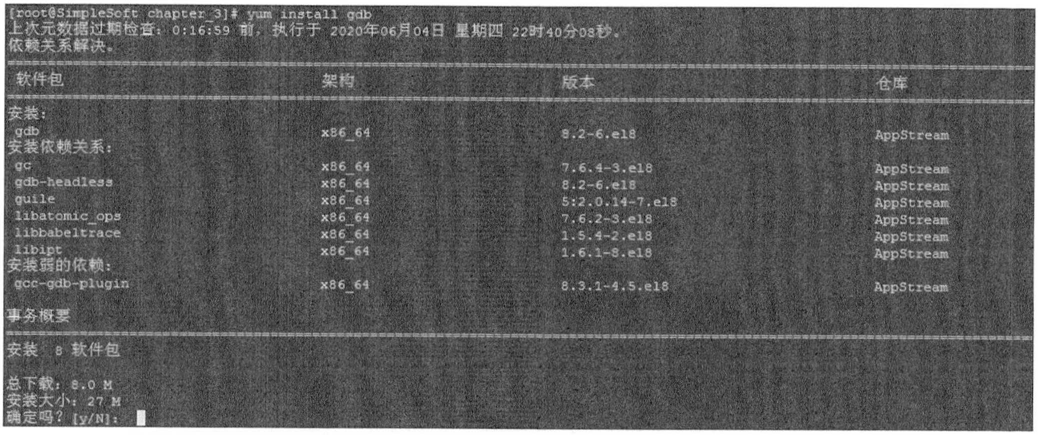

图 3-13　在 CentOS 上安装 gdb

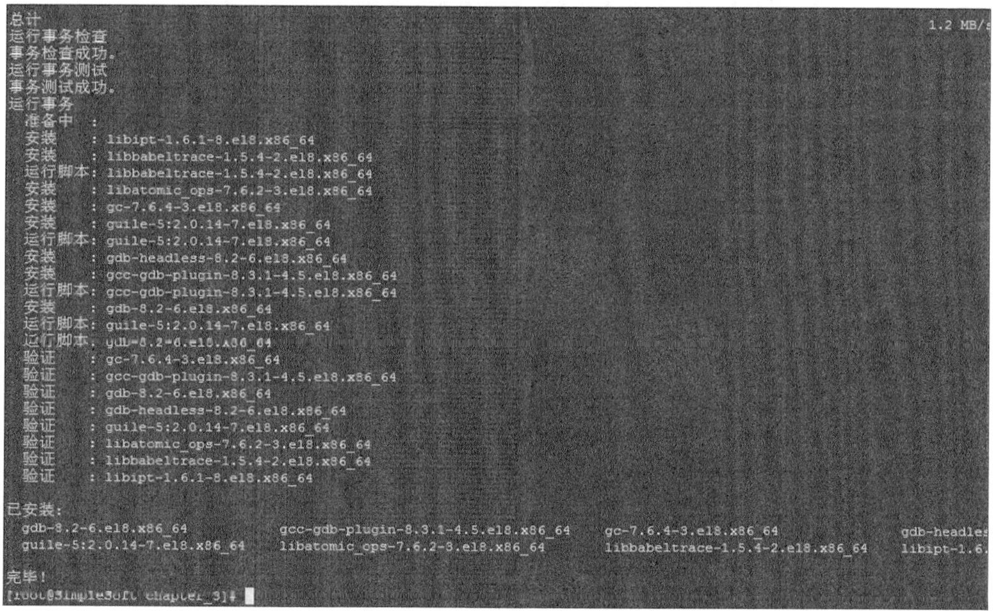

图 3-14　gdb 安装完成

然后在 Shell 中输入 "gdb -v" 来检验安装是否成功。若安装成功，则会显示 gdb 的版本信息，如图 3-15 所示。

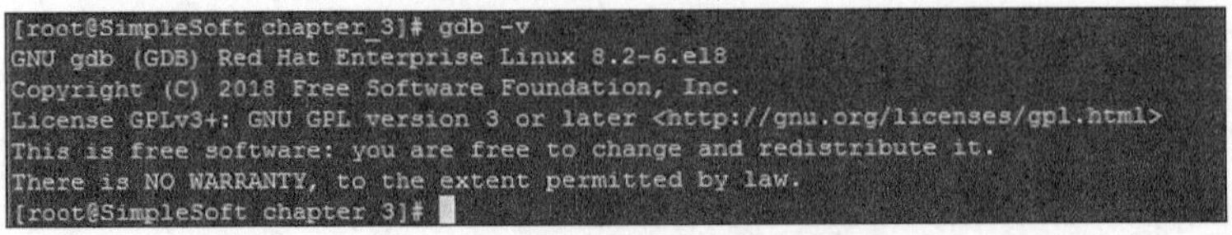

```
[root@SimpleSoft chapter_3]# gdb -v
GNU gdb (GDB) Red Hat Enterprise Linux 8.2-6.el8
Copyright (C) 2018 Free Software Foundation, Inc.
License GPLv3+: GNU GPL version 3 or later <http://gnu.org/licenses/gpl.html>
This is free software: you are free to change and redistribute it.
There is NO WARRANTY, to the extent permitted by law.
[root@SimpleSoft chapter_3]#
```

图 3-15　查看 gdb 的版本信息

2. 在 Ubuntu 上安装 gdb

在 Shell 中输入以下命令：

```
apt-get install gdb
```

安装完成后，同样执行 gdb -v 来查看版本信息以确定安装是否成功，如图 3-16 所示。CentOS 上的 gdb 版本与 Ubuntu 略有不同，因为 CentOS 的版本更新，所以其对应的 gdb 版本也会更新。

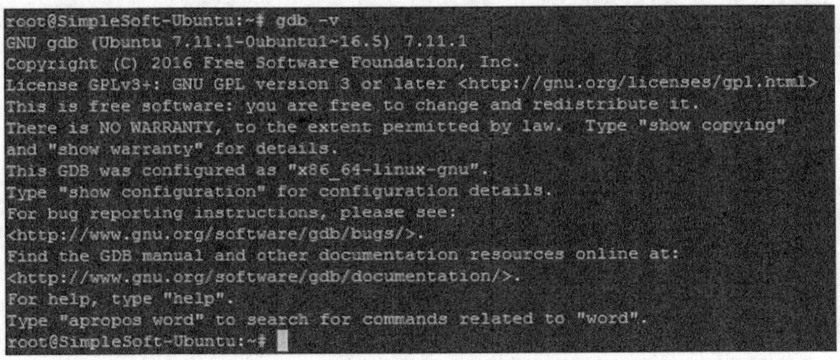

```
root@SimpleSoft-Ubuntu:~# gdb -v
GNU gdb (Ubuntu 7.11.1-0ubuntu1~16.5) 7.11.1
Copyright (C) 2016 Free Software Foundation, Inc.
License GPLv3+: GNU GPL version 3 or later <http://gnu.org/licenses/gpl.html>
This is free software: you are free to change and redistribute it.
There is NO WARRANTY, to the extent permitted by law.  Type "show copying"
and "show warranty" for details.
This GDB was configured as "x86_64-linux-gnu".
Type "show configuration" for configuration details.
For bug reporting instructions, please see:
<http://www.gnu.org/software/gdb/bugs/>.
Find the GDB manual and other documentation resources online at:
<http://www.gnu.org/software/gdb/documentation/>.
For help, type "help".
Type "apropos word" to search for commands related to "word".
root@SimpleSoft-Ubuntu:~#
```

图 3-16　查看 Ubuntu 上的 gdb 版本信息

3.2.2　gdb 常用功能概览

gdb 的功能非常多，比如断点管理、崩溃转储文件分析、执行 Shell 命令等。gdb 的常用功能如表 3-1 所示。

表 3-1　gdb 的常用功能

支持的功能	描述
断点管理	设置断点、查看断点等
调试执行	逐语句、逐过程执行
查看数据	在调试状态下查看变量数据、内存数据等

支持的功能	描述
运行时修改变量的值	在调试状态下修改某个变量的值
显示源代码	查看源代码信息
搜索源代码	对源代码进行查找
调用堆栈管理	查看堆栈信息
线程管理	调试多线程程序，查看线程信息
进程管理	调试多个进程
崩溃转储文件分析	分析崩溃转储文件
调试启动方式	用不同的方式调试进程，比如加载参数启动、附加到进程等

3.3 调试执行

本节开始介绍 gdb 调试的相关知识，如没有特别说明，所有的演示代码以及演示过程都在 CentOS 8 上进行（其他 Linux 发行版区别也不会太大，因为 gdb 的操作方式类似）。本书中的示例程序都可以在 Ubuntu 上正常编译、运行，所有的示例和演示代码都已经通过 Ubuntu 测试。

提示 在编译程序时，无论是否使用本文介绍的通用 Makefile，在使用 gcc 或者 g++时，一定要加上-g 选项，以便能够正常调试程序。

3.3.1 启动调试

我们先实现一个基本的 C/C++代码，创建一个目录 chapter_3.3 来存放源代码。本节后面的示例代码都基于这个代码，如代码清单 3-9 所示。

代码清单 3-9 模拟一个会员管理系统，启动后可以录入会员信息。同时生成 3.1.2 节通用的 Makefile，这样就可以方便地编译我们的程序。chapter_3.3 的源程序目录结构包含一个源文件和一个 Makefile，如图 3-17 所示。

```
 1 #include <malloc.h>
 2 #include <string.h>
 3
 4 struct NODE
 5 {
 6         int  ID;
 7         char Name[40];
 8         int age;
 9         NODE* prev;
10         NODE *next;
11 };
12 struct NODE *node_head = NULL;
13 int member_id = 0;
14 void add_member()
15 {
16         struct NODE *new_node = (NODE*)malloc(sizeof(NODE));
17         new_node->next = NULL;
18         NODE* prev_node = node_head->prev;
19         if(prev_node)
20         {
21                 prev_node->next = new_node;
22                 new_node->prev = prev_node;
23                 node_head->prev = new_node;
24
25         }
26         else
27         {
28                 node_head->next = new_node;
29                 new_node->prev = node_head;
30                 node_head->prev = new_node;
31         }
32         new_node->ID = member_id++;
33         printf("请输入会员姓名,然后按回车\n");
34         scanf("%s",new_node->Name);
35         printf("请输入会员年龄,然后按回车\n");
36         scanf("%d",&new_node->age);
37
38         printf("添加新会员成功\n");
39
40 }
41
42 int main(int argc,char* argv[])
43 {
44         node_head = (struct NODE*)malloc(sizeof(NODE));
45         node_head->next = node_head->prev= NULL;
46         printf("会员管理系统\n1:录入会员信息\nq:退出\n");
47         while(true)
48         {
49                 switch(getchar())
50                 {
51                 case '1':
52                         add_member();
53                         break;
54                 case 'q':
55                         return 0;
56                 default:
57                         break;
58                 }
59         }
60         return 0;
61 }
```

图 3-17　chapter_3.3 的源程序目录结构

执行 make 命令即可生成可执行文件 chapter_3.3。

启动 gdb 调试程序的方式有很多种，最简单的一种方式就是执行命令：gdb 程序名。在本示例中，启动调试程序的命令如下：

```
gdb chapter_3.3
```

如果 chapter_3.3 存在并且是可执行文件，就会显示如图 3-18 所示的界面，表示启动 gdb 调试 chapter_3.3 成功。

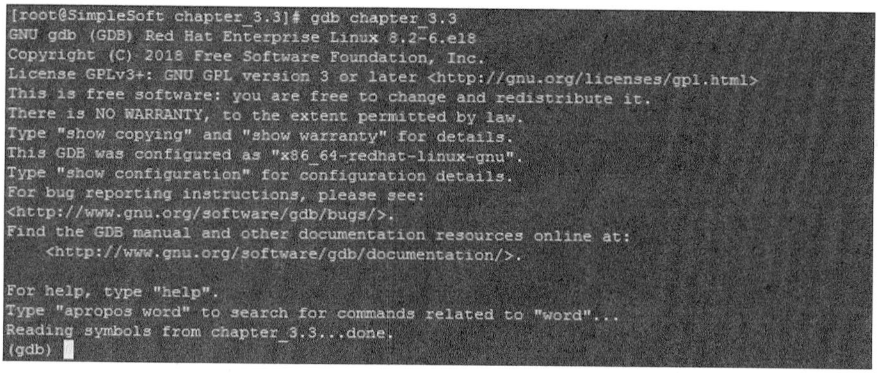

图 3-18　启动 gdb 调试 chapter_3.3

这时 gdb 已经成功加载 chapter_3.3，并且可以使用一些 gdb 的命令，比如设置断点、查看代码等。执行 list 命令的结果如图 3-19 所示。

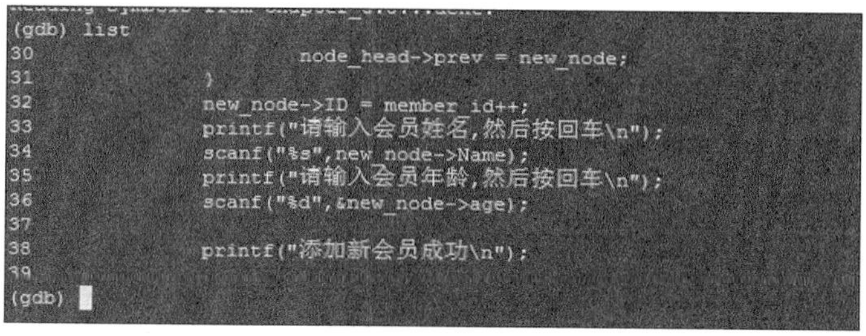

图 3-19　执行 list 命令

至此，我们就正式进入了 gdb 神秘的调试世界！继续执行 r 命令即可启动程序。图 3-20 为执行 r 命令之后的界面。

然后输入 "q" 退出程序，进入 gdb 的命令界面。再次输入 "q"，退出 gdb 调试。后面的章节会对 gdb 的使用进行更加完备的描述。

```
Type "apropos word" to search for commands related to "word"...
Reading symbols from chapter_3.3...done.
(gdb) r
Starting program: /root/codes/book_debug/chapter_3.3/chapter_3.3
Missing separate debuginfos, use: yum debuginfo-install glibc-2.28-72.el8_1.1.x86_64
warning: Loadable section ".note.gnu.property" outside of ELF segments
warning: Loadable section ".note.gnu.property" outside of ELF segments
会员管理系统
1:录入会员信息
q:退出
```

图 3-20　执行 r 命令来启动程序

3.3.2　启动调试并添加参数

有些程序在启动时需要接收一些参数，比如文件拷贝命令 cp 等，我们可以将 chapter_3.3 的 main 函数稍加修改，打印出从命令行传入的参数信息。修改后的 main 函数如代码清单 3-10 所示。

代码清单 3-10　修改为能打印出参数信息的 main 函数

```
42 int main(int argc,char* argv[])
43 {
44          printf("传入的参数信息为:\n");
45          for(int i=0;i<argc;i++)
46          {
47                  printf("参数 %d=%s\n",i,argv[i]);
48          }
49          node_head = (struct NODE*)malloc(sizeof(NODE));
50          node_head->next = node_head->prev= NULL;
51          printf("会员管理系统\n1:录入会员信息\nq:退出\n");
52          while(true)
53          {
54                  switch(getchar())
```

在代码清单 3-10 中，main 函数会逐个打印传入的参数信息，这里并不是要求必须输入参数，只是模拟程序运行时需要输入参数，以便 gdb 在启动程序时可以传入参数。

执行 make 命令重新编译，生成 chapter_3.3 可执行文件。在 Shell 中执行 gdb chapter_3.3，这时进入 gdb 的控制界面。因为 chapter_3.3 需要命令行参数，所以要在 gdb 中将参数传递给 chapter_3.3。假设需要 admin 和 password 两个参数，那么需要在 gdb 命令窗口中输入以下命令：

```
set args admin password
```

然后再次执行 r 命令启动程序，执行结果如图 3-21 所示。程序把从 gdb 中接收到的参数都打印了出来。

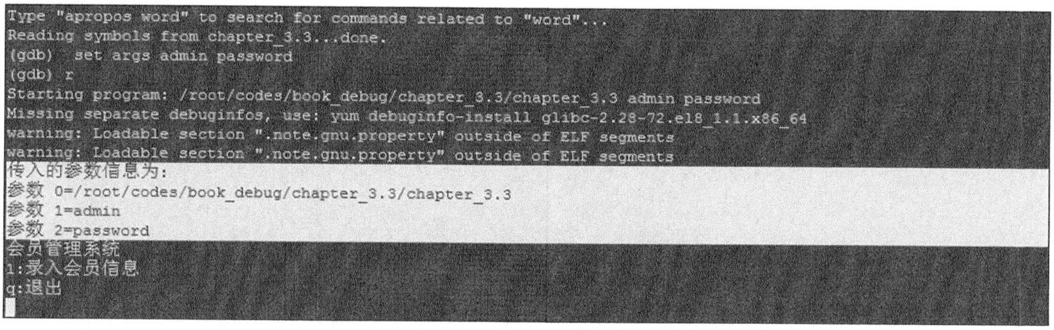

```
Type "apropos word" to search for commands related to "word"...
Reading symbols from chapter_3.3...done.
(gdb) set args admin password
(gdb) r
Starting program: /root/codes/book_debug/chapter_3.3/chapter_3.3 admin password
Missing separate debuginfos, use: yum debuginfo-install glibc-2.28-72.el8_1.1.x86_64
warning: Loadable section ".note.gnu.property" outside of ELF segments
warning: Loadable section ".note.gnu.property" outside of ELF segments
传入的参数信息为:
参数 0=/root/codes/book_debug/chapter_3.3/chapter_3.3
参数 1=admin
参数 2=password
会员管理系统
1:录入会员信息
q:退出
```

图 3-21　打印 gdb 中传入的参数

第一个参数是程序本身的名称，第二个参数和第三个参数就是通过 gdb 的 set args 命令传入的 admin 和 password。

3.3.3　附加到进程

在很多情况下，程序出现问题时并不处于调试状态。也就是说，在我们想要调试程序时，程序已经开始运行。此时，我们就不能按照前两节所述的方式来调试程序（因为程序已经启动），需要采用新的方式来调试已经启动的程序。

在 Shell 中输入 "./chapter_3.3" 来启动 chapter_3.3。因为 chapter_3.3 示例程序不是后台 deamon 进程，所以启动 chapter_3.3 后整个 Shell 会被独占，并等待用户输入。如果用户不输入 "q"，chapter_3.3 就不会退出，如图 3-22 所示。

```
[root@SimpleSoft chapter_3.3]# ./chapter_3.3
传入的参数信息为:
参数 0=./chapter_3.3
会员管理系统
1:录入会员信息
q:退出
```

图 3-22　直接运行 chapter_3.3

为了调试方便，我们需要重新打开一个 Shell，比如使用 PuTTY 新建一个会话，选择 "Duplicate Session"，如图 3-23 所示。

选择 "Duplicate Session" 的好处是 PuTTY 会自动打开一个新的窗口，而且 IP 地址和端口都不用手动填写，会自动连接到我们正在使用的这个 Linux 系统上。

这个新的方式就是将已经运行的程序附加进来，将 gdb 附加到进程的命令如下：

```
gdb attach pid
```

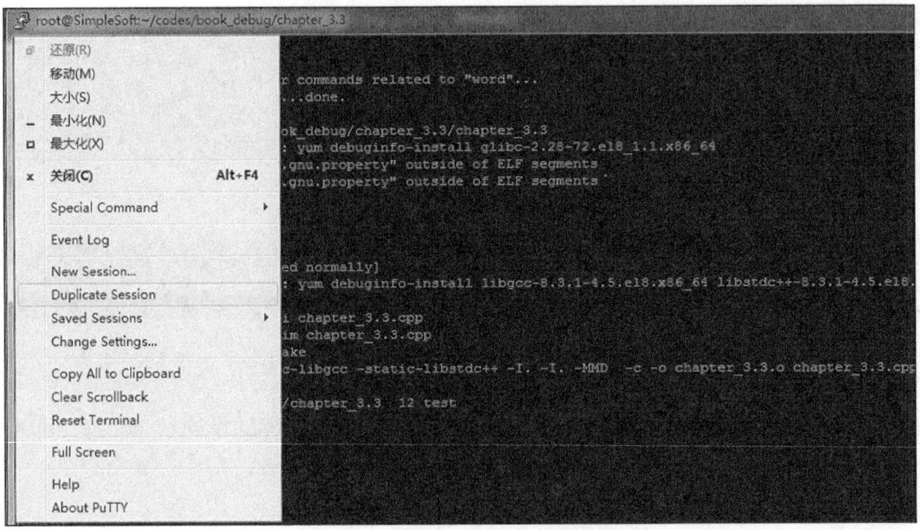

图 3-23　PuTTY 复制会话

这里的 pid 就是我们程序运行的进程 ID，可以通过 ps 命令来获取。在新会话 Shell 中执行以下命令：

```
ps aux | grep chapter_3.3
```

chapter_3.3 的 pid 如图 3-24 所示。

图 3-24　chapter_3.3 的 pid

从图 3-24 中可以看到，目标程序的 pid 为 19699，因此，可以在 Shell 中执行以下命令：

```
gdb attach 19699
```

这样就可以将已经运行的进程附加进来，并对程序进行调试，如图 3-25 所示。

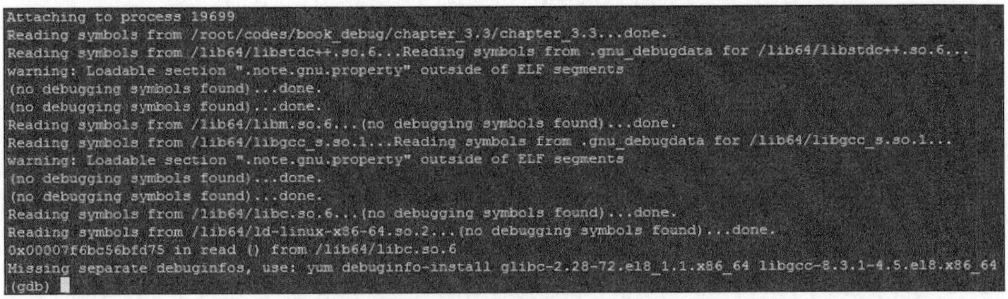

图 3-25　附加进程

此时，可以在 gdb 中输入相关的 gdb 命令，比如设置断点等。此时整个 chapter_3.3 程序处于暂停状态，需要在 gdb 中执行 c 命令继续运行，程序才能恢复为正常状态。我们在 gdb 中输入 "c"，使程序继续运行。然后在 chapter_3.3 窗口中输入 "q" 退出程序，此时，gdb 也能检测到程序已经退出。最后在 gdb 窗口输入 "q"，退出 gdb 调试。

3.4 断点管理

第 2 章曾经介绍过断点的概念，即为了调试的需要，在程序中设置一些特殊标志，代码执行到这些具有特殊标志的位置时会暂停。一旦程序暂停，我们不仅可以查看或者修改程序运行的一些信息，比如内存信息、堆栈信息等，而且可以去检查程序运行的一些结果，去判断程序运行是否符合期望等。总而言之，断点就是程序中断（暂停运行）的地方。gdb 提供了一些与断点有关的命令，比如设置断点、查看断点等。断点是调试中最重要的技术，本节会重点介绍 gdb 中断点的相关知识，尤其是设置断点的方法和技巧。

3.4.1 设置断点

gdb 中的断点可以分为好几个种类，比如普通断点、函数断点、条件断点等，下面将详细介绍每一种断点的使用方式。

1. 在源代码的某一行设置断点

我们可以根据代码行来设置断点，这是最常用的设置断点的方式。先使用 gdb 启动 chapter_3.3 程序，使程序进入调试状态，在 Shell 中执行以下命令：

```
gdb chapter_3.3
```

假设要在 main 函数中的某个位置设置一个断点，先要查看 main 函数的源代码，如代码清单 3-11 所示。

代码清单 3-11 main 函数的源代码

```
42 int main(int argc,char* argv[])
43 {
44          printf("传入的参数信息为:\n");
45          for(int i= ;i<argc;i++)
46          {
47                  printf("参数 %d=%s\n",i,argv[i]);
48          }
49          node_head = (struct NODE*)malloc(sizeof(NODE));
50          node_head->next = node_head->prev= NULL;
51          printf("会员管理系统\n1:录入会员信息\nq:退出\n");
52          while(true)
53          {
54                  switch(getchar())
55
```

在源代码某一行设置断点的语法如下：

```
break 文件名:行号
```

我们希望在第 49 行代码设置断点，即希望程序运行到第 49 行时能够命中断点并暂停，就可以在 gdb 命令行窗口中输入以下命令：

```
break chapter_3.3.cpp:49
```

这样可在 chapter_3.3.cpp 的第 49 行代码处设置一个断点，如图 3-26 所示。

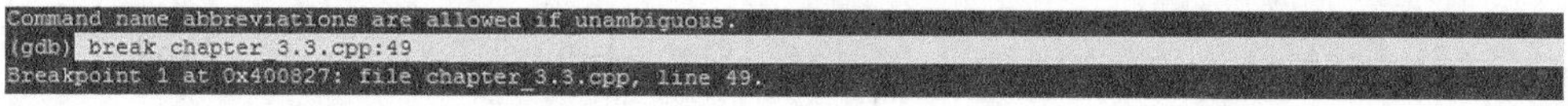

图 3-26　在 chapter_3.3.cpp 的第 49 行代码处设置断点

然后执行 r 命令启动程序。因为我们在第 49 行代码处设置了第一个断点，所以代码运行到第 49 行时会暂停下来，这时就可以执行一些 gdb 命令来查看信息了。比如，输入"list"（缩写为 l）来查看断点附近的代码，输入"print"（缩写为 p）来查看变量的值，如图 3-27 所示。

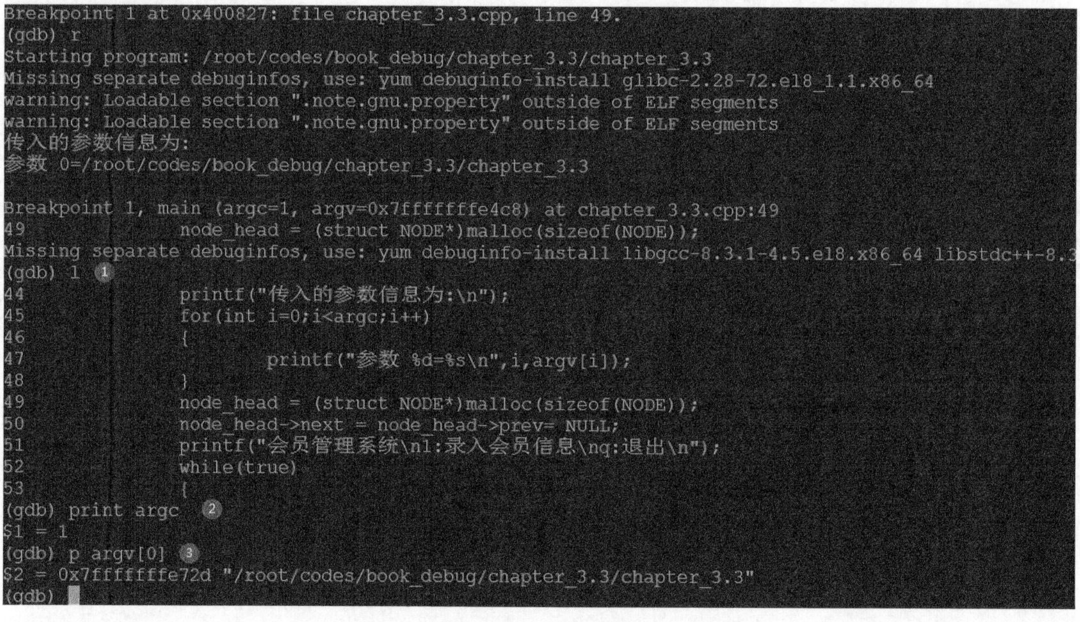

图 3-27　命中断点并执行 gdb 命令

标号为❶的地方使用了 l 命令来查看源代码，标号为❷和❸的地方使用了 p 命令来查看变量的值。

2．为函数设置断点

为函数设置断点的语法如下：

```
break 函数名
```

为某个函数设置断点后，只要代码中调用该函数，就会命中断点并暂停。比如，我们要为 chapter_3.3 中的 add_member 函数设置断点，就可以在 gdb 中输入以下命令：

```
break add_member
```

如果函数不存在，gdb 就会给出提示。如果是一个合法的函数名，就会提示设置断点成功。图 3-28 展现了为一个不合法函数名的函数和一个合法函数名的函数设置断点。

```
(gdb) break add_members
Function "add_members" not defined.
Make breakpoint pending on future shared library load? (y or [n]) n
(gdb) break add_member
Breakpoint 2 at 0x4006de: file chapter_3.3.cpp, line 16.
(gdb)
```

图 3-28　为函数设置断点

输入"c"继续执行，然后在程序中输入"1"（1 代表添加成员），接着调用 add_member 函数，于是程序会在 add_member 函数的第一行中断，如图 3-29 所示。

```
(gdb) c
Continuing.
会员管理系统
1:录入会员信息
q:退出
1

Breakpoint 2, add_member () at chapter_3.3.cpp:16
16              struct NODE *new_node = (NODE*)malloc(sizeof(NODE));
(gdb)
```

图 3-29　命中函数断点

如果有多个函数名相同，只是参数不同，那么为同名函数设置断点会怎样呢？gdb会为所有同名函数都设置断点，这一点其实很重要，尤其是在 C++的函数重载中，因为只看代码很难区分到底会调用哪一个函数。但是为函数设置断点后，就不用担心到底执行哪一个函数，因为每个同名函数都会被设置断点，无论是哪一个函数被调用，都会命中断点并暂停。

我们在 chapter_3.3.cpp 中新增 test_fun(int) 和 test_fun(const char*)这两个测试函数，然后在 main 函数中调用它们，验证是否设置了函数断点，以及对两个函数的调用是否都会命中断点。这两个函数的新增代码如代码清单 3-12 所示。

```
41 void test_fun(int i)
42 {
43         printf("i is %d\n",i);
44 }
45 void test_fun(const char* str)
46 {
47         printf("str is %s\n",str);
48 }
49 int main(int argc,char* argv[])
50 {
51         test_fun(10);
52         test_fun("test");
53         printf("传入的参数信息为:\n");
54         for(int i=0;i<argc;i++)
```

然后重新执行 make 命令，生成新的可执行文件，接着再次执行以下命令：

```
gdb chapter_3.3
```

接下来开始新的调试，我们要为 test_fun 函数设置断点，因此在 gdb 中输入以下命令：

```
b test_fun
```

会提示有两个地方设置了函数断点，然后在 gdb 中输入 "r" 来运行程序。首先命中第一个 test_fun(int)函数的断点。然后输入 "c" 继续运行，程序立马在第二个 test_fun(const char*) 函数处中断，如图 3-30 所示。

```
Reading symbols from chapter_3.3...done.
(gdb) b test_fun
Breakpoint 1 at 0x4007d9: test_fun. (2 locations)
(gdb) r
Starting program: /root/codes/book_debug/chapter_3.3/chapter_3.3
Missing separate debuginfos, use: yum debuginfo-install glibc-2.28-72.el8_1.1.x86_64
warning: Loadable section ".note.gnu.property" outside of ELF segments
warning: Loadable section ".note.gnu.property" outside of ELF segments

Breakpoint 1, test_fun (i=10) at chapter_3.3.cpp:43
43              printf("i is %d\n",i);
Missing separate debuginfos, use: yum debuginfo-install libgcc-8.3.1-4.5.el8.x86_64 libstdc++-8.3.1-4.5.el8.x86_64
(gdb) c
Continuing.
i is 10

Breakpoint 1, test_fun (str=0x4009fb "test") at chapter_3.3.cpp:47
47              printf("str is %s\n",str);
(gdb)
```

图 3-30　命中同名函数的断点

如果多个类是继承关系，由于虚函数也是同名函数，所以当为函数设置断点时，无论是什么类型的函数，只要函数名满足条件，都会被设置断点。

如果只想为特定的函数设置断点，就需要添加限定符，以便区分到底是为哪个函数设置断点。比如在 chapter_3.3 的代码中新增 test_1 和 test_2 两个类，并且 test_2 类从 test_1 类继承而来，如代码清单 3-13 所示。

```
41 class test_1
42 {
43 public:
44         test_1(){}
45         virtual ~test_1(){}
46         virtual void test_fun()
47         {
48                 printf("test_1 test_fun\n");
49         }
50
51 };
52 class test_2:public test_1
53 {
54 public:
55         test_2(){}
56         virtual ~test_2(){}
57         virtual void test_fun()
58         {
59                 printf("test_2 test_fun\n");
60         }
61
62 };
63 void test_fun(int i)
64 {
65         printf("i is %d\n",i);
66 }
67 void test_fun(const char* str)
68 {
69         printf("str is %s\n",str);
70 }
71 int main(int argc,char* argv[])
72 {
73         test_fun(10);
74         test_fun("test");
75         test_1 *test = new test_1();
76         test->test_fun();
77         test_1 *test2 = new test_2();
78         test2->test_fun();
```

代码中包含 4 个 test_fun 函数，如果在 gdb 中执行 b test_fun，那么 4 个函数都会被设置断点。假设我们只想对 test_1 中的 test_fun 和 test_fun(int)设置断点，就可以分别执行如下命令：

```
b test_1::test_fun
b test_fun(int)
```

此时，只会对 test_1 中的 test_fun 和 test_fun(int)两个函数设置断点，另外两个函数不会被设置断点，如图 3-31 所示。

```
Type "apropos word" to search for commands related to "word"...
Reading symbols from chapter_3.3...done.
(gdb) b test_1::test_fun
Breakpoint 1 at 0x400b5c: file chapter_3.3.cpp, line 48.
(gdb) b test_fun(int)
Breakpoint 2 at 0x400989: file chapter_3.3.cpp, line 65.
(gdb)
```

图 3-31　为指定函数设置断点

3．使用正则表达式设置函数断点

如果想为多个函数设置断点，但是这些函数名又各不相同，就不能使用前面提到的方法。但是如果这些函数名遵循一定的规则或者模式，就可以使用正则表达式来为这些函数设置断点，比如使用*等。

此时，对代码稍作改动，添加一个函数，函数名称为 test_fun_x，这时代码包含多个以 test_fun 开头的函数名，就可以使用正则表达式来为满足规则的函数设置断点，语法如下：

```
rb 正则表达式
rbreak 正则表达式
```

现在为所有以 test_fun 开头的函数设置断点，在 gdb 中输入以下命令：

```
rb test_fun*
```

这样就为所有以 test_fun 开头的函数设置了断点，如图 3-32 所示。

```
(gdb) rb test_fun*
Breakpoint 1 at 0x400b72: file chapter_3.3.cpp, line 48.
void test_1::test_fun();
Breakpoint 2 at 0x400c08: file chapter_3.3.cpp, line 59.
void test_2::test_fun();
Breakpoint 3 at 0x4009ac: file chapter_3.3.cpp, line 69.
void test_fun(char const*);
Breakpoint 4 at 0x400989: file chapter_3.3.cpp, line 65.
void test_fun(int);
Breakpoint 5 at 0x4009c9: file chapter_3.3.cpp, line 73.
void test_fun_x();
```

图 3-32　使用正则表达式为函数设置断点

4．通过偏移量设置断点

当前代码执行到某一行时，如果要为当前代码行的前面某一行或者后面某一行设置断点，就可以通过偏移量来达到快速设置断点的目的。

通过偏移量设置断点的语法如下：

```
b +偏移量
b -偏移量
```

比如当前代码执行至第 73 行，如果要在第 78 行代码处设置断点，可以执行以下命令：

```
b +5
```

如果要在第 68 行代码处设置断点，可以执行以下命令：

```
b -5
```

执行 b +5 和 b -5 的结果如图 3-33 所示。

```
Breakpoint 1, main (argc=1, argv=0x7fffffffe4c8) at chapter_3.3.cpp:73
73              test_fun(10);
Missing separate debuginfos, use: yum debuginfo-install libgcc-8.3.1-4.5.el8.x86_64 libstdc++-8
(gdb) b +5
Breakpoint 2 at 0x400a32: file chapter_3.3.cpp, line 78.
(gdb) b -5
Breakpoint 3 at 0x4009ac: file chapter_3.3.cpp, line 69.
```

图 3-33　通过偏移量设置断点

5. 设置条件断点

所谓条件断点，就是当满足一定条件时，断点才会命中。只要代码执行到断点处，普通的断点就会被命中并暂停下来，而条件断点必须要满足设置的条件，才能够被命中并暂停。条件断点的语法如下：

b 断点 条件

其中的"断点"可以是前面按照代码行的方式设置的断点，也可以是函数断点。"条件"一般是一个布尔表达式，比如 if i==5。条件断点在一些特殊的调试场合是非常有效的，比如在循环中，循环变量达到某个值时问题才会出现。如果循环变量很大，那么每次单步执行是不太可能的。但是，使用条件断点可以比较容易地解决这个问题。比如有一个上千次的循环，当循环变量达到 900 时才会出问题，这时就可以设置一个条件断点，使得循环变量达到 900 时才会中断。先来查看示例代码，其中包括一个循环，如代码清单 3-14 所示。

代码清单 3-14　循环示例代码

```
75 void test_loop()
76 {
77         for(int i=0;i<1000;i++)
78         {
79                 printf("i is %d\n",i);
80         }
81 }
82 int main(int argc,char* argv[])
83 {
84         test_loop();
85         test_fun_x();
86         test_fun();
```

我们可以在代码的第 79 行设置一个条件断点，当 i 等于 900 时命中断点。在 gdb 中输入以下命令：

b chapter_3.3.cpp:79 if i==900

可以使用 info b 命令来查看断点的设置情况，如图 3-34 所示。

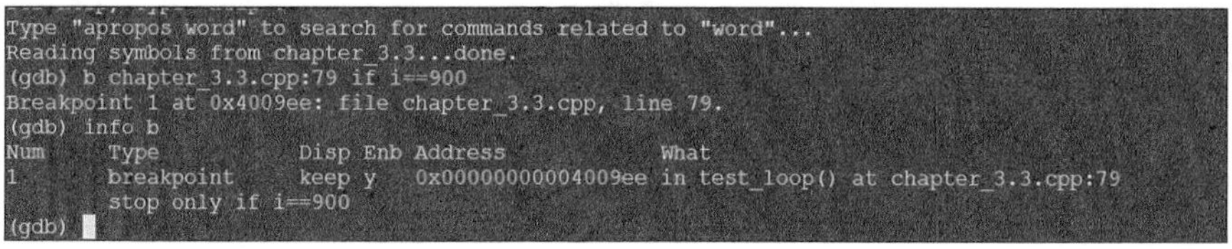

图 3-34　设置条件断点

然后输入 r 开始执行程序，程序会在 i 等于 900 的时候命中断点并暂停。此时输入 print i 来查看变量 i 的当前值，发现确实是 900，如图 3-35 所示。

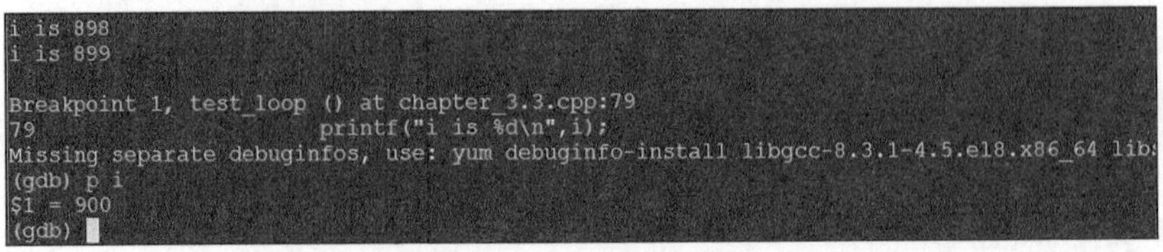

图 3-35　命中条件断点

也可以为函数断点设置条件，比如代码清单 3-15 所示的 cond_fun_test 函数。

代码清单 3-15　cond_fun_test 函数

```
82 void cond_fun_test(int a,const char *str)
83 {
84         printf("a is %d,str is %s\n",a,str);
85 }
86 int main(int argc,char* argv[])
87 {
88         cond_fun_test(10,"test");
89         test_loop();
90         test_fun_x();
```

假设我们希望在调用 cond_fun_test 函数并且参数 a 等于 10 时，程序暂停，就可以使用以下命令：

```
b cond_fun_test if a==10
```

如果希望 str 等于 test 时暂停，就可以使用下面的命令：

```
b cond_fun_test if str="test"
```

可以使用 info b 命令来查看设置的条件断点信息。然后在 gdb 中输入 "r" 来运行程序，当调用 cond_fun_test 并且 str 等于 test 时，程序中断，如图 3-36 所示。

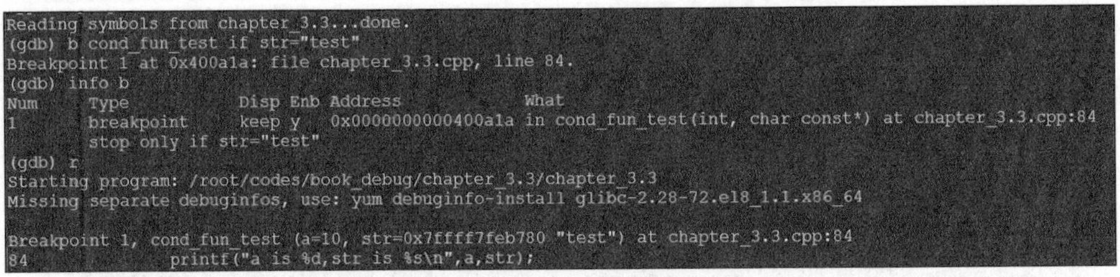

图 3-36　命中条件断点

6. 在指令地址上设置断点

如果调试程序没有符号信息，而我们又想在某些地方设置断点时，就可以在指令地址上设置断点。语法如下：

```
b *指令地址
```

先使用无调试符号的方式生成可执行文件。对 Makefile 稍做修改，去除-g 选项，使得生成的可执行文件不包含调试符号信息。启动 gdb 并调试 chapter_3.3，然后在测试函数 cond_fun_test 上设置一个断点。因为没有调试符号信息，所以第一步先获得 cond_fun_test 函数的地址，命令如下：

```
p cond_fun_test
```

该命令会获得函数 cond_fun_test 的函数地址，这里是 0x400a0b。然后为地址 0x400a0b 设置断点，命令如下：

```
b * 0x400a0b
```

如果在 gdb 中输入 "r" 来运行程序，那么程序就会在函数 cond_fun_test 处暂停，如图 3-37 所示。

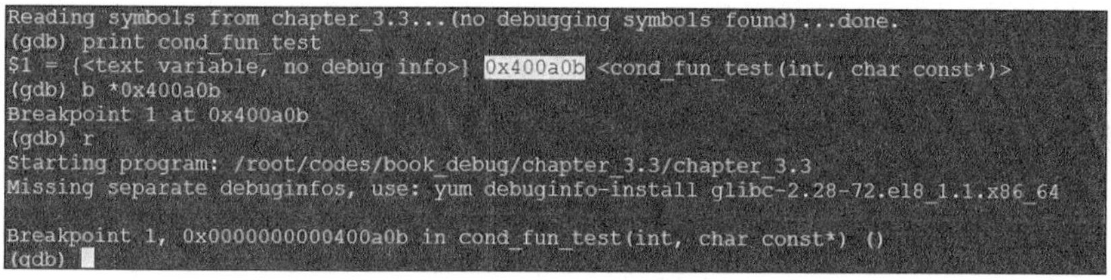

图 3-37　设置指令地址断点

7. 设置临时断点

顾名思义，临时断点是指这个断点是临时的，只会被命中一次，命中后会被自动删除，后续即使代码被多次调用也不会再次命中。语法如下：

```
tbreak 断点
tb 断点
```

这里列举一个简单的多次调用函数，如代码清单 3-16 所示。

代码清单 3-16　多次调用函数

```
92          for(int i= ;i<  ;i++)
93          {
94                  test_fun_x();
95          }
96          test_fun(  );
97          test_fun("    ");
```

在代码清单 3-16 中，我们在一个循环中调用 test_fun_x 函数，但是只想在 test_fun_x 函数处命中一次，此时就可以设置一个临时断点。在 gdb 中执行如下命令：

```
tb test_fun_x
```

此时就为 test_fun_x 函数设置了一个临时断点。第一次命中该断点后，后面的调用不会再次命中断点，如图 3-38 所示。

```
Reading symbols from chapter_3.3...done.
(gdb) tb test_fun_x
Temporary breakpoint 1 at 0x4009c9: file chapter_3.3.cpp, line 73.❶
(gdb) info b
Num     Type           Disp Enb Address            What
1       breakpoint     del  y   0x00000000004009c9 in test_fun_x() at chapter_3.3.cpp:73
(gdb) b chapter_3.3.cpp:96
Breakpoint 2 at 0x400a76: file chapter_3.3.cpp, line 96.
(gdb) info b
Num     Type           Disp Enb Address            What
1       breakpoint     del  y   0x00000000004009c9 in test_fun_x() at chapter_3.3.cpp:73
2       breakpoint     keep y   0x0000000000400a76 in main(int, char**) at chapter_3.3.cpp:96
(gdb) r
Starting program: /root/codes/book_debug/chapter_3.3/chapter_3.3
Missing separate debuginfos, use: yum debuginfo-install glibc-2.28-72.el8_1.1.x86_64
a is 10,str is test
quit fun

Temporary breakpoint 1, test_fun_x () at chapter_3.3.cpp:73❷
73              printf("test fun x\n");
(gdb) c
Continuing.
test fun x
test fun x
test fun x
test fun x
test fun x
test fun x
test fun x
test fun x
test fun x

Breakpoint 2, main (argc=1, argv=0x7fffffffe4d8) at chapter_3.3.cpp:96
96              test_fun(10);
(gdb) info b
Num     Type           Disp Enb Address            What
2       breakpoint     keep y   0x0000000000400a76 in main(int, char**) at chapter_3.3.cpp:96
        breakpoint already hit 1 time ❸
(gdb)
```

图 3-38　命中临时断点

在图 3-38 中，我们在标号❶处为 test_fun_x 函数设置了一个临时断点，在标号❷处命中断点，然后继续执行。虽然 test_fun_x 函数被调用了 10 次，但并没有再次在 test_fun_x 函数处命中，标号❸处已经不显示临时断点的信息。

3.4.2　启用/禁用断点

如果一个断点被禁用，那么该断点不会被命中，但是它仍然会在断点列表中显示。我们仍然可以通过 info b 来查看被禁用的断点，也可以通过启用断点命令来重新启用被禁用的断点。

禁用断点的语法如下：

```
disable 断点编号
```

启用断点的语法如下：

```
enable 断点编号
```

假设我们已经设置了 3 个断点，现在要把 2 号断点暂时禁用，可以使用以下命令：

```
disable 2
```

如果要启用 2 号断点，可以使用以下命令：

```
enable 2
```

使用 info b 命令可以查看相应断点的信息，如图 3-39 所示。

```
(gdb) info b
Num     Type           Disp Enb Address            What
1       breakpoint     keep y   0x00000000004009ee in test_loop() at chapter_3.3.cpp:79
2       breakpoint     keep y   0x0000000000400a08 in test_loop() at chapter_3.3.cpp:81
3       breakpoint     keep y   0x0000000000400a76 in main(int, char**) at chapter_3.3.cpp:96
(gdb) disable 2
(gdb) info b
Num     Type           Disp Enb Address            What
1       breakpoint     keep y   0x00000000004009ee in test_loop() at chapter_3.3.cpp:79
2       breakpoint     keep n   0x0000000000400a08 in test_loop() at chapter_3.3.cpp:81
3       breakpoint     keep y   0x0000000000400a76 in main(int, char**) at chapter_3.3.cpp:96
(gdb) enable 2
(gdb) info b
Num     Type           Disp Enb Address            What
1       breakpoint     keep y   0x00000000004009ee in test_loop() at chapter_3.3.cpp:79
2       breakpoint     keep y   0x0000000000400a08 in test_loop() at chapter_3.3.cpp:81
3       breakpoint     keep y   0x0000000000400a76 in main(int, char**) at chapter_3.3.cpp:96
```

图 3-39　禁用/启用断点后查看相应断点的信息

从图 3-39 中可以看到，在禁用断点后，断点的 Enb 标志变成 n，启用以后又恢复为 y。

也可以对一个范围内的断点执行启用或禁用操作，比如禁用编号为 4～10 的断点，就可以使用如下命令：

```
disable 4-10
```

启用断点也是一样的。比如要启用编号为 4～10 的断点，就可以使用如下命令：

```
enable 4-10
```

3.4.3　启用断点一次

这是启用断点的一种变化用法，在启用断点时，可以只启用一次，命中一次后会自动禁用，不会再次命中。它与临时断点相似，临时断点只会命中一次，命中一次之后就会自动删除。启用断点一次的不同之处在于启用断点后，虽然只会命中一次，但是不会被删除，而是被禁用。

启用断点一次的语法如下：

```
enable once 断点编号
```

比如我们为 test_fun_x 函数设置了一个断点，然后禁用了该断点。假设该断点编号为 1，如果只启用一次，就可以使用如下命令：

```
enable once 1
```

当第一次命中以后，再次调用 test_fun_x 函数时，断点不会被再次命中，如图 3-40 所示。

```
(gdb) b test_fun_x
Breakpoint 1 at 0x4009c9: file chapter_3.3.cpp, line 73.
(gdb) disable 1
(gdb) enable once 1    ←
(gdb) r
Starting program: /root/codes/book_debug/chapter_3.3/chapter_3.3
Missing separate debuginfos, use: yum debuginfo-install glibc-2.28-72.e18_1.1.x86_

Breakpoint 1, test_fun_x () at chapter_3.3.cpp:73
73              printf("test fun x\n");
(gdb) c
Continuing.
```

图 3-40　启用断点一次

使用 enable once 1 命令后，第一次命中断点程序便会暂停，后面的调用都不会再次命中断点。如果此时使用命令 info b 去查看断点信息，就会发现 1 号断点的 Enb 状态已经变为 n。

3.4.4　启用断点并删除

这同样是启用断点的一种变化用法，即如果断点被启用，当下次命中该断点后，会自动删除该断点。该功能与临时断点相似，相当于把一个被禁用的断点转换为临时断点。语法如下：

enable delete 断点编号

如图 3-41 所示，先为 test_fun_x 函数设置一个断点，并禁用它，然后再启用并删除它，依次执行的命令如下：

```
b test_fun_x
disable 1
enable delete 1
```

在 gdb 中输入“r”来启动程序，可以发现 test_fun_x 函数中的断点被执行了一次，然后自动被删除。

```
Reading symbols from chapter_3.3...done.
(gdb) b test_fun_x
Breakpoint 1 at 0x4009c9: file chapter_3.3.cpp, line 73.
(gdb) disable 1
(gdb) enable delete 1
(gdb) b chapter_3.3.cpp:100
Breakpoint 2 at 0x400aab: file chapter_3.3.cpp, line 100.
(gdb) info b
Num     Type           Disp Enb Address            What
1       breakpoint     del  y   0x00000000004009c9 in test_fun_x() at chapter_3.3.cpp:73
2       breakpoint     keep y   0x0000000000400aab in main(int, char**) at chapter_3.3.cpp:100
(gdb) r
Starting program: /root/codes/book_debug/chapter_3.3/chapter_3.3

Temporary breakpoint 1, test_fun_x () at chapter_3.3.cpp:73
73              printf("test fun x\n");
(gdb) c
```

图 3-41　启用断点并删除

3.4.5 启用断点并命中 N 次

这也是启用断点的一种变化用法，即启用断点后可以命中 N 次，但是命中 N 次后，该断点就会被自动禁用，不会被再次命中。语法如下：

```
enable count 数量 断点编号
```

如果想重新启用已经禁用的断点，并命中 5 次，那么可以使用以下命令：

```
enable count 5 1
```

仍然以 test_fun_x 函数断点为例，先为 test_fun_x 函数设置断点，然后禁用，最后以再次启用并命中 5 次的方式启用该断点。在命中 5 次之后，该断点就会被禁用，如图 3-42 所示。在图 3-42 中可以发现，断点被命中了 5 次（可以看到输入了 5 次 c）以后自动被禁用，从最后的提示信息也可以看到，2 号断点已经被命中了 5 次。

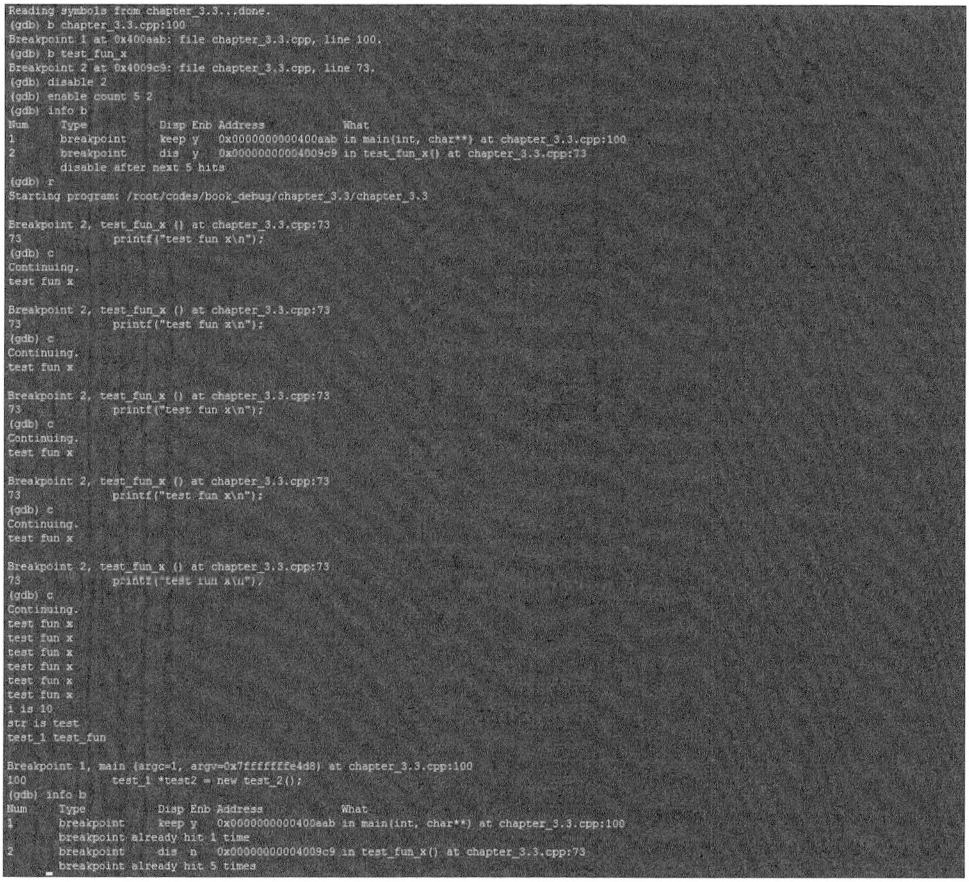

图 3-42 启用断点并命中 5 次

3.4.6　忽略断点前 *N* 次命中

这个功能很有用，也很有趣，与条件断点类似，即在设置断点时可以指定接下来的 *N* 次命中都忽略，直到第 *N*+1 次命中程序才会暂停。语法如下：

```
ignore 断点编号  次数
```

例如我们为 test_fun_x 函数设置了断点，但是因为 test_fun_x 函数可能被多次调用，所以我们希望在第 8 次调用时能够命中断点，前 7 次的调用都被忽略，可以使用以下命令：

```
ignore 1 7
```

这样在执行代码时，前 7 次对 test_fun_x 函数的调用都会被忽略，不会命中断点，但是从第 8 次调用开始都会命中断点，如图 3-43 所示。

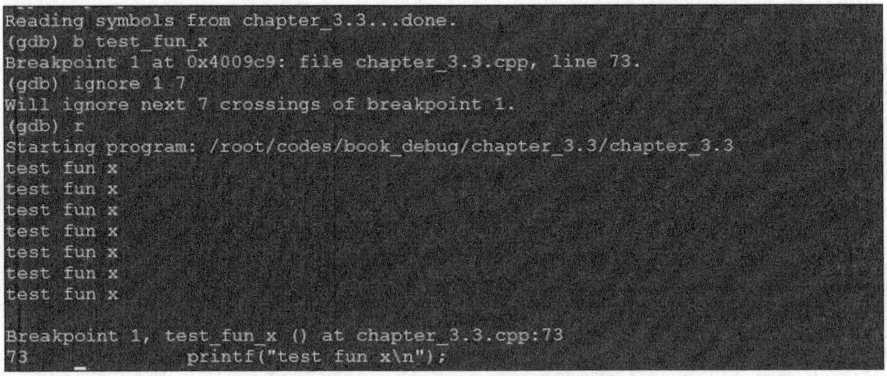

```
Reading symbols from chapter_3.3...done.
(gdb) b test_fun_x
Breakpoint 1 at 0x4009c9: file chapter_3.3.cpp, line 73.
(gdb) ignore 1 7
Will ignore next 7 crossings of breakpoint 1.
(gdb) r
Starting program: /root/codes/book_debug/chapter_3.3/chapter_3.3
test fun x
test fun x
test fun x
test fun x
test fun x
test fun x
test fun x

Breakpoint 1, test_fun_x () at chapter_3.3.cpp:73
73              printf("test fun x\n");
```

图 3-43　忽略前 7 次的命中

3.4.7　查看断点

查看断点可以执行如下命令：

```
info breakpoints
info break
info b
i b
```

上述命令只有第 1 个比较长，后面的 3 个都是简化缩写形式，所有的命令执行结果都是相同的，如图 3-44 所示。

也可以只查看某一个具体的断点，具体方法为在这些命令后面加上断点编号，如图 3-45 所示。

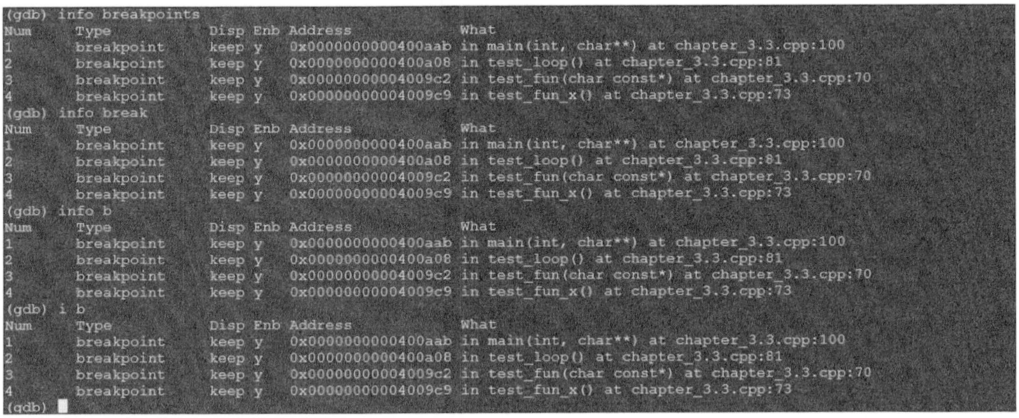

图 3-44　查看断点

图 3-45　查看指定断点信息

查看断点信息的命令由 info 和 breakpoint 两个命令组合而成，这两个命令有多种组合方式。info 可以写成两种形式：info 和 i。breakpoint 可以写成 3 种形式：breakpoint、break 和 b。因此，info 和 breakpoint 两个命令一共有 6 种组合形式，例如，i breakpoint 也是查看断点的有效命令。

3.4.8　删除断点

删除断点主要有两个相关的命令，即 clear 和 delete，下面分别进行介绍。

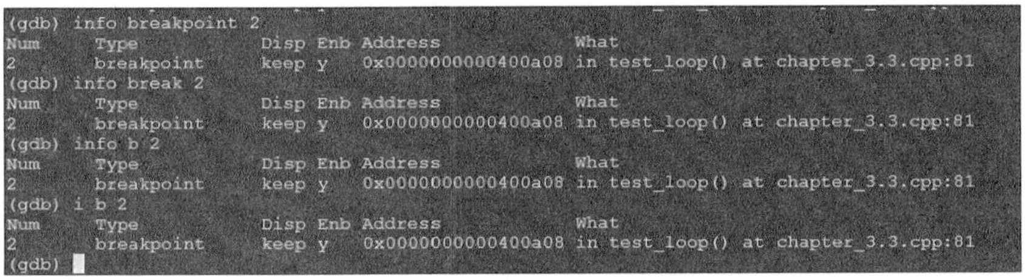

1. 删除所有断点（delete）

在 gdb 中输入以下命令就会删除所有的断点：

```
delete
```

在删除之前会有确认对话框，询问是否删除所有断点。如果选择 y，就会删除所有断点，否则不会执行任何操作。

2. 删除指定断点（delete 断点编号）

比如要删除 5 号断点，可以在 gdb 中输入以下命令：

```
delete 5
```

如果要同时删除编号为 5 和 6 的两个断点，可以使用以下命令：

```
delete 5 6
```

3. 删除指定范围的断点（delete 范围）

如果要删除编号为 5~7 的断点，可以使用如下命令：

```
delete 5-7
```

还可以删除多个范围的断点，比如要删除编号为 5~7 和 10~12 的断点，可以使用如下命令：

```
delete 5-7 10-12
```

4. 删除指定函数的断点（clear 函数名）

比如要删除 test_fun 函数断点，可以执行以下命令：

```
clear test_fun
```

这会删除所有的 test_fun 函数断点。如果有多个同名函数断点，那么这些同名函数断点都会被删除。

5. 删除指定行号的断点（clear 行号）

比如要删除 chapter_3.3.cpp 中第 107 行的断点，可以使用如下命令：

```
clear chapter_3.3.cpp:107
```

上述命令也可以简写为 clear 107。

删除断点命令 clear 和 delete 是有区别的。delete 命令是全局的，不受栈帧的影响；clear 命令受到当前栈帧的制约，删除的是将要执行的下一处指令的断点。delete 命令可以删除所有断点，包括观察点和捕获点等；clear 命令不能删除观察点和捕获点。

3.5　程序执行

3.5.1　启动程序

启动程序的命令为 run 或者 r，一般用于调试一个程序。r 命令只在使用 gdb 启动被调试的程序时执行一次。比如使用 gdb 来启动 chapter_3.3 程序的命令为：

```
gdb chapter_3.3
```

然后进入 gdb 的调试窗口，这时程序会被暂停，可以执行设置启动参数、设置断点等操作。然后在 gdb 中输入“r”来启动程序，直到遇到第一个命中的断点为止，程序才会中断，如图 3-46 所示。

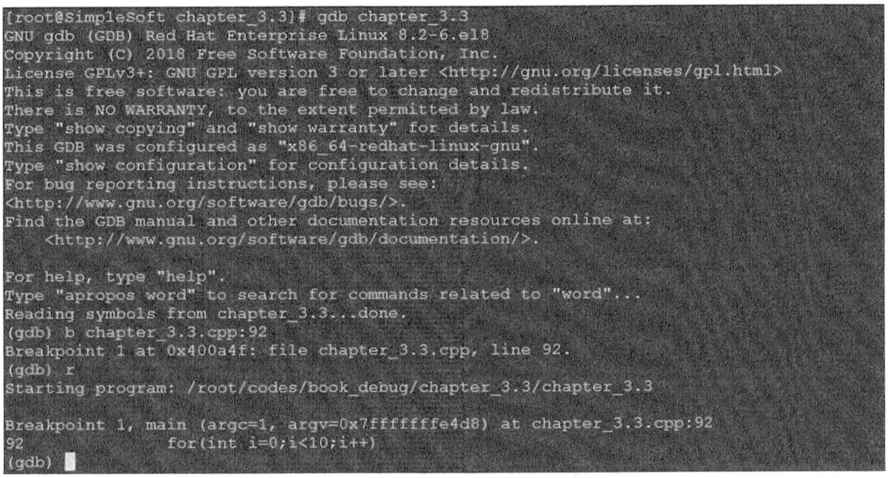

```
[root@SimpleSoft chapter_3.3]# gdb chapter_3.3
GNU gdb (GDB) Red Hat Enterprise Linux 8.2-6.el8
Copyright (C) 2018 Free Software Foundation, Inc.
License GPLv3+: GNU GPL version 3 or later <http://gnu.org/licenses/gpl.html>
This is free software: you are free to change and redistribute it.
There is NO WARRANTY, to the extent permitted by law.
Type "show copying" and "show warranty" for details.
This GDB was configured as "x86_64-redhat-linux-gnu".
Type "show configuration" for configuration details.
For bug reporting instructions, please see:
<http://www.gnu.org/software/gdb/bugs/>.
Find the GDB manual and other documentation resources online at:
    <http://www.gnu.org/software/gdb/documentation/>.

For help, type "help".
Type "apropos word" to search for commands related to "word"...
Reading symbols from chapter_3.3...done.
(gdb) b chapter_3.3.cpp:92
Breakpoint 1 at 0x400a4f: file chapter_3.3.cpp, line 92.
(gdb) r
Starting program: /root/codes/book_debug/chapter_3.3/chapter_3.3

Breakpoint 1, main (argc=1, argv=0x7fffffffe4d8) at chapter_3.3.cpp:92
92              for(int i=0;i<10;i++)
(gdb)
```

图 3-46　执行 r 命令

3.5.2　继续运行

继续运行可以使用 continue 命令或者 c 命令。当程序处于中断状态时，比如已经命中断点，就可以执行 continue 命令恢复或者继续运行程序，直到遇到下一个断点为止，如图 3-47 所示。

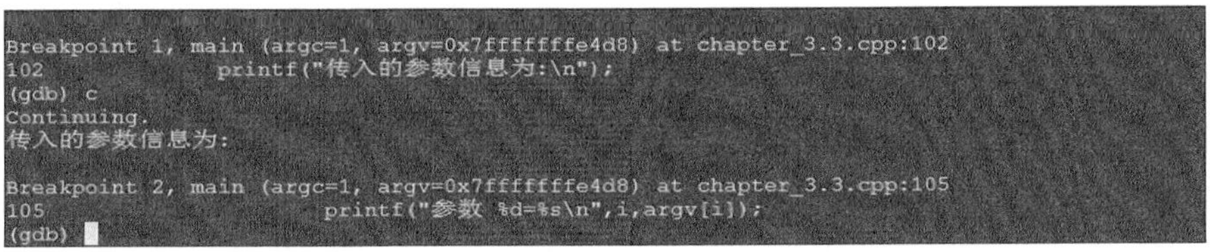

```
Breakpoint 1, main (argc=1, argv=0x7fffffffe4d8) at chapter_3.3.cpp:102
102             printf("传入的参数信息为:\n");
(gdb) c
Continuing.
传入的参数信息为:

Breakpoint 2, main (argc=1, argv=0x7fffffffe4d8) at chapter_3.3.cpp:105
105                     printf("参数 %d=%s\n",i,argv[i]);
(gdb)
```

图 3-47　继续运行

在图 3-47 中，第一次运行在代码的第 102 行中断，然后输入“c”继续运行，直到遇到第二个断点，即在代码的第 105 行再次中断。

3.5.3　继续运行并跳过当前断点 *N* 次

在使用 continue 命令时，还可以设置跳过当前断点的命中次数。语法如下：

```
continue 次数
```

先在 test_fun_x 中设置函数断点。从前面的代码中可以发现，main 函数会循环调用 test_fun_x 函数 10 次，当第一次在 test_fun_x 处暂停时，如果想忽略接下来的 8 次命中（包括当前这一次），就可以使用如下命令：

```
continue 8
```

于是，程序会忽略接下来的 7 次断点命中，并在第 9 次命中时暂停，如图 3-48 所示。

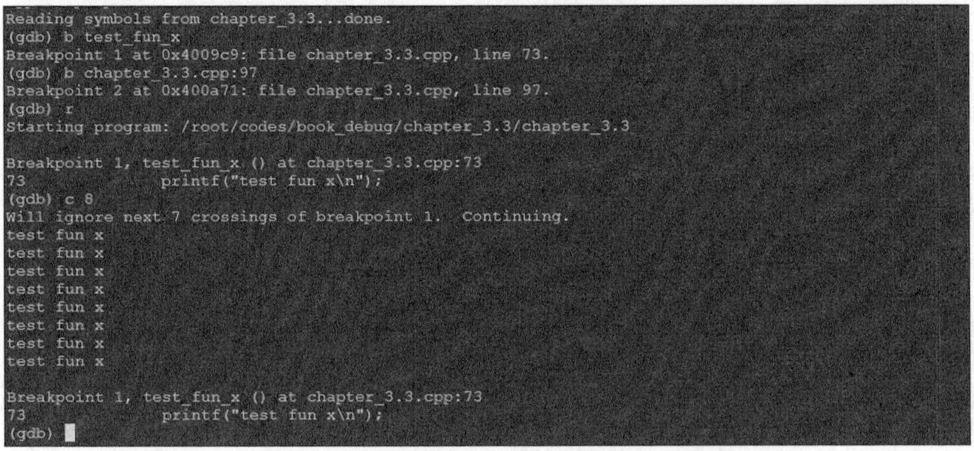

```
Reading symbols from chapter_3.3...done.
(gdb) b test_fun_x
Breakpoint 1 at 0x4009c9: file chapter_3.3.cpp, line 73.
(gdb) b chapter_3.3.cpp:97
Breakpoint 2 at 0x400a71: file chapter_3.3.cpp, line 97.
(gdb) r
Starting program: /root/codes/book_debug/chapter_3.3/chapter_3.3

Breakpoint 1, test_fun_x () at chapter_3.3.cpp:73
73              printf("test fun x\n");
(gdb) c 8
Will ignore next 7 crossings of breakpoint 1.  Continuing.
test fun x
test fun x
test fun x
test fun x
test fun x
test fun x
test fun x
test fun x

Breakpoint 1, test_fun_x () at chapter_3.3.cpp:73
73              printf("test fun x\n");
(gdb)
```

图 3-48　继续运行并跳过当前断点的命中次数

3.5.4　继续运行直到当前函数执行完成

如果在一个比较长的函数中设置了断点，当命中函数断点时，我们可能不想逐步执行代码，而是跳过部分代码的调试过程，直接回到调用函数的位置，此时可以使用这个功能。语法如下：

```
finish
```

在启动 chapter_3.3 后，先为 add_member 设置断点，然后输入"r"来启动程序。在程序开始执行后，输入"1"来执行添加会员的操作，这时就会在 add_member 函数处暂停。假设我们已经查看了部分变量的值，不需要查看其余代码，就可以执行 finish 命令来完成对该函数的调试，直接回到调用该函数的位置处并暂停，如图 3-49 所示。

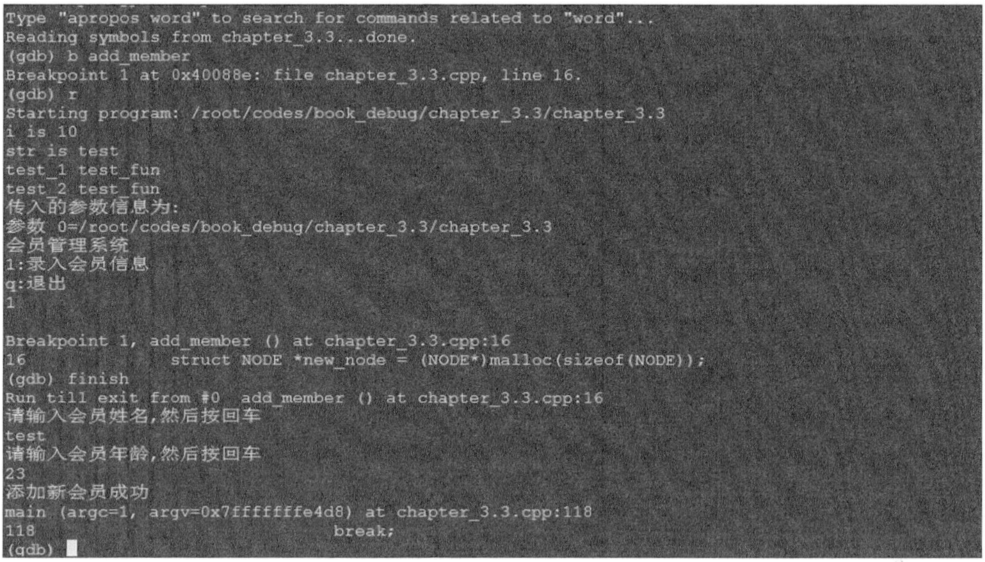

图 3-49　继续执行直到函数执行完成

在程序启动以后，输入"1"进行会员信息的录入操作，此时命中断点，在函数 add_member 处中断，然后输入"finish"完成对该函数的调试，接着程序会提示输入会员名和会员年龄，输入完成后，因为该函数执行完成，所以会在调用该函数的地方中断并暂停。

3.5.5　单步执行

gdb 单步执行的命令如下：

step

或者

s

当进入到断点所在代码时，可以通过 step 或者 s 命令来执行该行代码。如果该行代码有函数调用，就会直接进入该函数内部继续执行；如果没有函数调用，就直接执行下一行。

在 chapter_3.3.cpp 的第 98 行设置一个断点。因为该代码行是一个函数调用，当命中该断点时输入"s"，就会进入 test_fun 函数中执行，如图 3-50 所示。

```
(gdb) b chapter_3.3.cpp:98
Breakpoint 1 at 0x400a4f: file chapter_3.3.cpp, line 98.
(gdb) r
Starting program: /root/codes/book_debug/chapter_3.3/chapter_3.3

Breakpoint 1, main (argc=1, argv=0x7fffffffe4d8) at chapter_3.3.cpp:98
98              test_fun(10);
(gdb) s
test_fun (i=10) at chapter_3.3.cpp:65
65              printf("i is %d\n",i);
(gdb)
```

图 3-50　单步执行进入函数

3.5.6　逐过程执行

逐过程执行与单步执行类似，执行一次就会进入下一行。但是，如果当前代码行有函数调用，单步执行会进入到函数中，而逐过程执行则不会进入到函数中。无论有多少个函数调用，逐过程执行都会进入到下一行代码。逐过程执行的语法如下：

next

或者

n

next 的用法与 step 类似，这里不再赘述，读者可以自行练习并查看效果。

单步执行也可以称之为逐语句执行。逐语句和逐过程执行命令后面都可以跟一个数字参数，例如 s 5 或者 n 5，表示向下执行 5 行代码，遇到 s 会进入函数，遇到 n 则不会进入函数。如果在向下执行的过程中遇到了断点，就会在断点处中断。

3.6　查看当前函数参数

当程序在函数处暂停后，即可查看当前函数的参数。语法如下：

info agrs

或者

i args

进入 main 函数时，我们可以使用 info args 来查看传递给 main 的参数。在其他函数中也一样，同样可以使用 info args 来查看函数的参数值，如图 3-51 所示。

```
(gdb) info args
argc = 1
argv = 0x7fffffffe4d8
(gdb) c
```

图 3-51　查看函数的参数值

3.7 查看/修改变量的值

在程序命中断点时，可以查看变量的值。这个变量可以是全局变量，也可以是局部变量，而且当前上下文能够访问的变量都可以查看。语法如下：

print 变量名
p 变量名

这里有一个很简单的测试函数，如代码清单 3-17 所示。该函数接收两个参数，然后在函数中定义一个新的变量 x，最后打印这 3 个变量的值。

代码清单 3-17　cond_fun_test 函数

```
84 void cond_fun_test(int a,const char *str)
85 {
86        int x = a * a;
87        printf("a is %d,x is %d,str is %s\n",a,x,str);
88        x *= ;
89        printf("quit fun\n");
90 }
91 int main(int argc,char* argv[])
92 {
93
94        cond_fun_test( ,"test");
```

启动调试，并为 cond_fun_test 函数设置一个断点。在函数处中断后，可以使用 print 命令查看 3 个变量的值，如图 3-52 所示。

```
(gdb) b cond_fun_test
Breakpoint 1 at 0x400a24: file chapter_3.3.cpp, line 86.
(gdb) r
Starting program: /root/codes/book_debug/chapter_3.3/chapter_3.3

Breakpoint 1, cond_fun_test (a=10, str=0x400e48 "test") at chapter_3.3.cpp:86
86              int x = a * a;
(gdb) print a
$1 = 10
(gdb) p str
$2 = 0x400e48 "test"
(gdb) p x
$3 = 0
(gdb) n
87              printf("a is %d,x is %d,str is %s\n",a,x,str);
(gdb) p x
$4 = 100
(gdb) n
a is 10,x is 100,str is test
88              x *=2;
(gdb) p x
$5 = 100
(gdb) n
89              printf("quit fun\n");
(gdb) p x
$6 = 200
(gdb)
```

图 3-52　查看变量的值

如果要修改查看的变量值，可以使用如下命令：

```
print 变量名=值
```

如果要改变 x 变量的值，可以将值修改为 20，即使用命令 p x=20。对于结构体或者类对象，也可以使用这种方式来修改成员的值，例如 p test->x = 30、p node.ID = 100 等。

3.7.1 使用 gdb 内嵌函数

在使用 print 或者 p 命令时，可以直接使用 gdb 的一些内嵌函数（比如 C 函数），比如 sizeof、strcmp 等，也可以使用一些常见的表达式。当使用内嵌函数时，通常不是查看某个变量的值，而是进行一些计算或者比较操作。这样就可以实时地查看一些信息。比如，如果想了解 long 在 Linux gcc 下占用几个字节长度、某个结构体所占用的空间大小等，就可以使用 sizeof 来计算，可以直接使用 p sizeof(long)、p sizeof(NODE)等。一些内嵌函数的使用示例如图 3-53 所示。

```
(gdb) p sizeof(int)
$15 = 4
(gdb) p sizeof(long)
$16 = 8
(gdb) p sizeof(void*)
$17 = 8
(gdb) p 12 *12
$18 = 144
(gdb) p 12 > 10
$19 = true
(gdb) p strcmp("123","12")
$20 = 51
(gdb) p strlen("test string")
$21 = 11
(gdb) p sizeof(NODE)
$22 = 64
(gdb) p sizeof(test_1)
$23 = 16
(gdb) p sizeof(test_2)
$24 = 16
(gdb)
```

图 3-53 一些内嵌函数的使用示例

我们甚至可以在 gdb 中直接进行开发。这说起来有些夸张，但是确实可以调用很多 C 语言函数来进行各种操作。比如我们可以在 gdb 中直接调用文件操作的函数，打开一个文件并向其中写入一些内容，最后关闭文件，如图 3-54 所示。

```
(gdb) set $fl = fopen("test.txt","w+")
(gdb) p $fl
$1 = (FILE *) 0x614e70
(gdb) set $str = "this is a test string\n"
(gdb) p $str
$2 = "this is a test string\n"
(gdb) set $write_size = fwrite($str,1,strlen($str),$fl)
(gdb) p $write_size
$3 = 22
(gdb) set $res = fclose($fl)
(gdb) p $res
$4 = 0
(gdb)
```

图 3-54 在 gdb 中使用 C 语言函数来创建文件

在图 3-54 中，首先使用 fopen 函数打开一个 test.txt 文件，并赋值给变量$fl，然后打印$f1 的值。可以看到$f1 确实有值，而且是 FILE*类型的值，这表示文件打开成功。然后再定义一个$str 变量，内容为“this is a test string\n”，将$str 的内容写入文件并将其关闭。每一步操作都是成功的，最后查看 test.txt 是否成功创建并写入了内容。可以在 Shell 中使用 cat 查看 test.txt 文件的内容，如图 3-55 所示。

```
[root@SimpleSoft chapter_3.3]# cat test.txt
this is a test string
[root@SimpleSoft chapter_3.3]#
```

图 3-55　查看 test.txt 文件内容

3.7.2　查看结构体/类的值

先使用 gdb 调试 chapter_3.3 程序，在 add_member 函数的最后一行（即 chapter_3.3.cpp 的第 38 行）设置一个断点。在命中断点时，可以查看 new_node 的值，再查看 add_member 的代码，如代码清单 3-18 所示。

代码清单 3-18　add_member 函数

```
14 void add_member()
15 {
16         struct NODE *new_node = (NODE*)malloc(sizeof(NODE));
17         new_node->next = NULL;
18         NODE* prev_node = node_head->prev;
19         if(prev_node)
20         {
21                 prev_node->next = new_node;
22                 new_node->prev = prev_node;
23                 node_head->prev = new_node;
24
25         }
26         else
27         {
28                 node_head->next = new_node;
29                 new_node->prev = node_head;
30                 node_head->prev = new_node;
31         }
32         new_node->ID = member_id++;
33         printf("请输入会员姓名，然后按回车\n");
34         scanf("%s",new_node->Name);
35         printf("请输入会员年龄，然后按回车\n");
36         scanf("%d",&new_node->age);
37
38         printf("添加新会员成功\n");
39
40 }
```

当命中第 38 行的断点时，可以查看 new_node 的值。由于 new_node 是一个指针，因此可以查看这个指针本身，也可以查看其成员的值，如图 3-56 所示。

但是我们会发现，要查看结构体各个成员的值比较麻烦，因为这个结构体有 3 个数据成员，所以使用了 3 次 p 命令。查看 new_node 结构体更加方便的方式是直接查看这个结构体的对象值，而不是 new_node 指针本身。也就是说，在查看 new_node 指针指向的内容的值时，使用 p * new_node 可以显示整个结构体的成员信息，如图 3-57 所示。

```
(gdb) p new_node
$1 = (NODE *) 0x615720
(gdb) p new_node->ID
$2 = 0
(gdb) p new_node->Name
$3 = "SimpleSoft", '\000' <repeats 29 times>
(gdb) p new_node->age
$4 = 28
```

图 3-56　查看 new_node 的值

```
(gdb) p *new_node
$5 = {ID = 0, Name = "SimpleSoft", '\000' <repeats 29 times>, age = 28, prev = 0x6152c0, next = 0x0}
```

图 3-57　显示整个结构体的值

虽然显示结果看起来还不错，但是仍然有改进的余地。比如 Name 的显示需要改进，我们还可以删除图 3-57 中显示的空字符，使显示更美观。在 gdb 中输入 set print null-stop 命令，设置字符串的显示规则，即遇到结束符时停止显示。设置之后，再次执行 p *new_node 命令，Name 部分不会再显示空字符，如图 3-58 所示。

```
(gdb) set print null-stop
(gdb) show print null-stop
Printing of char arrays to stop at first null char is on.
(gdb) p *new_node
$7 = {ID = 0, Name = "SimpleSoft", age = 28, prev = 0x6152c0, next = 0x0}
(gdb)
```

图 3-58　设置字符串显示规则

如果结构体的成员比较多，这种显示仍然会杂乱无章，不方便查看每一个成员的数据，也就是说还不够漂亮（pretty）。gdb 还提供了一个使显示更加漂亮的选项，相应的命令为 set print pretty。设置之后，我们再次使用 p *new_node 命令来查看结构体的成员信息，结果如图 3-59 所示。

```
(gdb) set print pretty
(gdb) show print pretty
Pretty formatting of structures is on.
(gdb) p *new_node
$9 = {
  ID = 0,
  Name = "SimpleSoft",
  age = 28,
  prev = 0x6152c0,
  next = 0x0
}
(gdb)
```

图 3-59　显示结构体

类变量也可以使用 p 命令来显示，只要设置了 print pretty，显示出来的类成员也与结构体成员相同，如图 3-60 所示。

```
(gdb) set print pretty
(gdb) p *test
$3 = {
  _vptr.test_1 = 0x400f08 <vtable for test_1+16>,
  x = 10,
  y = 100
}
```

图 3-60   显示类变量

3.7.3　查看数组

同样地，使用 print 或者 p 命令也可以查看数组的信息。测试函数 print_arr_test 的代码如代码清单 3-19 所示。

代码清单 3-19　print_arr_test 函数

```
94  void print_arr_test()
95  {
96          int iarr[]={0,1,2,3,4,5,6,7,8,9};
97          const char *strarr[]={"this","is","a","test","string"};
98          for(unsigned long i= ;i<sizeof(iarr)/sizeof(int);i++)
99          {
100                 printf("%d ",iarr[i]);
101         }
102         for(int i= ;i< ;i++)
103         {
104                 printf("%s ",strarr[i]);
105         }
106         printf("arr_test_done\n");
107 }
```

启动调试后，为 print_arr_test 函数设置断点，在该函数中查看两个数组 iarr 和 strarr 的值，如图 3-61 所示。

```
Reading symbols from chapter_3.3...done.
(gdb) b print_arr_test
Breakpoint 1 at 0x400a61: file chapter_3.3.cpp, line 96.
(gdb) r
Starting program: /root/codes/book_debug/chapter_3.3/chapter_3.3

Breakpoint 1, print_arr_test () at chapter_3.3.cpp:96
96          int iarr[]={0,1,2,3,4,5,6,7,8,9};
(gdb) n
97          const char *strarr[]={"this","is","a","test","string"};
(gdb) n
98          for(unsigned long i=0;i<sizeof(iarr)/sizeof(int);i++)
(gdb) p iarr
$1 = {0, 1, 2, 3, 4, 5, 6, 7, 8, 9}
(gdb) p strarr
$2 = {0x400f48 "this", 0x400f4d "is", 0x400f50 "a", 0x400f52 "test", 0x400f57 "string"}
(gdb)
```

图 3-61   查看数组的值

查看数组的问题与查看结构体的问题相同，即不太美观。在执行 set print pretty 命令后，数组的显示效果并没有改善。控制数组显示的命令为 set print array on，其中 on 可以省略，默认情况下为 off，因此在 gdb 中执行 set print array 命令，以便能够更方便、更美观地显示数组，如图 3-62 所示。

图 3-62　以可读方式查看数组

3.8　自动显示变量的值

3.7 节介绍了使用 print 或者 p 命令来查看变量的值，但是这里有一个问题，即如果想要查看某个变量的值，需要不停地使用 print 命令。在图 3-52 中，为了查看 x 的值，使用了 4 次 print 命令。这对需要观察那些不停变化的变量值来说，使用 p 命令就不太方便了，因为 p 命令需要被多次使用。

gdb 还有一个 display 命令，使得每次程序暂停都可以自动显示变量值。语法如下：

```
display 变量名
```

后面可以跟多个变量名，比如 display {var1,var2,var3}。如图 3-63 所示，使用 display 命令（而不是 print 命令）可以自动显示 cond_fun_test 中变量 x 的值。

图 3-63　自动显示变量的值

如果 display 命令后面跟多个变量名，就必须要求这些变量的长度相同（比如都是整型变量）。如果长度不相同，就需要分开使用 display 命令。

可以在 gdb 中输入 info display 命令来查看自动显示的变量信息，如图 3-64 所示。

```
Breakpoint 1, cond_fun_test (a=10, str=0x400e48 "test") at chapter_3.3.cpp:86
86              int x = a * a;
(gdb) display {x,a}
1: {x,a} = {0, 10}
(gdb) display str
2: str = 0x400e48 "test"
(gdb) n
87              printf("a is %d,x is %d,str is %s\n",a,x,str);
1: {x,a} = {100, 10}
2: str = 0x400e48 "test"
(gdb) info display
Auto-display expressions now in effect:
Num Enb Expression
1:   y   {x,a}
2:   y   str
(gdb)
```

图 3-64   查看自动显示的变量信息

如果不需要某些变量自动显示，就可以使用"undisplay 编号"的方式来取消自动变量的显示。例如，想要取消图 3-64 中 str 变量的自动显示，可以在 gdb 中输入"undisplay 2"，str 变量的自动显示就会被取消，如图 3-65 所示。于是，当再次使用 info display 命令时，就不会显示 str 的信息。

```
(gdb) undisplay 2
(gdb) info display
Auto-display expressions now in effect:
Num Enb Expression
1:   y   {x,a}
(gdb)
```

图 3-65   取消变量的自动显示

如果要取消所有变量的自动显示，可以使用 undisplay 命令。在使用 undisplay 命令时会收到确认信息，确认是否全部取消自动显示。如果输入"y"，就会取消所有的自动显示。delete display 命令也可以删除所有的自动显示。如果只想删除部分变量的自动显示，可以使用"delete display 序号"的方式。比如要删除图 3-65 中的{x,a}的自动显示，就可以输入以下命令：

```
delete display 1
```

除了删除自动显示，还可以暂时禁用自动显示，在需要的时候可以再次启用某些变量的自动显示。比如图 3-64 中自动显示的编号 1 和 2，如果要暂时禁用编号 1 对应变量的自动显示，就可以使用以下命令：

```
disable display 1
```

如果想要恢复编号 1 对应变量的自动显示，就可以使用以下命令：

```
enable display 1
```

3.9 查看源代码

可以在 gdb 调试的时候查看源代码信息。查看源代码的命令是 list 或者 l。在程序命中断点或者暂停后，可以使用 list 命令查看相关的源代码。

加上编译选项-g 后，生成的可执行文件中包含调试信息，并且包含对应的源文件信息（只是保存了源文件名等信息），所以在查看源代码时，要确保对应的源文件还存在，否则无法查看。

在程序中断时，可以使用 l 命令来查看源代码信息。默认情况下，使用 l 命令可以显示 10 行源代码——当前代码行的前 5 行和后 5 行代码，如图 3-66 所示。

图 3-66　查看源代码

从图 3-66 中可以看到，当前代码行是第 110 行，执行 l 命令会显示 10 行代码（从第 105 行至第 114 行）。

如果继续执行 l 命令，就会从当前代码行往后显示 10 行代码。如果执行 l-命令，则会从当前代码行往前显示 10 行代码，如图 3-67 所示。

图 3-67　执行 l 和 l-命令

换行 l 命令时，每次默认显示 10 行代码，如果觉得每次显示的源代码太少，可以通过 set listsize 命令来改变每次显示源代码的行数。比如，希望每次能够显示 20 行代码，可执行如下命令：

```
set listsize 20
```

当每次调用 list 命令时，就会显示 20 行代码，如图 3-68 所示。

```
(gdb) show listsize
Number of source lines gdb will list by default is 10.
(gdb) set listsize 20
(gdb) list
125              test->test_fun();
126              test_1 *test2 = new test_2();
127              test2->test_fun();
128              printf("传入的参数信息为:\n");
129              for(int i=0;i<argc;i++)
130              {
131                      printf("参数 %d=%s\n",i,argv[i]);
132              }
133              node_head = (struct NODE*)malloc(sizeof(NODE));
134              node_head->next = node_head->prev= NULL;
135              printf("会员管理系统\n1:录入会员信息\nq:退出\n");
136              while(true)
137              {
138                      switch(getchar())
139                      {
140                      case '1':
141                              add_member();
142                              break;
143                      case 'q':
144                              return 0;
(gdb)
```

图 3-68　设置源代码显示行数

还可以使用 list 命令查看指定函数的源代码，语法为"list 函数名"。比如，我们要查看 add_member 函数的源代码，可以使用如下命令：

```
list add_member
```

查看函数源代码与查看源代码的规则相同。一方面，受到行数的限制，比如我们刚设置了每次显示 20 行代码，那么查看 add_member 函数时就只会显示 20 行代码；另一方面，仍然会以上下文的方式查看函数代码，即显示函数前 10 行代码和函数后 10 行代码，如图 3-69 所示。

如果想要查看指定文件中指定行的源代码，就可以使用如下命令：

```
list 文件名:行号
```

如果查看的是当前文件中指定行代码，就可以省略文件名。比如我们要查看 chapter_3.3.cpp 的第 100 行代码，就可以使用如下命令：

```
l 100
```

```
(gdb) list add_member
5        {
6                int   ID;
7                char  Name[40];
8                int   age;
9                NODE* prev;
10               NODE *next;
11       );
12       struct NODE *node_head = NULL;
13       int member_id = 0;
14       void add_member()
15       {
16               struct NODE *new_node = (NODE*)malloc(sizeof(NODE));
17               new_node->next = NULL;
18               NODE* prev_node = node_head->prev;
19               if(prev_node)
20               {
21                       prev_node->next = new_node;
22                       new_node->prev = prev_node;
23                       node_head->prev = new_node;
24
(gdb)
```

图 3-69 查看函数源代码

查看指定行代码同样遵循代码上下文的规则和行数限制要求,如图 3-70 所示。

```
(gdb) l 100
90                       printf("i is %d\n",i);
91               }
92               printf("exit the loop\n");
93       }
94
95       void cond_fun_test(int a,const char *str)
96       {
97               int x = a * a;
98               printf("a is %d,x is %d,str is %s\n",a,x,str);
99               x *=2;
100              printf("quit fun\n");
101      }
102      void print_arr_test()
103      {
104              int iarr[]={0,1,2,3,4,5,6,7,8,9};
105              const char *strarr[]={"this","is","a","test","string"};
106              for(unsigned long i=0;i<sizeof(iarr)/sizeof(int);i++)
107              {
108                      printf("%d ",iarr[i]);
109              }
(gdb)
```

图 3-70 查看指定行代码

3.10 查看内存

在 VC 中查看内存非常方便,因为图形界面的显示很直观。gdb 也可以用 x 命令来查看内存,x 命令有很多选项,包括显示的方式(比如是以十六进制或者十进制显示,还是以字符串方式显示等)。如果能够很好地使用 x 命令,基本上就可以达到或者超越 VC 的内存查看效果。

下面编写一个简单的查看内存的测试函数。代码很简单,就是定义几个变量,如代码清单 3-20 所示。

代码清单 3-20 test_memory 函数

```
108  struct TEST_NODE
109  {
110        char gender[ ];
111        int ID;
112        char name[ ];
113
114  };
115  void test_memory()
116  {
117        const char* str = "test";
118        int number = 0x12345678;
119        TEST_NODE *node = new TEST_NODE;
120        node->ID = 100;
121        strcpy(node->gender,"男");
122        strcpy(node->name,"海洋");
123
124        printf("str is %s,number is %d,node id is %d,test end\n",str,number,node->ID);
125        delete node;
126  }
127  int main(int argc,char* argv[])
128  {
129        test_memory();
130        print arr test();
```

代码清单 3-20 中定义了字符串类型、整型变量和一个结构体。我们可以通过 x 命令来查看它们在内存中到底是如何存储的。

使用 gdb 启动调试，执行 b test_memory 命令为 test_memory 函数设置一个断点，或者直接在第 124 行代码处设置一个断点。命中断点时，使用 x 命令来查看各个变量的内存信息。x 命令的语法如下：

x /选项 地址

先查看字符串变量 str 的内存信息。执行 x str，默认以十六进制显示内存信息。由于 str 是字符串，所以也可以使用字符串的方式查看。使用命令 x /d str 还可以以十进制方式显示、设定显示的宽度等，如图 3-71 所示。

```
Reading symbols from chapter_3.3...done.
(gdb) b 116
Breakpoint 1 at 0x400b93: file chapter_3.3.cpp, line 116.
(gdb) r
Starting program: /root/codes/book_debug/chapter_3.3/chapter_3.3

Breakpoint 1, test_memory () at chapter_3.3.cpp:116
116          printf("str is %s,number is %d,node id is %d,test end\n",str,number,
(gdb) x str
0x400fe2:       0x74736574
(gdb) x /s str
0x400fe2:       "test"
(gdb) x /d str
0x400fe2:       116
(gdb) x /4d str
0x400fe2:       116       101       115       116
(gdb)
```

图 3-71　查看字符串 str 的内存信息

在以十六进制方式显示字符串 str 的内存信息时，内存内容为 0x74736574，对应的字符分别为 t、s、e、t，即内存中存储的内容刚好与我们看到的内存信息相反。如果以 x /s str 的方式查看内存，那么会直接显示字符串的内容。

再来查看整型变量 number 在内存中的信息。因为 number 不是一个指针，所以我们要先找到它的地址。可以使用 p &number 命令来查看 number 的地址，然后再使用 x 命令来查看 number 地址对应的内存数据。当然也可以直接使用 x &number 的方式来查看 number 地址对应的内存信息，如图 3-72 所示。

```
(gdb) p &number
$3 = (int *) 0x7fffffffe394
(gdb) x /4x 0x7fffffffe394
0x7fffffffe394: 0x78    0x56    0x34    0x12
(gdb) x /4x &number
0x7fffffffe394: 0x78    0x56    0x34    0x12
(gdb) 
```

图 3-72　查看 number 的内存信息

从图 3-72 中可以看到，我们为 number 赋值为 0x12345678，但是内存中显示的却是 0x78563412，原因是字节在 x86 架构中是按照小端方式存储的，这在第 2 章中已经介绍过。小端存储是指字节序数据的尾端数据存放在低地址部分，所以与我们看到的顺序刚好相反。

变量 node 存储的数据是一个结构体类型。来看看 node 在内存中到底是如何存储的。在 gdb 中输入“x /16s node”，如图 3-73 所示。

```
(gdb) x /16s node
0x614e70:       "男"
0x614e74:       "d"
0x614e76:       ""
0x614e77:       ""
0x614e78:       "海洋"
0x614e7f:       ""
0x614e80:       ""
0x614e81:       ""
0x614e82:       ""
0x614e83:       ""
0x614e84:       ""
0x614e85:       ""
0x614e86:       ""
0x614e87:       ""
0x614e88:       "\201", <incomplete sequence \361>
0x614e8b:       ""
(gdb) p sizeof(TEST_NODE)
$2 = 16
(gdb) 
```

图 3-73　查看结构体 node 的内存信息

从图 3-73 中可以看到，node 在内存中的存储顺序与结构体中声明成员的顺序一致，即按照性别、ID 和姓名来存储。显示性别的起始地址是 0x614e70，显示 ID 的起始地址是 0x614e74，“d”对应的是十进制的 100。可以发现，ID 的起始地址和性别的起始地址相差 4，但是我们定义 gender 成员时使用的是 char gender[3]，明明只声明了 3 字节，最后却在内存中占用了 4 字节。这是因为结构体在内存中会进行对齐和补齐操作，默认按照 4 字节对齐。尽管声明的是 3 字节，但是要按照 4 字节去对齐，所以需要补齐 1 字节，这导致 gender 占用了 4 字节空间。同样地，成员 Name 也会补齐到 8 字节，所以整个结构体在内存中会占用 16 字节，可以使用 p sizeof(TEST_NODE)命令来查看。从图 3-73 中可以发现，整个结构体的大小是 16 字节。

命令 x 并不局限于查看变量的内存信息，无论是函数地址、变量地址，还是其他地址，只要地址合法并且可以访问，就可以使用 x 命令来查看。

3.11 查看寄存器

寄存器是 CPU 内部用来存放数据的一些区域，是 CPU 内部的高速存储单元，用来临时存放一些参与计算的数据，比如函数的参数、程序的指针等。CPU 可以直接操作寄存器中的值，且速度要比访问内存快得多。

寄存器主要分为通用寄存器、指针寄存器、段寄存器和标志寄存器等。

- **通用寄存器（general purpose register）**：尽管通用寄存器是通用的，可以存储任意数据，但是大多时候主要用来存储操作数和运算结果等信息。32 位通用寄存器包括 EAX、EBX、ECX、EDX、ESP、EBP、ESI、EDI 等；64 位通用寄存器包括 RAX、RBX、RCX、RDX、RSP、RBP、RSI、RDI 等。其中，EBP（RBP）是基指针寄存器，可以直接访问栈中的数据；ESP（RSP）是栈指针寄存器，只能访问栈顶的数据。

- **指针寄存器（pointer register）**：又称为指令寄存器，用来存放指令和指针。32 位为 EIP，64 位为 RIP。

- **段寄存器（segment register）**：用来存储段数据的段值，比如存储数据段的段值、代码段的段值等。段寄存器主要有 CS（代码段）、DS（数据段）、ES（附加段）、FS（通用段）、GS（通用段）、SS（栈段）。

- **标志寄存器（RFLAGS register）**：显示程序状态的寄存器，主要有 CF（carry flag，进位或者错位）、AF（adjust flag，辅助进位）、ZF（zero flag，零标志）等。

在 gdb 中，指针寄存器$rip 指向当前执行的代码位置，栈指针寄存器$rsp 指向当前栈顶，通用寄存器会存储一些变量的值、函数的参数以及函数的返回值等。

下面简单演示如何在 gdb 调试状态下查看寄存器的值。在 main 中调用测试函数 cond_fun_test，如代码清单 3-21 所示。

代码清单 3-21　cond_fun_test 函数

```
void cond_fun_test(int a,const char *str)
{
        int x = a * a;
        printf("a is %d,x is %d,str is %s\n",a,x,str);
        x *=2;
        printf("quit fun\n");
}
```

main 函数中的调用语句为 cond_fun_test(10,"test");。为了保证演示的效果，我们在编译时删除-g 参数，这样就不会生成调试信息，命中函数断点后，就无法使用 print 命令来查看参数值。比如，删除-g 参数后，在函数 cond_fun_test 中设置一个断点，当命中断点时，此时输入“p a”或者“p str”，都不能正确显示参数的值，如图 3-74 所示，原因是没有调试信息，gdb 并不了解 a 和 str 的意义。

```
Breakpoint 1, 0x0000000000400a19 in cond_fun_test(int, char const*) ()
(gdb) p a
$1 = {i = {0, 1045149306}, d = 1.2904777690891933e-08}
(gdb) p str
No symbol "str" in current context.
(gdb)
```

图 3-74　没有调试信息的 print 命令

一般情况下，函数的参数会存放在寄存器中，所以我们用查看寄存器的方式来查看传递的参数。查看寄存器的命令如下：

```
info registers
```

查看所有的整型寄存器，因为 info 可以简写为 i，registers 可以简写为 r，所以命令可以简写为 i r。在 gdb 中执行 i r 命令就可以查看所有整型寄存器的值，如图 3-75 所示。

```
(gdb) i r
rax            0xe                14
rbx            0x0                0
rcx            0x7ffff71cee18     140737339256344
rdx            0x7ffff74a18e0     140737342216416
rsi            0x400fd2           4198354
rdi            0xa                10
rbp            0x7fffffffe3a0     0x7fffffffe3a0
rsp            0x7fffffffe3a0     0x7fffffffe3a0
r8             0x7ffff7fecf40     140737354059584
r9             0x7ffff7260300     140737339851520
r10            0xfffffffffffff54f -2737
r11            0x246              582
r12            0x4007a0           4196256
r13            0x7fffffffe4d0     140737488348368
r14            0x0                0
r15            0x0                0
rip            0x400a19           0x400a19 <cond_fun_test(int, char const*)+4>
eflags         0x202              [ IF ]
cs             0x33               51
ss             0x2b               43
ds             0x0                0
es             0x0                0
fs             0x0                0
gs             0x0                0
(gdb)
```

图 3-75　执行 i r 命令查看整型寄存器的值

也可以在 r 后面指定寄存器的名称，比如 rax、rbx 等，使其只显示特定寄存器的值。而如下命令就会显示所有寄存器的值，包括浮点寄存器等。

```
info all-registers:
```

现在回到查看函数参数的问题上来，其中测试函数 cond_fun_test 有两个参数：一个是整型参数；一个是字符串。调用 main 函数的时候传入了 10 和 test，我们可以通过查看寄存器的值来验证是不是这两个值。

第一个参数存储在寄存器 rdi 中，第二个参数存储在寄存器 rsi 中。现在先用 i r 命令来查看这两个值，如图 3-76 所示。

图 3-76　查看 rdi 和 rsi 的值

从图 3-76 中可以看到，rdi 的值为 0xa（即十进制 10），最后一列也显示 10，确认是函数的第一个参数。但是 rsi 的值并没有显示 test。因为第二个参数是一个字符串指针，所以只在寄存器 rsi 中存储了一个地址，这个地址指向的才是第二个参数 str 真正的值。这里可以使用查看内存的命令 x 来查看该地址对应的值。x 命令后面可以是寄存器的名称，也可以是寄存器的值，如图 3-77 所示。

```
(gdb) x /s $rsi
0x400fd2:       "test"
(gdb) x /s 0x400fd2
0x400fd2:       "test"
(gdb)
```

图 3-77　查看第二个参数的值

测试并验证寄存器的值后，再修改 Makefile，加上 -g 参数，以便后面的测试能够正常进行。

3.12　查看调用栈

当程序进行函数调用时，这些调用信息（比如在哪里调用等）称为栈帧。每一个栈帧的内容还包括调用函数的参数、局部变量等。所有栈帧组成的信息称为调用栈（或者调用堆栈）。

当程序刚开始运行时，只有一个栈帧，即主函数 main。每调用一个函数，就产生一个新的栈帧；当函数调用结束时（即从函数返回后），该函数的调用随之结束，该栈帧也结束。如果该函数是一个递归函数，那么调用该函数会产生多个栈帧。

3.12.1　查看栈回溯信息

查看栈回溯信息的命令是 backtrace，backtrace 命令可以简写为 bt。执行栈回溯命令后，会显示程序执行到什么位置、包含哪些帧等信息。每一帧都有一个编号，从 0 开始。0 表示当前正在执行的函数，1 表示调用当前函数的函数，以此类推。栈回溯是倒序排列的。下面来演示 backtrace 命令的用法。

这里有 3 个函数：main、call_fun_test_1 和 call_fun_test_2，如代码清单 3-22 所示。

代码清单 3-22　main,call_fun_test_1 和 call_fun_test_2 函数

```
127 int call_fun_test_2(int level,const char* str)
128 {
129         int number = 102;
130         const char *name = "call_fun_test_2";
131         printf("level is %d,str is %s,name is %s\n",level,str,name);
132         return 2;
133
134 }
135 int call_fun_test_1(int level,const char* str)
136 {
137         int number = 101;
138         const char* name = "call_fun_test_1";
139         printf("level is %d,str is %s,name is %s\n",level,str,name);
140         call_fun_test_2(level + 1,"call_fun_test_2");
141         return 1;
142 }
143 int main(int argc,char* argv[])
144 {
145         int number = 100;
146         const char* name ="main";
147         call_fun_test_1(1,"call_fun_test_1");
```

其中 main 函数调用 call_fun_test_1。启动 gdb 进入调试模式，为函数 call_fun_test_2 设置一个断点。当程序在 call_fun_test_2 处中断后，会执行 backtrace 命令，结果如图 3-78 所示。

```
(gdb) b call_fun_test_2
Breakpoint 1 at 0x400bcf: file chapter_3.3.cpp, line 129.
(gdb) r
Starting program: /root/codes/book_debug/chapter_3.3/chapter_3.3
level is 1,str is call_fun_test_1,name is call_fun_test_1

Breakpoint 1, call_fun_test_2 (level=2, str=0x4010d7 "call_fun_test_2") at chapter_3.3.cpp:129
129         int number = 102;
(gdb) backtrace
#0  call_fun_test_2 (level=2, str=0x4010d7 "call_fun_test_2") at chapter_3.3.cpp:129
#1  0x0000000000400c4d in call_fun_test_1 (level=1, str=0x40110a "call_fun_test_1") at chapter_3.3.cpp:140
#2  0x0000000000400c82 in main (argc=1, argv=0x7fffffffe4d8) at chapter_3.3.cpp:147
(gdb)
```

图 3-78　执行 backtrace 命令

从命令执行结果来看，一共有 3 个栈帧，编号分别为 0、1、2。每个栈帧中都包含函数名、调用函数的参数以及所在的代码行等。我们从中可以看到一个完整的函数调用链。

也可以执行 bt 命令来查看指定数量的栈帧：

`bt 栈帧数量`

这对于调用栈帧比较多的情况很有用处，可以忽略掉不太重要的那些栈帧。比如执行 bt 2 命令，就只显示两个栈帧，如图 3-79 所示。

```
(gdb) bt 2
#0  call_fun_test_2 (level=2, str=0x4010d7 "call_fun_test_2") at chapter_3.3.cpp:129
#1  0x0000000000400c4d in call_fun_test_1 (level=1, str=0x40110a "call_fun_test_1") at chapter_3.3.cpp:140
(More stack frames follow...)
(gdb)
```

图 3-79　bt 2 查看栈回溯信息

从图 3-79 中可以看到，只显示了 0 和 1 两帧。如果想查看 1 和 2 这两个帧，就可以使用 bt -2 命令，如图 3-80 所示。

```
(gdb) bt -2
#1  0x0000000000400c4d in call_fun_test_1 (level=1, str=0x40110a "call_fun_test_1") at chapter_3.3.cpp:140
#2  0x0000000000400c82 in main (argc=1, argv=0x7fffffffe4d8) at chapter_3.3.cpp:147
(gdb)
```

图 3-80　使用 bt -2 命令查看栈回溯信息

如果 bt 后面跟的是一个正数，就从 0 开始计数。如果是一个负数，就从最大的栈帧编号开始倒序计数，最后显示时还是按照从小到大的编号顺序显示，只是显示的栈帧不同。比如一共有 10 个帧，编号为 0～9，如果执行 bt 4 命令，那么显示的帧为 0～3；如果执行 bt -4 命令，那么显示的帧编号为 6～9。

3.12.2　切换栈帧

可以通过“frame 栈帧号”的方式来切换栈帧。为什么要切换栈帧呢？因为每一个栈帧所对应的程序的运行上下文都不同，比如栈帧 1 的局部变量和栈帧 2 的局部变量都不相同，只有切换到某个具体的栈帧之后才能查看该栈帧对应的局部变量信息。比如图 3-78 的栈回溯信息中，共有 3 个栈帧，我们想查看栈帧号为 2（也就是 main 函数中所对应）的信息，执行 frame 命令即可切换到 2 号帧：

`frame 2`

或者

`f 2`

这时我们可以查看该帧对应的一些变量信息，比如局部变量 number 和 name 的值，如图 3-81 所示。

```
(gdb) f 2
#2  0x0000000000400c82 in main (argc=1, argv=0x7fffffffe4d8) at chapter_3.3.cpp:147
147             call_fun_test_1(1,"call_fun_test_1");
(gdb) p number
$1 = 100
(gdb) p name
$2 = 0x40111a "main"
(gdb)
```

图 3-81　切换到 2 号帧并查看变量的值

切换到 1 号帧，因为 1 号帧中也包含两个临时变量 number 和 name，执行 f 1 命令，查看 number 和 name 的值，如图 3-82 所示。

```
(gdb) f 1
#1  0x0000000000400c4d in call_fun_test_1 (level=1, str=0x40110a "call_fun_test_1") at chapter_3.3.cpp:140
140             call_fun_test_2(level + 1,"call_fun_test_2");
(gdb) p number
$3 = 101
(gdb) p name
$4 = 0x40110a "call_fun_test_1"
(gdb)
```

图 3-82　切换到 1 号帧并查看变量的值

除使用 print 命令查看局部变量之外，还可以使用 info locals 来查看当前帧所包含的所有局部变量的值，也可以使用 info args 来查看当前帧包含的所有函数参数，如图 3-83 所示。

```
(gdb) info args
level = 1
str = 0x40110a "call_fun_test_1"
(gdb) i locals
number = 101
name = 0x40110a "call_fun_test_1"
```

图 3-83　查看当前栈的局部变量和函数参数

还可以使用 up 命令和 down 命令来切换帧，up 命令和 down 命令都是基于当前帧来计数的。比如，当前帧号为 1，使用 up 1 则会切换到 2 号帧，使用 down 1 则会切换到 0 号帧，如图 3-84 所示。

```
(gdb) f 1
#1  0x0000000000400c4d in call_fun_test_1 (level=1, str=0x40110a "call_fun_test_1") at chapter_3.3.cpp:140
140             call_fun_test_2(level + 1,"call_fun_test_2");
(gdb) up 1
#2  0x0000000000400c82 in main (argc=1, argv=0x7fffffffe4d8) at chapter_3.3.cpp:147
147             call_fun_test_1(1,"call_fun_test_1");
(gdb) info locals
number = 100
name = 0x40111a "main"
test = 0x7ffff7de3ee0 <_dl_fini>
test2 = 0x400f4d <__libc_csu_init+77>
(gdb) down 2
#0  call_fun_test_2 (level=2, str=0x4010d7 "call_fun_test_2") at chapter_3.3.cpp:129
129             int number = 102;
(gdb) i locals
number = 32767
name = 0x0
(gdb)
```

图 3-84　使用 up 命令和 down 命令来切换帧

还可以使用以下命令来切换帧：

f 帧地址

其中，帧地址是栈帧所对应的地址。如果程序崩溃，栈回溯信息可能会遭到破坏，这时就可以使用 f 命令来进行栈帧切换。假设有一个栈帧的地址为 0x7ffffffe3a0，使用 f 命令即可切换到该栈帧，如图 3-85 所示。

```
f 0x7fffffffe3a0
```

```
(gdb) f 0x7fffffffe3a0
#1  0x0000000000400c4d in call_fun_test_1 (level=1, str=0x40110a "call_fun_test_1") at chapter_3.3.cpp:140
140             call_fun_test_2(level + 1,"call_fun_test_2");
(gdb) i locals
number = 101
name = 0x40110a "call_fun_test_1"
(gdb)
```

图 3-85　使用 f 命令切换帧

3.12.3　查看帧信息

可以使用 info frame 命令（包括前面介绍的 info locals 和 info args 命令）来查看帧的详细信息，还可以使用 info frame 命令来查看具体某一帧的详细信息。比如要查看编号为 1 的帧的详细信息，可以直接使用 info frame 1（可以简写为 i f 1）命令，而不用先进行帧的切换操作。图 3-86 所示为连续查看 1 号帧和 2 号帧的详细信息。

```
(gdb) i f 1
Stack frame at 0x7fffffffe3a0:
 rip = 0x400c4d in call_fun_test_1 (chapter_3.3.cpp:140); saved rip = 0x400c82
 called by frame at 0x7fffffffe400, caller of frame at 0x7fffffffe370
 source language c++.
 Arglist at 0x7fffffffe390, args: level=1, str=0x40110a "call_fun_test_1"
 Locals at 0x7fffffffe390, Previous frame's sp is 0x7fffffffe3a0
 Saved registers:
  rbp at 0x7fffffffe390, rip at 0x7fffffffe398
(gdb) info frame 2
Stack frame at 0x7fffffffe400:
 rip = 0x400c82 in main (chapter_3.3.cpp:147); saved rip = 0x7ffff7105873
 caller of frame at 0x7fffffffe3a0
 source language c++.
 Arglist at 0x7fffffffe3f0, args: argc=1, argv=0x7fffffffe4d8
 Locals at 0x7fffffffe3f0, Previous frame's sp is 0x7fffffffe400
 Saved registers:
  rbx at 0x7fffffffe3e8, rbp at 0x7fffffffe3f0, rip at 0x7fffffffe3f8
(gdb)
```

图 3-86　查看帧的详细信息

从图 3-86 中可以看到，帧的详细信息包括帧地址、RIP 地址、函数名、函数参数等信息。这里可以用 f 命令来切换帧地址。这个帧地址也可以用到 i f 命令中，比如使用 i f 0x7fffffffe400 来查看 2 号帧的详细信息。

3.13　线程管理

对于现代程序来讲，大多数情况下是多个线程在同时工作，从而充分利用系统资源。

测试程序也不例外。

为了使示例简单又不影响功能，我们不新增文件，而是在 chapter_3.3.cpp 中直接新增一个函数，使用该函数创建线程，如代码清单 3-23 所示。

代码清单 3-23　创建多线程示例代码

```
147 int count = 0;
148 void do_work(void *arg)
149 {
150     std::cout << "线程函数开始"<< std::endl;
151     //对象做一些事情
152     int local_data = count;
153     count++;
154     std::this_thread::sleep_for(std::chrono::seconds(3));
155     std::cout << "线程函数结束" << std::endl;
156 }
157 int start_threads(int thread_num)
158 {
159     std::vector<std::thread> threads;
160     //启动10个线程
161     for (int i = 0; i < thread_num; ++i)
162     {
163         threads.push_back(std::thread(do_work,&i));
164         std::cout << "启动新线程: " << i << std::endl;
165     }
166     //线程所有线程结束
167     for (auto& thread : threads)
168     {
169         thread.join();
170     }
171 }
172 int main(int argc,char* argv[])
173 {
174         start_threads(10);
```

在代码清单 3-23 中，do_work 是线程函数，它只是对全局变量 count 执行加 1 操作，然后等待 3 秒打印信息。

start_threads 函数会根据输入的 thread_num 参数来创建线程，最后等待所有线程结束。

main 函数调用 start_threads(10)，表示启动 10 个线程。因为用到了线程函数和标准库的 vector，所以需要包含线程相关的头文件和标准库的头文件，如图 3-87 所示。

图 3-87　线程相关的头文件和标准库的头文件

如果这时直接编译链接代码，就会链接失败，如图 3-88 所示。

```
g++ -o chapter_3.3 chapter_3.3.o
chapter_3.3.o: 在函数'std::thread::thread<void (&)(void*), int*, void>(void (&)(void*), int*&&)'中:
/usr/include/c++/8/thread:127: 对'pthread_create'未定义的引用
collect2: 错误: ld 返回 1
make: *** [Makefile:38: chapter_3.3] 错误 1
[root@SimpleSoft chapter_3.3]#
```

图 3-88　链接失败

这是因为我们在程序中用到了线程函数，但是链接时不包含线程库，所以还需要在

Makefile 中添加线程库（pthread），如图 3-89 所示。

```
1 EXECUTABLE:= chapter_3.3
2 LIBDIR:=
3 LIBS:=pthread
4 INCLUDES:=.
5 SRCDIR:=
6
7 CC:=g++
8 CFLAGS:= -g -Wall -O0 -static -static-libgcc -static-libstdc++
9 CPPFLAGS:= $(CFLAGS)
```

图 3-89   添加 pthread

再次执行 make 命令，即可成功构建出可执行文件。

现在开始用 gdb 调试多线程程序。启动后先在 start_threads 函数中设置一个断点，以方便观察线程信息。可以把断点设置在第 167 行，然后执行 r 命令，使程序在第 167 行代码（读者需要在练习时查看实际的代码行号）处中断，如图 3-90 所示。

```
Reading symbols from chapter_3.3...done.
(gdb) b 167
Breakpoint 1 at 0x4016c3: file chapter_3.3.cpp, line 167.
(gdb) r
Starting program: /root/codes/book_debug/chapter_3.3/chapter_3.3
[Thread debugging using libthread_db enabled]
Using host libthread_db library "/lib64/libthread_db.so.1".
[New Thread 0x7ffff6ec1700 (LWP 23746)]
启动新线程: 0
[New Thread 0x7ffff66c0700 (LWP 23747)]
启动新线程: 1
线程函数开始
线程函数开始
[New Thread 0x7ffff5ebf700 (LWP 23748)]
启动新线程: 2
线程函数开始
[New Thread 0x7ffff56be700 (LWP 23749)]
启动新线程: 3
线程函数开始
[New Thread 0x7ffff4ebd700 (LWP 23750)]
启动新线程: 4
线程函数开始
[New Thread 0x7ffff46bc700 (LWP 23751)]
启动新线程: 5
线程函数开始
[New Thread 0x7ffff3ebb700 (LWP 23752)]
启动新线程: 6
线程函数开始
[New Thread 0x7ffff36ba700 (LWP 23753)]
启动新线程: 7
[New Thread 0x7ffff2eb9700 (LWP 23754)]
启动新线程: 8
线程函数开始
[New Thread 0x7ffff26b8700 (LWP 23755)]
线程函数开始
启动新线程: 9

Thread 1 "chapter_3.3" hit Breakpoint 1, start_threads (thread_num=10) at chapter_3.3.cpp:167
167         for (auto& thread : threads)
(gdb)
```

图 3-90   在第 167 行代码处中断

接下来可以使用线程相关的命令来查看线程的一些信息。

3.13.1 查看所有线程信息

使用 info threads 命令查看当前进程所有的线程信息，如图 3-91 所示。

图 3-91 查看所有线程信息

从图 3-91 中可以看到，当前进程共有 11 个线程，编号为 1～11，其中 1 号线程前面有一个*号，表示 1 号线程是当前线程。每个线程信息还包含执行位置，即处于哪个文件的哪一行代码。2～11 号这 10 个线程都处于系统 nanosleep.c 文件的第 28 行，因为每个线程都在调用 sleep 函数，所以需要等待 3 秒。

3.13.2 切换线程

当前线程很重要，因为很多命令都是针对当前线程才有效。比如，查看栈回溯的 bt 命令、查看栈帧的 f 命令等都是针对当前线程有效。如果想要查看某个线程堆栈的相关信息，就必须要先切换到该线程。

切换线程的命令如下：

```
thread 线程 ID
```

线程 ID 就是前面提到的线程的标号，如图 3-91 所示的 1～11 就是线程的编号。如果想要切换到 2 号线程，就可以执行以下命令（也可以使用简写命令 t 2），将 2 号线程切换为当前线程：

```
thread 2
```

再执行 i threads 命令查看当前线程是否已经切换到 2 号线程，如图 3-92 所示。

确认当前线程是 2 号线程后，就可使用堆栈命令来查看信息。比如执行 bt 命令查看栈回溯信息，如图 3-93 所示。

```
(gdb) t 2
[Switching to thread 2 (Thread 0x7ffff6ec1700 (LWP 23817))]
#0  0x00007ffff7bc6250 in __GI___nanosleep (requested_time=0x7ffff6ec0d80, remaining=0x7ffff6ec0d80) at ../sysdeps/
28          return SYSCALL_CANCEL (nanosleep, requested_time, remaining);
(gdb) i threads
  Id   Target Id                                         Frame
  1    Thread 0x7ffff7fe9740 (LWP 23813) "chapter_3.3" start_threads (thread_num=10) at chapter_3.3.cpp:167
* 2    Thread 0x7ffff6ec1700 (LWP 23817) "chapter_3.3" 0x00007ffff7bc6250 in __GI___nanosleep (requested_time=0x7ff
    remaining=0x7ffff6ec0d80) at ../sysdeps/unix/sysv/linux/nanosleep.c:28
  3    Thread 0x7ffff66c0700 (LWP 23818) "chapter_3.3" 0x00007ffff7bc6250 in __GI___nanosleep (requested_time=0x7ff
    remaining=0x7ffff66bfd80) at ../sysdeps/unix/sysv/linux/nanosleep.c:28
  4    Thread 0x7ffff5ebf700 (LWP 23819) "chapter_3.3" 0x00007ffff7bc6250 in __GI___nanosleep (requested_time=0x7ff
```

图 3-92　查看当前线程

```
(gdb) bt
#0  0x00007ffff7bc6250 in __GI___nanosleep (requested_time=0x7ffff6ec0d80, remaining=0x7fff
#1  0x0000000000401e9d in std::this_thread::sleep_for<long, std::ratio<1l, 1l> > (__rtime=..
#2  0x000000000040160a in do_work (arg=0x7fffffffe33c) at chapter_3.3.cpp:154
#3  0x0000000000402417 in std::__invoke_impl<void, void (*)(void*), int*> (__f=@0x618e80: 0
    __args#0=@0x618e78: 0x7fffffffe33c) at /usr/include/c++/8/bits/invoke.h:60
#4  0x0000000000401f85 in std::__invoke<void (*)(void*), int*> (__fn=@0x618e80: 0x4015a4 <d
    at /usr/include/c++/8/bits/invoke.h:95
#5  0x000000000040339d in std::thread::_Invoker<std::tuple<void (*)(void*), int*> >::_M_inv
    at /usr/include/c++/8/thread:244
#6  0x0000000000403358 in std::thread::_Invoker<std::tuple<void (*)(void*), int*> >::operat
    at /usr/include/c++/8/thread:196
#7  0x000000000040333c in std::thread::_State_impl<std::thread::_Invoker<std::tuple<void (*
    at /usr/include/c++/8/thread:196
#8  0x00007ffff78e1b23 in std::execute_native_thread_routine (__p=0x618e70) at ../../../../
#9  0x00007ffff7bbc2de in start_thread (arg=<optimized out>) at pthread_create.c:486
#10 0x00007ffff6fbe133 in clone () at ../sysdeps/unix/sysv/linux/x86_64/clone.S:95
```

图 3-93　执行 bt 命令查看栈回溯信息

　　因为当前栈帧在系统 nanosleep 中，所以我们看到的大部分栈帧都是与 thread 相关的函数。然后再执行 finish 命令退出 sleep 函数，回到 do_work 函数，这个时候就可以使用 i locals 命令来查看当前帧的局部变量信息，如图 3-94 所示。

```
(gdb) finish
Run till exit from #0  std::this_thread::sleep_for<long, std::ratio<1l, 1l> > (__rtime=...) at /usr/include,
do_work (arg=0x7fffffffe33c) at chapter_3.3.cpp:155
155             std::cout << "线程函数结束" << std::endl;
(gdb) i locals
local_data = 0
(gdb)
```

图 3-94　查看当前帧的局部变量信息

3.13.3　为线程设置断点

　　可以通过断点命令 break 或者 b 来为特定线程设置断点，语法如下：

```
break 断点 thread 线程 ID
```

　　比如，要为 2 号线程和 3 号线程在第 155 行代码处设置断点，可以使用以下命令：

```
b 155 thread 2
b 155 thread 3
```

这会为线程 2 和线程 3 在第 155 行代码处设置断点。通过 i b 命令也可以发现，只有线程 2 和线程 3 会在这里命中断点，其他线程执行到这里时不会命中，如图 3-95 所示。

```
(gdb) b 155 thread 2
Breakpoint 5 at 0x40160a: file chapter_3.3.cpp, line 155.
(gdb) b 155 thread 3
Note: breakpoint 5 (thread 2) also set at pc 0x40160a.
Breakpoint 6 at 0x40160a: file chapter_3.3.cpp, line 155.
(gdb) i b
Num     Type           Disp Enb Address            What
5       breakpoint     keep y   0x000000000040160a in do_work(void*) at chapter_3.3.cpp:155 thread 2
        stop only in thread 2
6       breakpoint     keep y   0x000000000040160a in do_work(void*) at chapter_3.3.cpp:155 thread 3
        stop only in thread 3
(gdb)
```

图 3-95　为指定线程设置断点

3.13.4　为线程执行命令

在查看线程信息时，还可以为一个线程或者多个线程执行命令。也就是说，可以为指定线程执行命令，比如为 2 号线程执行 info args 命令。为线程执行命令的语法如下：

thread apply 线程号 命令

比如，我们可以为 2 号和 3 号线程执行 print 命令，查看线程对应的变量 local_data 的值，命令如下：

thread apply 2 3 p local_data

或者

thread apply 2 3 i locals

执行结果如图 3-96 所示。

```
(gdb) thread apply 2 3 p local_data

Thread 2 (Thread 0x7ffff6ec1700 (LWP 23817)):
$3 = 0

Thread 3 (Thread 0x7ffff66c0700 (LWP 23818)):
$4 = 1
(gdb) thread apply 2 3 i locals

Thread 2 (Thread 0x7ffff6ec1700 (LWP 23817)):
local_data = 0

Thread 3 (Thread 0x7ffff66c0700 (LWP 23818)):
local_data = 1
(gdb)
```

图 3-96　为指定线程执行命令

为使所有线程都执行命令，需要将线程号写为 all，使所有线程都执行相同的命令。查看每个线程的栈回溯，需要执行 bt 命令，结果如图 3-97 所示。

```
(gdb) thread apply all bt

Thread 11 (Thread 0x7ffff26b8700 (LWP 23826)):
#0  do_work (arg=0x7fffffffe33c) at chapter_3.3.cpp:155
#1  0x0000000000402417 in std::__invoke_impl<void, void (*)(void*), int*> (__f=@0x619f70: 0x4015a4 <d
    __args#0=@0x619f68: 0x7fffffffe33c) at /usr/include/c++/8/bits/invoke.h:60
#2  0x0000000000401f85 in std::__invoke<void (*)(void*), int*> (__fn=@0x619f70: 0x4015a4 <do_work(voi
    at /usr/include/c++/8/bits/invoke.h:95
#3  0x000000000040339d in std::thread::_Invoker<std::tuple<void (*)(void*), int*> >::_M_invoke<0ul, 1
    at /usr/include/c++/8/thread:244
#4  0x0000000000403358 in std::thread::_Invoker<std::tuple<void (*)(void*), int*> >::operator() (this
#5  0x000000000040333c in std::thread::_State_impl<std::thread::_Invoker<std::tuple<void (*)(void*),
    at /usr/include/c++/8/thread:196
#6  0x00007ffff78e1b23 in std::execute_native_thread_routine (__p=0x619f60) at ../../../../../libstdc
#7  0x00007ffff7bbc2de in start_thread (arg=<optimized out>) at pthread_create.c:486
#8  0x00007ffff6fbe133 in clone () at ../sysdeps/unix/sysv/linux/x86_64/clone.S:95

Thread 10 (Thread 0x7ffff2eb9700 (LWP 23825)):
#0  0x000000000040160f in do_work (arg=0x7fffffffe33c) at chapter_3.3.cpp:155
#1  0x0000000000402417 in std::__invoke_impl<void, void (*)(void*), int*> (__f=@0x619d90: 0x4015a4 <d
    __args#0=@0x619d88: 0x7fffffffe33c) at /usr/include/c++/8/bits/invoke.h:60
#2  0x0000000000401f85 in std::__invoke<void (*)(void*), int*> (__fn=@0x619d90: 0x4015a4 <do_work(voi
    at /usr/include/c++/8/bits/invoke.h:95
#3  0x000000000040339d in std::thread::_Invoker<std::tuple<void (*)(void*), int*> >::_M_invoke<0ul, 1
```

图 3-97　为所有线程执行 bt 命令

由于每个线程的栈帧比较多，屏幕上无法全部显示，所以图 3-97 中只截取了前面一部分线程信息。在查看所有线程栈回溯信息时，thread apply all bt 命令非常有用，尤其是在大型程序的调试过程中，比如死锁的调试。

3.14　其他

3.14.1　观察点

很多时候，程序只有在一些特定条件下才会出现 BUG，比如某个变量的值发生变化，或者几个因素同时发生变化时。观察点（watchpoint）或者监视点可以用来发现或者定位该类型的 BUG，可以设置为监控一个变量或者一个表达式的值，当这个值或者表达式的值发生变化时程序会暂停，而不需要提前在某些地方设置断点。

在某些系统中，gdb 是以软观察点的方式来实现的。通过单步执行程序的方式来监控变量的值是否发生改变，每执行一步就会检查变量的值是否发生变化。这种做法会比正常执行慢上百倍，但有时为了找到不容易发现的 BUG，这是值得的。

而在有些系统中（比如 Linux），gdb 是以硬件方式实现观察点功能，这并不会降低程序运行的速度。设置观察点的语法如下：

watch 变量或者表达式

在为变量或者一个表达式设置观察点后，当该变量或者表达式的值发生变化时，程序会发生中断，并且在变量或者表达式发生改变的地方暂停。这时就可以使用各种命令查看线程或者栈帧等信息。

比如我们想观察全局变量 count 的值。由于全局变量 count 会被多个线程同时修改，如果希望 count 等于 5 时程序暂停，就可以使用命令 watch count=5 进行设置，如图 3-98 所示。count 等于 5 时，程序中断。在中断时执行 p count 命令验证结果是否等于 5。从图 3-98 中可以发现，gdb 在 Linux 系统中使用的是硬件观察点。

```
Reading symbols from chapter_3.3...done.
(gdb) watch count==5
Hardware watchpoint 1: count==5
(gdb) r
Starting program: /root/codes/book_debug/chapter_3.3/chapter_3.3
[Thread debugging using libthread_db enabled]
Using host libthread_db library "/lib64/libthread_db.so.1".
[New Thread 0x7ffff6ec1700 (LWP 24109)]
启动新线程：线程函数开始0

[New Thread 0x7ffff66c0700 (LWP 24110)]
启动新线程：1
线程函数开始
[New Thread 0x7ffff5ebf700 (LWP 24111)]
启动新线程：2
线程函数开始
[New Thread 0x7ffff56be700 (LWP 24112)]
启动新线程：3
线程函数开始
[New Thread 0x7ffff4ebd700 (LWP 24113)]
启动新线程：4
线程函数开始
[New Thread 0x7ffff46bc700 (LWP 24114)]
[Switching to Thread 0x7ffff4ebd700 (LWP 24113)]

Thread 6 "chapter_3.3" hit Hardware watchpoint 1: count==5

Old value = false
New value = true
do_work (arg=0x7fffffffe33c) at chapter_3.3.cpp:154
154        std::this_thread::sleep_for(std::chrono::seconds(3));
(gdb) p count
$1 = 5
(gdb)
```

图 3-98   为 count 设置观察点

从图 3-98 中可以发现，因为我们观察的是一个布尔表达式（count==5），所以除了显示命中硬件观察点 1 和 count==5 外，还显示了 Old value 和 New value。Old value 是 false，New value 是 true，所以命中了观察点。除了显示这些信息，还显示了当前函数的名称（do_work），以及对应的代码行（chapter_3.3.cpp 的第 154 行）。

读取观察点的语法如下：

rwatch 变量或者表达式

当该变量或者表达式被读取时，程序会发生中断。比如为 count 变量设置一个读取观察点，然后执行 rwatch count 命令来继续运行程序。当 count 被读取时，程序会发生中断，如图 3-99 所示。

```
(gdb) rwatch count
Hardware read watchpoint 3: count
(gdb) c
Continuing.
启动新线程: 8
线程函数结束
[New Thread 0x7ffff26b8700 (LWP 24132)]
[Thread 0x7ffff6ec1700 (LWP 24109) exited]
[Switching to Thread 0x7ffff3ebb700 (LWP 24127)]

Thread 8 "chapter_3.3" hit Hardware read watchpoint 3: count

Value = 8
do_work (arg=0x7fffffffe33c) at chapter_3.3.cpp:154
154         std::this_thread::sleep_for(std::chrono::seconds(3));
(gdb)
```

图 3-99   为 count 设置读取观察点

读写观察点的语法如下：

awatch 变量或者表达式

无论这个变量是被读取还是被写入，程序都会发生中断，即只要遇到这个变量就会发生中断。比如，我们为临时变量 local_data 设置一个读写观察点，则执行 awatch local_data 命令时会在 local_data 被读写时中断，如图 3-100 所示。

```
Thread 11 "chapter_3.3" hit Hardware access (read/write) watchpoint 4: local_data

Old value = 0
New value = 8
do_work (arg=0x7fffffffe33c) at chapter_3.3.cpp:153
153         count++;
(gdb)
```

图 3-100   为 local_data 设置读写观察点

因为我们观察的变量 local_data 是一个临时变量，代码中把 count 的值赋值给临时变量，赋值之前的 Old value 为 0，赋值之后的 New value 为 8，所以命中了观察点。

查看所有观察点的命令如下：

i watchpoints

执行命令后可以显示当前已经设置的所有观察点的信息，如图 3-101 所示。

```
(gdb) i watchpoints
Num     Type            Disp Enb Address            What
1       hw watchpoint   keep y                      count==5
        breakpoint already hit 2 times
3       read watchpoint keep y                      count
        breakpoint already hit 4 times
4       acc watchpoint  keep y                      local_data
        breakpoint already hit 1 time
(gdb)
```

图 3-101   查看所有观察点的信息

每个观察点的序号、类型、命中次数以及观察的变量等信息都会被显示出来，一目了然。

删除/禁用/启用观察点命令的语法格式如下：

delete/disable/enable 观察点编号

观察点是一种特殊的断点，因此可以通过管理断点的方式来管理观察点，比如 i b 命令可以查看所有的断点和观察点。delete、disable、enable 等命令也适用于观察点，如图 3-102 所示。

图 3-102　管理观察点

从图 3-102 中可以看到，观察点和其他断点是统一管理的，编号是唯一的。在执行完 disable 1 之后，可以发现 1 号观察点的 Enb 属性已经变成 n。

3.14.2　捕获点

捕获点（catchpoint）指的是程序在发生某事件时，gdb 能够捕获这些事件并使程序停止执行。该功能可以支持很多事件，比如 C++异常、动态库载入等。语法如下：

catch 事件

可以捕获的事件如下所示。

- throw：在 C++代码中执行 throw 语句会使程序中断。
- catch：当代码中执行到 catch 语句块时会中断，也就是说代码捕获异常时程序会中断。
- exec、fork、vfork：调用这些系统函数时程序会中断，主要适用于 HP-UNIX。
- load/unload：加载或者卸载动态库时程序会中断。

下面通过示例来观察 throw 和 catch 事件。在 chapter_3.3.cpp 中新增示例代码，如代码清单 3-24 所示。

```
179  void test_try_catch(int number)
180  {
181          int local_data = number;
182          const char* name = "test_try_catch";
183          printf("name is %s,%d\n",name,local_data);
184          try
185          {
186                  int throw_num = 50;
187                  printf("throw\n");
188                  throw 10;
189          }
190          catch(...)
191          {
192                  int catch_num = 100;
193                  printf("catch ...\n");
194          }
195
196  }
197
198  int main(int argc,char* argv[])
199  {
200          test_try_catch(10);
```

在代码清单 3-24 中，既有 throw 语句又有 catch 语句，所以我们在测试时可以添加两个捕获点：一个是 throw；另一个是 catch。因此执行到这两个语句时都会命中。重新对 chapter_3.3 执行 make 操作，然后使用 gdb 启动调试。在 gdb 启动以后，添加两个捕获点，然后执行程序，如图 3-103 所示。

```
Reading symbols from chapter_3.3...done.
(gdb) catch throw
Catchpoint 1 (throw)
(gdb) catch catch
Catchpoint 2 (catch)
(gdb) i b
Num     Type           Disp Enb Address            What
1       breakpoint     keep y   0x0000000000401130 exception throw
2       breakpoint     keep y   0x0000000000400fe0 exception catch
(gdb)
```

图 3-103　添加捕获点

捕获点也是一种特殊的断点，因此可以使用管理断点的命令来管理捕获点，比如使用 i b 命令来查看所有断点，包括捕获点。

然后，输入 "r" 启动程序。由于添加了两个捕获点，因此会马上在 throw 语句处中断，这时可以输入 "bt" 查看栈回溯信息，也可以使用其他命令（比如 print 命令）查看变量的值，如图 3-104 所示。

从图 3-104 中可以看到，程序在第一个捕获点处发生中断，图中显示第一个捕获点类型为 throw，与我们的预期相同。

接下来，输入 "c" 继续执行，程序马上会在 catch 处中断。同样地，在程序中断后，可以执行相关命令来查看相关信息，如图 3-105 所示。

```
(gdb) r
Starting program: /root/codes/book_debug/chapter_3.3/chapter_3.3
[Thread debugging using libthread_db enabled]
Using host libthread_db library "/lib64/libthread_db.so.1".
name is test_try_catch,10
throw

Catchpoint 1 (exception thrown), 0x00007ffff78b5751 in __cxxabiv1::__cxa_throw (obj=0x619300, tinfo=0x605ce0 <typeinf
    at ../../../libstdc++-v3/libsupc++/eh_throw.cc:78
78          PROBE2 (throw, obj, tinfo);
(gdb) bt
#0  0x00007ffff78b5751 in __cxxabiv1::__cxa_throw (obj=0x619300, tinfo=0x605ce0 <typeinfo for int@@CXXABI_1.3>, dest=
#1  0x00000000004018a7 in test_try_catch (number=10) at chapter_3.3.cpp:188
#2  0x00000000004018fa in main (argc=1, argv=0x7fffffffe4b8) at chapter_3.3.cpp:200
(gdb) f 1
#1  0x00000000004018a7 in test_try_catch (number=10) at chapter_3.3.cpp:188
188                 throw 10;
(gdb) i locals
throw_num = 50
local_data = 10
name = 0x4035e4 "test_try_catch"
(gdb)
```

图 3-104　捕获 throw

```
(gdb) c
Continuing.

Catchpoint 2 (exception caught), __cxxabiv1::__cxa_begin_catch (exc_obj_in=0x6192e0) at ../../.
84          PROBE2 (catch, objectp, header->exceptionType);
(gdb) bt
#0      __cxxabiv1::__cxa_begin_catch (exc_obj_in=0x6192e0) at ../../../../libstdc++-v3/libsupc++/e
#1  0x00000000004018af in test_try_catch (number=10) at chapter_3.3.cpp:190
#2  0x00000000004018fa in main (argc=1, argv=0x7fffffffe4b8) at chapter_3.3.cpp:200
(gdb) f 1
#1  0x00000000004018af in test_try_catch (number=10) at chapter_3.3.cpp:190
190                 catch(...)
(gdb) i locals
local_data = 10
name = 0x4035e4 "test_try_catch"
(gdb) i args
number = 10
(gdb)
```

图 3-105　捕获 catch

从图 3-105 中也可以发现，程序在第二个捕获点中断，而且类型是 catch。然后我们使用帧切换命令切换到 1 号帧查看局部变量和函数入参。

命令 catch 还有一个对应的命令 tcatch，意思是临时捕获，即只捕获一次，命中后会自动删除该捕获点（与临时断点类似）。

3.14.3　搜索源代码

3.9 节介绍了如何查看源代码，但是仅查看源代码还远远不够，尤其是在程序的代码量比较大的情况下。有时候需要去查找、搜索自己关注的代码，然后进行断点设置等操作。代码搜索主要有以下几个命令：

search 正则表达式
forward-search 正则表达式

这两个命令的作用是相同的，都是在当前文件中从前往后搜索满足正则表达式的代码，进行逐行匹配，如果该行有满足条件的代码，就显示其行号。如果要继续往后搜索，可以继续执行 search 命令，也可以简单地按回车键。如果搜索结束或者没有找到匹配的代码，那么会提示"Expression not found"，如图 3-106 所示。

```
(gdb) search member
18      void add_member()
(gdb)
36              new_node->ID = member_id++;
(gdb)
237                     add_member();
(gdb)
Expression not found
(gdb)
```

图 3-106　搜索代码

在图 3-106 中，从前往后搜索代码 member，首先在第 18 行找到匹配的代码，按回车键继续搜索。然后在第 36 行也找到了匹配代码，一直搜索到没有匹配的代码为止。在显示搜索结果时，会根据源文件中的格式进行输出，比如空格控制符、Tab 制表符等也会显示出来，这样就比较容易发现源代码的内容和调用位置。因为同样是调用一个函数，可能是在主函数中调用，也可能是在循环内部调用，所以通过空格键或者 Tab 键可以对此进行大致区分。

reverse-search 正则表达式

反向搜索代码的规则相同。如果搜索到匹配的代码，那么显示行号和对应的代码，否则会提示没有找到匹配代码，如图 3-107 所示。

```
(gdb) reverse-search NODE*
123             TEST_NODE *node = new TEST_NODE;
(gdb)
112     struct TEST_NODE
(gdb)
22              NODE* prev_node = node_head->prev;
(gdb)
20              struct NODE *new_node = (NODE*)malloc(sizeof(NODE));
(gdb)
16      struct NODE *node_head = NULL;
(gdb)
14              NODE *next;
(gdb)
13              NODE* prev;
(gdb)
8       struct NODE
(gdb)
Expression not found
(gdb)
```

图 3-107　反向搜索代码

在图 3-107 中，使用反向搜索命令搜索包含 NODE 关键字的代码，先在代码第 123 行找到对应代码，继续按回车键，然后在第 112 行找到对应代码，以此类推。最后一个匹配的代码行是第 8 行，再往前搜索，就找不到匹配的代码行，所以会提示"Expression not found"。

3.14.4 查看变量类型

在调试时，尤其是在调试不是自己编写的代码时，我们可能并不熟悉代码和变量的类型。如果该变量是一个类，这个类中包括哪些成员函数和成员变量等也不是很清晰。此时，查看源代码比较麻烦，需要对源代码进行搜索查找。这时可以使用 ptype 命令来查看变量、结构体和类等详细信息。语法如下：

```
ptype 可选参数 变量或者类型
```

其中，可选参数用来控制显示信息，变量或者类型可以是任意的变量，也可以是定义的数据类型，比如类、结构体、枚举等。

ptype 命令的可选参数如下所示。

- /r：以原始数据的方式显示，不会代替一些 typedef 定义。
- /m：查看类时，不显示类的方法，只显示类的成员变量。
- /M：与/m 相反，显示类的方法（默认选项）。
- /t：不打印类中的 typedef 数据。
- /o：打印结构体字段的偏移量和大小。

下面对 ptype 命令进行详细的演示，先使用如下命令查看结构体：

```
ptype node_head
```

其中 node_head 是代码中的一个结构体指针，使用 ptype 命令只会显示成员名称和类型，不会显示字段的偏移量和大小。在添加/o 参数后，可以打印结构体字段的偏移量和大小信息，如图 3-108 所示。

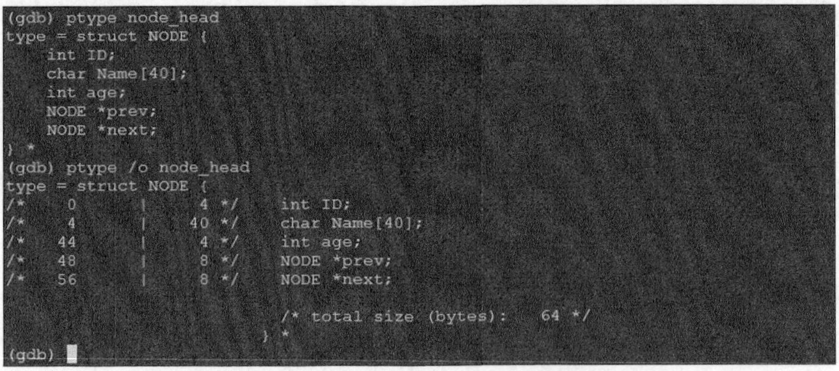

```
(gdb) ptype node_head
type = struct NODE {
    int ID;
    char Name[40];
    int age;
    NODE *prev;
    NODE *next;
} *
(gdb) ptype /o node_head
type = struct NODE {
/*    0      |     4 */    int ID;
/*    4      |    40 */    char Name[40];
/*   44      |     4 */    int age;
/*   48      |     8 */    NODE *prev;
/*   56      |     8 */    NODE *next;

                           /* total size (bytes):   64 */
                         } *
(gdb) 
```

图 3-108 查看结构体字段的偏移量和大小

从图 3-108 中可以很清楚地看到 NODE 结构体中每一个成员的大小、所占的字节数，以及整个结构体所占的空间大小。下面再来看一个结构体本身没有对齐的例子。如下代码中定义了一个 TEST_NODE 结构体，可以直接查看 TEST_NODE 结构体的信息，如图 3-109 所示。

图 3-109　查看 TEST_NODE 结构体的信息

结构体 TEST_NODE 的成员 gender 占用 3 字节，偏移量为 0，后面的一个字节显示为"1-byte hole"，表示该字节为空，用于字节对齐，所以成员 ID 的偏移量为 4。最后一个成员 name 占用 7 字节，为了能够使整个结构体以 4 字节方式对齐和填充，后面一个字节显示为"1-byte padding"。

再来看类的信息。代码中有 test_1 和 test_2 两个类，其中 test_2 类是从 test_1 类继承而来的，如图 3-110 所示。

图 3-110　查看类的信息

尽管 test_2 类是从 test_1 类继承而来的，但是在查看 test_2 类的信息时，并不会把 test_1

类的变量和函数一起显示，只是显示 test_2 类所拥有的成员信息。另外，也可以添加/o 参数来查看类的成员变量的偏移量以及大小等，图 3-111 所示为查看 test_1 类的成员变量信息。

```
(gdb) ptype /o test_1
/* offset      |   size */   type = class test_1 {
                                 private:
/*     8        |      4 */       int x;
/*    12        |      4 */       int y;

                              /* total size (bytes):    16 */
                            }
(gdb) p sizeof(test_1)
$4 = 16
(gdb) p sizeof(void*)
$5 = 8
(gdb)
```

图 3-111　查看 test_1 类的成员变量信息

为什么 test_1 类只有两个整型成员变量，整个 test_1 类的大小却是 16 呢？这是因为 test_1 类有一个虚函数，于是会有一个虚函数表，而我们的程序是 64 位的，每个指针占用 8 字节，所以 test_1 类的空间大小就是两个整型的大小加上一个 8 字节虚函数表指针的大小，一共 16 字节。

还有一个简单的命令 whatis，可以用来查看变量或者表达式的类型，只是打印的信息比较简单，如图 3-112 所示。

```
(gdb) whatis test_1
type = test_1
(gdb) whatis number
type = int
(gdb) whatis name
type = const char *
(gdb) whatis call_fun_test_1
type = int (int, const char *)
(gdb) ptype call_fun_test_1
type = int (int, const char *)
(gdb)
```

图 3-112　使用 whatis 命令查看变量或者表达式的类型

3.14.5　跳转执行

在调试过程中，我们希望某些代码能够被反复执行，因为我们希望能够多次查看问题，以便更加细致地观察问题。我们又希望能够直接跳过某些代码，比如遇到一些环境的问题、不能满足某些条件、部分代码没有意义或者代码会执行失败等问题。

此时就需要跳转执行，即不按照代码的流程，而是按照我们期望的方式执行。命令语法如下：

```
jump 位置
```

命令中的位置可以是代码行或者某个函数的地址。假设我们的代码在 add_member 函数中执行，如代码清单 3-25 所示。

代码清单 3-25　add_member 函数

```
18 void add_member()
19 {
20        struct NODE *new_node = (NODE*)malloc(sizeof(NODE));
21        new_node->next = NULL;
22        NODE* prev_node = node_head->prev;
23        if(prev_node)
24        {
25                prev_node->next = new_node;
26                new_node->prev = prev_node;
27                node_head->prev = new_node;
28
29        }
30        else
31        {
32                node_head->next = new_node;
33                new_node->prev = node_head;
34                node_head->prev = new_node;
35        }
36        new_node->ID = member_id++;
37        printf("请输入会员姓名,然后按回车\n");
38        scanf("%s",new_node->Name);
39        printf("请输入会员年龄,然后按回车\n");
40        scanf("%d",&new_node->age);
41
42        printf("添加新会员成功\n");
43
44 }
```

假设代码执行到第 42 行，如果这时想跳转到第 36 行去执行，就可以执行如下命令：

```
jump 36
```

程序会要求重新输入会员的姓名和年龄，这证明确实已经执行到第 36 行。为了观察得更加仔细，先在第 36 行添加一个断点，以便执行到第 36 行时能够发生中断，我们的目的就是能够再次观察程序的运行。所以在执行 jump 36 命令前，先执行 b 36 命令设置一个断点。执行完 jump 36 后，会立刻在第 36 行代码处中断，如图 3-113 所示。

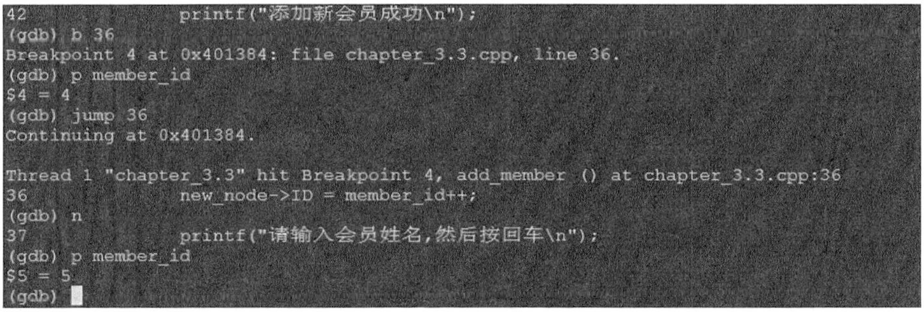

图 3-113　跳转执行

这时可以执行 n 命令至下一行，也可以执行 c 命令使代码继续运行。接着执行 n 命令，使代码执行至下一行，同时观察到 member_id 的值已经变成 5。

如果想跳过某些代码行，并直接进入到某一行或者某个函数中去执行，那么仍然可以使用 jump 命令。jump 命令确实能够带来很多方便，比如我们想跳转到函数 add_member 中去执行，可以直接输入如下命令：

```
jump add_member
```

然后，程序会跳转到 add_member 函数，如图 3-114 所示。

图 3-114　跳转到函数

> **注意**　尽管 gdb 提供了 jump 执行跳转的功能，但正如我们在第 2 章中提到的那样，不能任意跳转，否则程序可能会崩溃，或者运行出错。跳过一些初始化的操作代码后，会对后面的执行造成威胁，容易出错。jump 命令的基本使用原则就是执行跳转后还能使程序继续正常运行，否则 jump 命令就会失去意义。

3.14.6　窗口管理

gdb 可以同时显示几个窗口，比如命令窗口、源代码窗口、汇编窗口、寄存器窗口等。有时我们希望在调试时一边输入命令查看执行结果，一边查看源代码，这时可以打开源代码窗口来查看源代码。

● **命令窗口**：gdb 命令输入和结果输出的窗口，该窗口始终是可见的。

● **源代码窗口**：显示程序源代码的窗口，会随着代码的执行自动显示代码对应的行。

- **汇编窗口**：汇编窗口也会随着代码的执行而变化，显示代码对应的汇编代码行。

- **寄存器窗口**：显示寄存器的值。

可以使用 layout 命令来控制窗口的显示。layout 命令可以设置显示哪个窗口、是否切分窗口等，主要命令如下所示。

显示下一个窗口：

```
layout next
```

显示前一个窗口：

```
layout prev
```

只显示源代码窗口：

```
layout src
```

只显示汇编窗口：

```
layout asm
```

显示源代码窗口和汇编窗口：

```
layout split
```

显示寄存器窗口，与源代码窗口和汇编窗口一起显示：

```
layout regs
```

设置窗口为活动窗口，以便能够响应上下滚动键：

```
focus next | prev | src | asm | regs | split
```

刷新屏幕：

```
refresh
```

更新源代码窗口：

```
update
```

我们可以在命令窗口执行 layout split 命令来同时显示源代码窗口和汇编窗口，如图 3-115 所示。如果要关闭这些窗口（除命令窗口以外），可以执行 tui disable 命令。

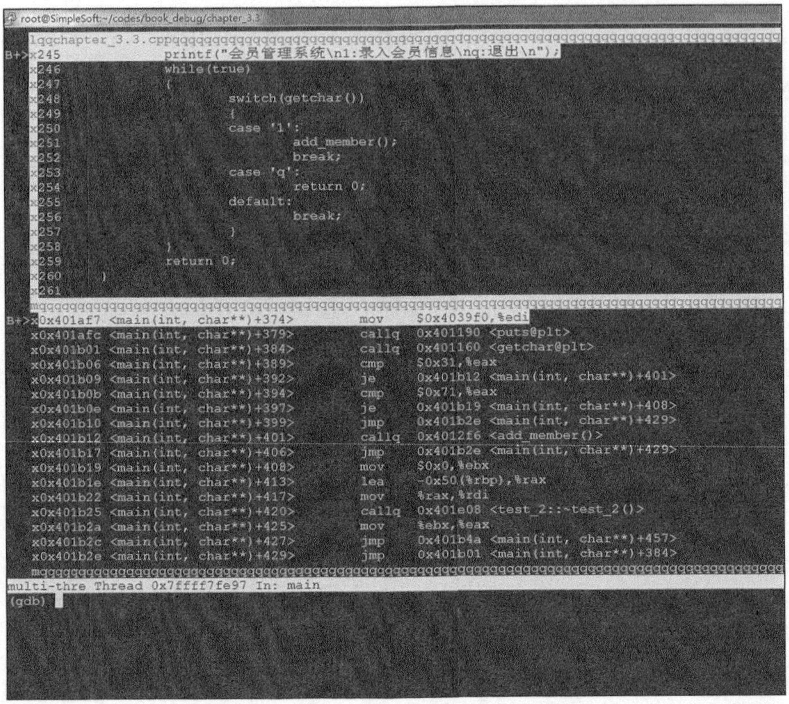

图 3-115　显示源代码窗口和汇编窗口

3.14.7　调用 Shell 命令

在 gdb 命令行窗口还可以调用系统 Shell 的外部命令，比如要临时查看文件是否存在、系统时间等信息，都可以直接在命令窗口中输入外部命令来执行。语法如下：

shell 命令

这里的命令可以是任意的 Shell 命令，比如 ls、date 等。图 3-116 为执行 Shell 命令之后的效果。

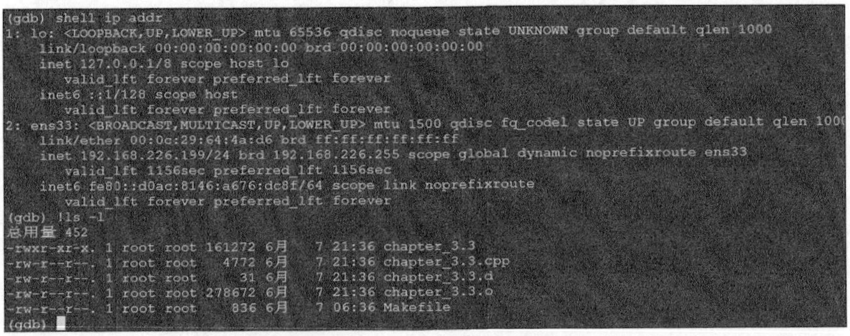

图 3-116　执行 Shell 命令

从图 3-116 中可以看到，还可以使用!来执行 Shell 命令，这里使用了 shell ip addr 命令来查看 IP 地址，用!ls -l 命令来查看文件列表。

3.14.8　assert 宏使用

调试程序时经常用到 Linux 系统中的 assert 宏。C 与 C++的宏定义不大相同，但是它们都在 assert.h 中被定义。C 语言的宏定义如下：

```
void assert(int expression);
```

在 C 语言中，assert 是一个函数，并不是一个宏；在 C++语言中，assert 是一个宏，如代码清单 3-26 所示。

代码清单 3-26　assert 宏

```
85 /* When possible, define assert so that it does not add extra
86    parentheses around EXPR.  Otherwise, those added parentheses would
87    suppress warnings we'd expect to be detected by gcc's -Wparentheses.  */
88 # if defined __cplusplus
89 #  define assert(expr)                                              \
90     (static_cast <bool> (expr)                                      \
91      ? void (0)                                                     \
92      : __assert_fail (#expr, __FILE__, __LINE__, __ASSERT_FUNCTION))
93 # elif !defined __GNUC__ || defined __STRICT_ANSI__
94 #  define assert(expr)                                              \
95     ((expr)                                                         \
96      ? __ASSERT_VOID_CAST (0)                                       \
97      : __assert_fail (#expr, __FILE__, __LINE__, __ASSERT_FUNCTION))
98 # else
```

在程序执行到调用 assert 的位置时，会首先计算 expression 的值。如果这个值为 true，那么不执行任何操作。如果 expression 值为 false，那么提示错误，并中断程序。如果程序是直接运行的，没有启动调试器，那么当 assert 的 expression 值为 false 时，程序直接终止，如图 3-117 所示。

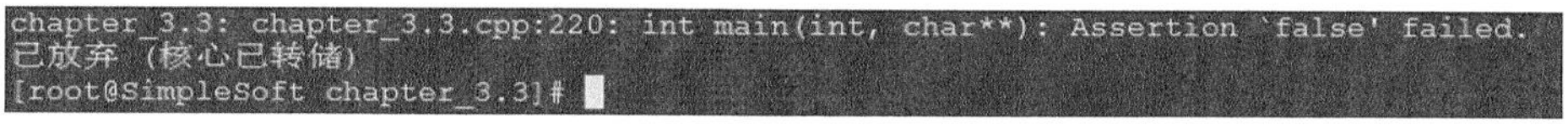

图 3-117　程序遇到 false 时终止

如果是以调试器的方式启动程序，在遇到 assert 失败时会在失败处中断，这样我们就可以很方便地查看当时的状态，确定 assert 失败的原因。比如我们在程序的 main 函数中添加了一个 assert 检查，用于判断变量 t1 是否为空。当 t1 为空时，程序会在 gdb 中中断，如图 3-118 所示。

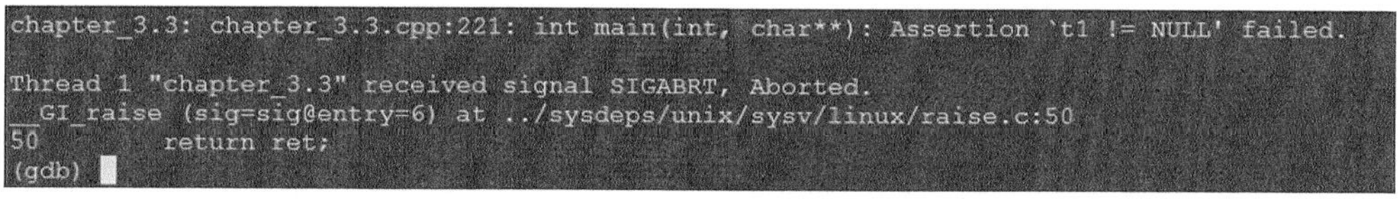

图 3-118　assert 失败导致程序中断

图 3-118 中显示 chapter_3.3.cpp 的第 221 行发生 assert 失败，这个失败发生在 main 函数中，并且显示当前的线程号为 1，此时可以使用一些调试命令来查看堆栈、变量等信息。我们可以首先使用 bt 命令来查看栈回溯情况，以及从哪里调用。在实际情况下，问题往往不是特别明显，比如虽然我们知道哪里出现问题，但是还是要通过栈回溯功能来查看从哪里调用，所以需要首先使用 bt 命令来查看调用顺序，如图 3-119 所示。

```
(gdb) bt
#0  __GI_raise (sig=sig@entry=6) at ../sysdeps/unix/sysv/linux/raise.c:50
#1  0x00007ffff6ee3cf5 in __GI_abort () at abort.c:79
#2  0x00007ffff6ee3bc9 in __assert_fail_base (fmt=0x7ffff704a300 "%s%s%s:%u: %s%sAssertion `%s' fai
    file=0x403a30 "chapter_3.3.cpp", line=221, function=<optimized out>) at assert.c:92
#3  0x00007ffff6ef1e96 in __GI__assert_fail (assertion=0x403a40 "t1 != NULL", file=0x403a30 "chapte
    function=0x403ae0 <main::__PRETTY_FUNCTION__> "int main(int, char**)") at assert.c:101
#4  0x0000000000401a45 in main (argc=1, argv=0x7fffffffe4d8) at chapter_3.3.cpp:221
(gdb)
```

图 3-119　查看 assert 失败后调用栈的情况

从图 3-119 中可以很清楚地看到 assert 失败后的调用情况，逐步进行到调用 abort，从而终止运行。

现在执行 f4 命令切换到 4 号帧，查看现场状态及 t1 的值（也可以查看局部变量），如图 3-120 所示。

```
(gdb) f 4
#4  0x0000000000401a45 in main (argc=1, argv=0x7fffffffe4d8) at chapter_3.3.cpp:221
221             assert(t1 != NULL);
(gdb) p t1
$1 = (test_1 *) 0x0
(gdb) i locals
t1 = 0x0
t3 = {x = 4201498, y = 0}
number = 100
name = 0x403a2b "main"
__PRETTY_FUNCTION__ = "int main(int, char**)"
test = 0x4037ad <__libc_csu_init+77>
test2 = 0x2
test3 = {<test_1> = {_vptr.test_1 = 0x11bff, x = 65535, y = 1}, <No data fields>}
(gdb)
```

图 3-120　查看相关的值

从图 3-120 中可以确定，t1 的值确实为 NULL。通过 print 命令和 i locals 命令观察到的结果都是 0x0，因此我们要寻找 t1 为 NULL 的原因。我们的测试示例很简单，即直接将 t1 赋值为 NULL，实际代码中很少出现这样的错误，往往是在各种复杂的情况下才会出现意想不到的错误，需要根据实际情况来分析。

需要注意的是，无论是使用 C 语言的 assert 函数，还是使用 C++语言的 assert 宏，当程序中定义了 NDEBUG 预处理宏时，assert 都不会起作用。如果定义了 NDEBUG，在 Windows 系统中相当于程序的 Release 版，因为 VC 的 Release 版会自动添加 NDEBUG 宏。在 Linux GCC 开发环境中，可以使用 Makefile 命令，默认情况下不存在 NDEBUG 宏。如果定义了 NDEBUG 宏，assert 不会执行任何操作，如代码清单 3-27 所示。

代码清单 3-27　NDEBUG 宏

```
43 /* void assert (int expression);
44
45    If NDEBUG is defined, do nothing.
46    If not, and EXPRESSION is zero, print an error message and abort.  */
47
48 #ifdef  NDEBUG
49
50 # define assert(expr)           (__ASSERT_VOID_CAST (0))
51
52 /* void assert_perror (int errnum);
53
54    If NDEBUG is defined, do nothing.  If not, and ERRNUM is not zero, print an
55    error message with the error text for ERRNUM and abort.
56    (This is a GNU extension.) */
57
58 # ifdef __USE_GNU
59 #  define assert_perror(errnum) (__ASSERT_VOID_CAST (0))
60 # endif
61
62 #else /* Not NDEBUG.  */
```

3.14.9　gdb 常用命令列表

gdb 的命令有很多，表 3-2 中只列出了一些在调试过程中比较常用的命令。如果读者对其他 gdb 命令感兴趣，可以查看 gdb 的帮助文档，更深入地了解其他命令的用法。

表 3-2　gdb 常用命令列表

命令类型	命令	功能
启动/停止	run r	启动程序
	run 命令行参数	以传入参数的方式启动程序
	run ＞ 输出文件	将输出重定向到输出文件
	continue c	继续运行，直到下一个断点
	kill	停止程序
	quit q	退出 gdb
源代码	list l	查看源代码
	list 行号	显示指定行号代码
	list 函数名	显示指定函数的代码
	list -	往前显示代码
	list 开始,结束	显示指定区间的代码
	list 文件名:行号	显示指定文件名的指定行代码
	set listsize 数字	设置显示的代码行数
	show listsize	查看一次显示的代码行数

命令类型	命令	功能
源代码	directory 目录名 dir 目录名	添加目录到源代码搜索路径中
	show directories	查看源代码搜索目录
	directory	
	dir	清空添加到源代码搜索目录中的目录
断点管理	break b	断点命令
	break 函数名	为函数设置断点
	break 代码行号	在某一代码行上设置断点
	break 类名：函数名	在某个类的函数上设置断点
	break 文件名：函数名	在文件名指定的函数上设置断点
	break 文件名：行号	在文件名指定的代码行上设置断点
	break *地址	在指定地址设置断点
	break +偏移量	在当前代码行加上偏移量的位置设置断点
	break -偏移量	在当前代码行减去偏移量的位置设置断点
	break 行号 if 条件	设置条件断点
	tbreak	设置临时断点
	watch 表达式	添加观察点
	clear	删除所有断点
	clear 函数	删除该函数的断点
	clear 行号	删除行号对应的断点
	delete d	删除所有断点，包括观察点和捕获点
	delete 断点编号	删除指定编号断点
	delete 断点范围	删除指定范围断点
	disable 断点范围	禁用指定范围的断点
	enable 断点范围	启用指定范围断点
	enable 断点编号 once	启用指定断点一次
执行	continue 数量 finish	继续执行，忽略指定数量的命中次数 跳出当前函数
	step s	逐语句执行
	step 步数	逐语句执行步数

命令类型	命令	功能
执行	next n next 数量	逐过程执行 逐过程执行指定行数的代码
	where	显示当前执行的具体函数和代码行
调用栈	backtrace bt bt 栈帧数 bt -栈帧数 backtrace full	显示调用栈信息 显示指定数量的栈帧（从小到大） 显示指定数量的栈帧（从大到小） 显示所有栈帧的局部变量
	frame frame 帧编号 f 帧编号	显示当前帧 切换帧到指定编号的帧
	up down up 帧数量 down 帧数量	切换帧，将当前帧增大 1 切换帧，将当前帧减少 1 切换帧，将当前帧增大指定数量 切换帧，将当前帧减少指定数量
	info frame	查看当前帧的信息
	info args info locals	查看当前帧的参数 查看当前帧的局部变量
查看信息	info breakpoints info break i b info break 断点编号	查看所有断点信息 查看指定断点编号的断点信息
	info watchpoints	查看所有观察点信息
	info registers	查看所有整型寄存器信息
	info threads	查看所有线程信息
查看变量	x 地址 x /nfu 地址	查看指定地址的内存 以格式化的方式查看指定地址的内存
	print 变量名 p 变量名 p 文件名::变量名	查看变量 查看指定文件的变量
	ptype 变量 ptype 数据类型	查看变量类型 查看类型详细信息

命令类型	命令	功能
gdb 模式	set logging on set logging off show logging	设置日志开关
	set logging file 日志文件	设置日志文件名，默认名称为 gdb.txt
	set print array on set print array off show print array	数组显示是否友好开关，默认是关闭的
	set print array-indexes on set print array-indexes off show print array-indexes	显示数组索引开关，默认是关闭的
	set print pretty on set print pretty off show print pretty	格式化结构体，默认是关闭的
	set print union on set print union off show print union	联合体开关，默认是关闭的

<<< 第4章 >>>

多线程死锁调试

在介绍多线程之前，这里先简单介绍进程和线程的一些基本知识。进程通常被定义为一个正在运行的程序中的实例。与 C++ 代码中的类实例相似，C++ 中的类也是一个比较抽象的概念，只有在实例化后才会被分配真正的资源。在程序没有实例化之前，只是一个二进制集合，没有实际意义。一旦实例化后（即程序开始运行后），操作系统会为进程分配资源，比如内存空间等。

但是进程并不是系统调度的单元，操作系统只会对线程进行调度。进程只是线程的容器，线程在进程的地址空间中执行代码，因此线程的生命周期受制于进程。一个进程至少拥有一个线程，进程要执行的操作都是依靠线程来完成的。当操作系统创建一个进程实例时，就会自动为该进程实例创建一个线程，称为主线程。我们经常用到的命令行程序，往往只有一个线程（即主线程），当主线程等待用户输入或者显示信息时，不能执行任何操作。

主线程可以创建其他的线程，其他的线程又可以创建线程。除主线程以外的线程被称为工作线程。主线程是由系统创建的，进程中的其他线程都是由进程创建的。当一个进程包含多个线程时，这个程序就是一个多线程程序，每个线程都在执行进程的代码。

那么要处理一件复杂的工作时，到底是使用多个进程，还是使用多个线程呢？进程使用的系统资源要比线程多得多。系统每启动一个进程，都要为进程分配相应的资源，会占用很多内存。线程只包含一个线程内核对象和一个线程对应的堆栈信息，因此占用的内存会比较少。

如果一个进程只启动一个线程，即主线程，所能做的事情就比较有限。如今的计算机资源配置非常强大，尤其是 CPU 和内存，如果只有一个线程，那么计算机资源不能得到充分利用，也没有办法使 CPU 和内存充分发挥作用。这是一种浪费，也会导致我们的任务需要更多的时间才能完成。因此，为了更加有效且迅速地完成工作，程序往往会启动多个线程来执行工作，尤其是对于一些复杂的应用，线程数更是达到了几十甚至几百个。可以说，在现代的计算机系统上，单线程应用已经越来越少。

可以比较形象地描绘多线程场景：假设人类的行为是一个多线程的进程，可以一边走路，一边与其他人聊天，两件事情都不会耽误，所占用的资源也很少，而且这两件事不会有任何冲突，基本上是完全独立的。但是，如果一个人一边吃饭，一边说话，往往是会有冲突的。如果要比较优雅地一边吃饭，一边聊天，就需要在说话的时候不吃东西，或者在吃东西时不说话，否则有可能导致说话模糊不清，或者被食物噎着。这个是资源竞争的问题，因为说话和吃饭都要用嘴，同一时刻只能执行一个线程。"吃饭"和"说话"的比喻，就是计算机领域中多线程同步与互斥的问题，后面会做更进一步的讨论。

4.1　创建多线程

多线程是一种程序的执行模型，在一个进程中允许启动多个线程。虽然多个线程存在于进程的上下文（比如进程地址空间）中，并且会共享进程的资源，但是多个线程是独立执行的。每个线程会维护一些信息，包括属于该线程的寄存器、栈状态等。

即使在只有一个 CPU 的计算机中，多线程也是非常有用的。因为 CPU 是分时间片执行的，每个线程都能得到执行。在具有多个 CPU 的环境中，多线程能够取得更好的效果。但是在多 CPU 环境中，多线程的执行往往会产生意想不到的结果。虽然同一时刻一个 CPU 只能处理一个线程，但是多个 CPU 却能同时处理多个线程，这为我们的开发带来了一定的困难与挑战。如果不能正确处理，就可能会导致数据混乱或者死锁。

Windows 系统或者 Linux 系统都提供了对应的线程管理 API，比如创建线程、等待线程等；也提供了自己的线程同步机制，比如信号量、互斥体等。为了使本书的示例代码能够跨平台使用，我们会使用 C++语言本身提供的一些特性和技术，不会使用专门的系统 API，以便读者在 Windows 系统和 Linux 系统中都可以正常编译和运行。

C++11 以上的版本都实现了一个线程类 std::thread。这个类提供了创建线程的能力，用起来也非常方便，下面主要介绍其构造函数和 join 函数。std::thread 的构造函数的原型定义如下：

```
thread( Function&& fun, Args&&… args )
```

其中的 fun 是线程函数，args 是传递给线程函数的参数。std::thread 的构造函数特别灵活：fun 可以是普通的函数，也可以是类的成员函数，还可以是匿名函数；参数 args 可以没有参数，也可以是任意个参数，也可以是任意类型的参数；…表示可变的参数个数。thread 的成员函数 join 就是等待线程结束的函数。我们先来看一个简单的示例，该示例展示了如何使用 thread 类，以及如何使用不同的构造方式。为了使用类的成员函数，这里展示了一个简单的 test_c 类，该类包括 4 个不同的成员函数，如代码清单 4-1 所示。

代码清单 4-1　test_c 类

```cpp
1  #include <thread>
2  #include <iostream>
3  #include <vector>
4  #include <string>
5  using namespace std;
6  class test_c
7  {
8  public:
9      test_c() {    }
10     virtual ~test_c()    {    }
11 public:
12     static void do_work_1()
13     {
14         cout << "do work 1" << endl;
15     }
16     void do_work_2()
17     {
18         cout << "do work 2" << endl;
19     }
20     void do_work_3(void* arg)
21     {
22         cout << "do work 3" << endl;
23     }
24     int do_work_4(void* arg, int i)
25     {
26         cout << "do work 4, i is" << i << endl;
27         return 0;
28     }
29 };
```

然后再来看 main 函数如何使用这些成员函数作为线程函数，如代码清单 4-2 所示。

代码清单 4-2　使用 std::thread

```cpp
30 void do_work_5(void* arg)
31 {
32     cout << "do work 5" << endl;
33 }
34 int main()
35 {
36     thread t1(&test_c::do_work_1);
37     test_c test2;
38     thread t2(&test_c::do_work_2, test2);
39     test_c test3;
40     thread t3(&test_c::do_work_3, test3, (void*)"test3");
41     test_c test4;
42     thread t4(&test_c::do_work_4, test4, (void*)"test4", 4);
43     thread t5(&do_work_5, (void*)"test5");
44     t1.join();
45     t2.join();
46     t3.join();
47     t4.join();
48     t5.join();
49     return 0;
50 }
51
```

在代码清单 4-1 中，test_c 类实现了 4 个方法，其中 do_work_1 是一个静态函数，其他 3 个都是普通函数，只是函数的参数不同，部分函数有返回值，部分函数没有返回值。代码清单 4-2 中还实现了一个全局函数 do_work_5，我们将这些函数作为线程函数来使用。

由于 test_c 类的 do_work_1 是一个静态函数，所以可以直接作为线程函数传递给 thread

构造函数（详见代码清单 4-2 中的第 36 行）。非静态成员函数作为 thread 的参数会稍有不同，需要定义一个类对象，然后把这个类对象作为 thread 的一个参数传递（详见代码清单 4-2 中的第 38、40、42 行）。由于 do_work_5 是一个全局函数，所以可以像静态函数一样直接使用。代码清单 4-2 中启动了 5 个线程，每个线程函数很简单，就是直接输出一句话，表示是哪一个线程函数，执行结果如图 4-1 所示。

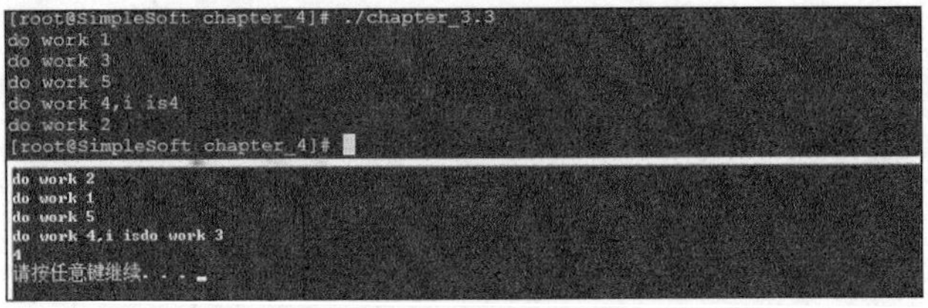

图 4-1　线程执行结果

图 4-1 的上半部分显示的是在 Linux 系统中运行的结果，下半部分是在 Windows 系统中运行的结果。从图 4-1 中我们可以看到多线程运行的一些特点，虽然创建线程的顺序是 1、2、3、4、5，但是最终运行的结果并不是这样的顺序。在 Linux 系统中执行结果的顺序为 1、3、5、4、2，而在 Windows 系统的运行结果更加混乱：在 do_work_4 函数还没有输出完全时，do_work_3 也在输出，所以刚好把 do_work_4 的输出截断，剩下最后一个 "4" 输出至另一行。而且在 Windows 系统中几乎每次运行结果都是不同的。

代码清单 4-2 中的第 44～48 行调用的是 thread 的 join 函数，即等待线程结束。join 函数是同步等待的，只有对应的线程结束后，才会执行 join 函数后面的代码。join 函数在大多数时候是必要的。如果测试程序不调用 join 函数来等待线程结束，那么有可能线程函数还在执行，而 main 函数已经执行结束，从而导致程序崩溃。

4.2　多线程的同步

4.1 节中已经对多线程的使用进行了简要介绍，下面我们再来看一个使用多线程的银行存取款示例，如代码清单 4-3 所示。

代码清单 4-3　银行存取款示例

```
 5    int count = 0;
 6   void do_save(int number)
 7   {
 8        count = count + number;
 9        std::cout << "count is " << count << std::endl;
10   }
11   void do_withdraw(int number)
12   {
13        count = count - number;
14        std::cout << "count is " << count << std::endl;
15   }
```

代码清单 4-3 中的代码很简单：模拟银行的存钱和取钱过程。代码的第 5 行定义了一个全局变量 count 并赋值为 0，表示银行客户的初始资金为 0。do_save 函数模拟存钱过程，do_withdraw 函数模拟取钱过程。假设一个客户在银行存款 10 000 元，那么银行系统会调用 do_save 函数将客户的 count 修改为 10 000，表示该客户账户存款 10 000 元。

假设这个银行的存款客户同时进行取钱的操作，比如这位客户的家人拿着客户的卡去 ATM 上去取钱，同时这位客户自己用手机银行向外转账，且都是要取出 5 000 元，这时银行系统会调用 do_withdraw 函数。假设 ATM 和手机转账都是在同一时刻发生，即在同一时刻都执行到了代码的第 13 行，因为账户上还有 10 000 元，即 count 的值为 10 000，所以客户的家人可以从 ATM 上顺利取走 5 000 元，手机转账也能顺利转走 5 000 元。然而，客户的银行账户还会剩下 5 000 元。

在真实环境中，这种情况几乎不会发生。但是这个例子很好地说明了多线程世界需要一种秩序管理机制，使多线程的世界也能井然有序，而这种秩序管理机制就是锁。

为了保证每次都能正确执行存钱、取钱操作，必须保护 count 的每一次读写。当一个线程正在执行读写操作时，另外一个线程的读写请求必须等待第一个线程的读写操作完成后才能执行，即读写 count 时要添加一把锁，在读写 count 结束后要释放锁。一般情况下，当这把锁被一个线程拥有时，其他线程就不能同时拥有这把锁，这样就很好地保护 count 能被正确而有序地操作，不至于出现混乱。

为 do_work 函数和 do_withdraw 函数加锁的代码如代码清单 4-4 所示。后面的示例会比较详细地介绍怎样使用锁，这里只是演示锁的使用方式。

代码清单 4-4　锁的使用

```
5   #include <mutex>
6   int count = 0;
7   std::mutex locker;
8   void do_save(int number)
9   {
10      locker.lock();
11      count = count + number;
12      locker.unlock();
13      std::cout << "count is " << count << std::endl;
14  }
15  void do_withdraw(int number)
16  {
17      locker.lock();
18      count = count - number;
19      locker.unlock();
20      std::cout << "count is " << count << std::endl;
21  }
```

在代码清单 4-4 中，第 10 行代码和第 17 行代码在操作 count 前去获取锁。如果获取成功，才会执行后面的代码。如果获取失败，比如有另外的线程已经先行获得了锁，就只能等待锁被释放后才会向下执行。第 12 行代码和第 19 行代码执行释放锁的过程，以保证不会出现两个线程同时访问 count 的情况。

4.3　C++标准库中的锁

C++的线程中用到的锁主要是由互斥对象（mutex）来实现的（代码清单 4-4 中用到过）。不同的操作系统实现锁的方式不同，比如 Linux 系统和 Windows 系统提供的操作互斥锁的 API 不同。但是，这并不影响我们的使用，因为 C++标准库中的锁是对操作系统的锁的封装，使得我们不用关心操作系统的区别和实现细节。但是，本书重点不是专注于 C/C++语言本身，感兴趣的读者可以查阅相关的资料了解更多关于 C/C++的知识。C++11 中针对线程互斥锁主要提供了下列模板类。

- std::mutex：最基本的互斥对象。

- std::recursive_mutex：可以递归使用（也称为可以重入）的互斥对象，递归调用不会导致死锁。

- std::timed_mutex：带有超时功能，可以提供一个等待时间；如果超过这个时间，就不会继续等待，返回失败。

- std::recursive_timed_mutex：超时可重入互斥对象。

4.3.1　std::mutex 类

mutex 也称为互斥对象，是比较常用的一种锁，可以控制多个线程对共享资源的访问。在任意时刻，只能有一个线程获取到互斥锁，其他线程要想获取该互斥锁，必须要等到该互斥锁被释放之后，否则只能等待。

使用互斥锁的方式很简单。构建一个互斥对象，在需要的地方调用互斥对象的 lock 方法，然后在需要释放的地方调用 unlock 方法即可。互斥锁的示例代码如清单 4-5 所示。

```
24  class test_mutex_c
25  {
26  public:
27      test_mutex_c(){}
28      virtual ~test_mutex_c() {}
29  public:
30      int get_data()
31      {
32          int data = 0;
33          _mutex.lock();
34          data = _data;
35          _mutex.unlock();
36
37      }
38      void set_data(int data)
39      {
40          _mutex.lock();
41          _data = data;
42          _mutex.unlock();
43      }
44  private:
45      std::mutex _mutex;
46      int _data;
47  };
```

在代码清单 4-5 中，test_mutex_c 类提供了 get_data 和 set_data 方法来读取和修改类成员变量 _data 的值。为了保证在多线程环境下数据的一致性，get_data 和 set_data 方法使用了互斥锁。有时候我们说一个类或者一个函数是线程不安全的，是指该类或者该函数在多线程环境下得到的结果可能是不稳定的，或者可能会出错。相反，如果说这个类或者函数是线程安全的，就是指该类或者该函数在多线程环境下也能稳定工作，保证数据的正确性和稳定性。就像本示例中的 test_mutex_c 类，即使在多线程环境下，_data 数据也是稳定的，而且调用者不需要额外使用锁就可以正常使用 test_mutex_c 类的方法，因此是线程安全的。

在 test_mutex_c 类的 get_data 和 set_data 方法中，虽然使用了互斥锁，但不是很方便，而且有时还可能出现问题。比如在调用 set_data 方法时，代码执行到第 41 行时已经获得了互斥锁。如果由于特殊原因导致代码抛出异常，第 42 行代码将无法执行，这会导致一个严重的后果——死锁。因为 mutex 会被永远锁住，没有机会去释放锁。再次调用还会等待锁，同样会导致死锁。

因此，在使用锁的时候推荐使用 RAII（resource acquisition is initialization，资源获取即初始化）技术，既方便又安全。C++ 提供了几个利用 RAII 的模板类来使用锁，比如 std::lock_guard、std::unique_lock 和 std::shared_lock。这几个模板类的使用场合稍有差别，比如 std::lock_guard 是基于作用域的，构造时自动加锁（可选），析构时自动释放锁。如果在执行代码的过程中抛出了异常，std::lock_guard 对象的析构函数仍然会被执行。所以，即使使用 std::lock_guard 的过程中抛出了异常，也不会导致死锁的情况发生。

使用 std::lock_guard 还有一个好处，即如果函数中有多个路径可以返回，就不用在每个返回路径中都执行 unlock 操作，代码的清晰度和可维护度都得以提高。我们把代码清单 4-5 中锁的使用修改为 std::lock_guard，如代码清单 4-6 所示。

代码清单 4-6　lock_guard 的使用

```
24  class test_mutex_c
25  {
26  public:
27      test_mutex_c(){}
28      virtual ~test_mutex_c() {}
29  public:
30      int get_data()
31      {
32          int data = 0;
33          std::lock_guard<std::mutex> locker(_mutex);
34
35          data = _data;
36
37      }
38      void set_data(int data)
39      {
40          std::lock_guard<std::mutex> locker(_mutex);
41          if (data == 0)
42              return;
43          if (data == 1)
44              throw 1;
45          _data = data;
46      }
47  private:
48      std::mutex _mutex;
49      int _data;
50  };
```

在代码清单 4-6 中，get_data 和 set_data 方法都使用了 lock_guard，其中在 set_data 方法中模拟了多个路径返回和抛出异常的情况，lock_guard 可以正常处理这两种情况。因为我们定义的 locker 是一个局部变量，函数执行结束后，变量 locker 的生命周期也会结束，执行它的析构函数会去调用 unlock 操作，因此这种用法永远不会导致锁没有释放。lock_guard 模板类的构造函数和析构函数如代码清单 4-7 所示。

代码清单 4-7　lock_guard 的构造函数和析构函数

```
431  class lock_guard { // class with destructor that unlocks a mutex
432  public:
433      using mutex_type = _Mutex;
434
435      explicit lock_guard(_Mutex& _Mtx) : _MyMutex(_Mtx) { // construct and lock
436          _MyMutex.lock();   ←
437      }
438
439      lock_guard(_Mutex& _Mtx, adopt_lock_t) : _MyMutex(_Mtx) { // construct but don't lock
440      }
441
442      ~lock_guard() noexcept {
443          _MyMutex.unlock();   ←
444      }
445
```

代码清单 4-7 中的两个箭头指向的是 lock_guard 的构造函数和析构函数，分别调用了 lock 和 unlock。

4.3.2　std::timed_mutex 类

timed_mutex 模板类的用法基本与 mutex 类似，只是多了一个时间参数，使用起来也很简单。这里不做过多的讲解，唯一要说明的是，如果 std::timed_mutex 类使用超时功能，需要调用 try_lock_for 方法，并且不能使用 RAII 技术。timed_mutex 的使用示例如代码清单 4-8 所示。

代码清单 4-8　timed_mutex 的使用

```
23  class test_timed_mutex_c
24  {
25  public:
26      test_timed_mutex_c() {}
27      virtual ~test_timed_mutex_c() {}
28  public:
29      int get_data()
30      {
31          int data = 0;
32          if (_mutex.try_lock_for(std::chrono::milliseconds(2000)))
33              _mutex.unlock();
34          data = _data;
35
36      }
37      void set_data(int data)
38      {
39          if (_mutex.try_lock_for(std::chrono::milliseconds(2000)))
40              _mutex.unlock();
41          _data = data;
42      }
43  private:
44      std::timed_mutex _mutex;
45      int _data;
46  };
```

在代码清单 4-8 中，第 44 行代码定义了 timed_mutex，两个箭头所指之处是使用 try_lock_for 方法等待两秒钟，如果成功就执行 unlock 命令。

4.3.3　std::recursive_mutex 和 std::recursive_timed_mutex

recursive_mutex 和 recursive_timed_mutex 的使用方法与前面的 mutex 和 timed_mutex 一一对应，只是 recursive 版本可以重入，也可以递归调用，这里不再重复举例，只需要将 mutex 替换成 recursive_mutex，将 timed_mutex 替换成 recursive_timed_mutex 即可。为了尽可能地避免死锁，可以全部使用 recursive 版本。

4.4 死锁调试

在多线程环境中，经常出现的一个问题是数据没有同步，导致数据读写不一致；另一个问题就是死锁。因为死锁的原因有很多，所以死锁的情况有时候会比较复杂。在实际情况中，死锁是比较严重的问题，会导致整个程序不能正常工作。而且有时寻找死锁的根源也很麻烦，因为死锁往往不是必然出现的，而是在满足一定的条件之后才会出现死锁，而这个条件在多线程环境中往往是随机的。所以我们要学习一些调试死锁的基本技巧或者方法，确保在遇到死锁时能通过调试手段找到死锁的根源，并彻底解决死锁问题。

新建一个示例代码，将其命名为 chapter_4.1.4。这是一个多线程程序，为了能够演示调试的基本技巧，我们尽量把代码写得简单一点，使其可以在 Windows 系统和 Linux 系统中都能编译和运行，如代码清单 4-9 所示。

代码清单 4-9　死锁示例代码

```
50   mutex _mutex1;
51   mutex _mutex2;
52   int data1;
53   int data2;
54   int do_work_1()
55   {
56       std::cout << "线程函数do_work_1开始" << std::endl;
57       lock_guard<mutex> locker1(_mutex1);
58       //模拟做一些事情
59       data1++;
60       std::this_thread::sleep_for(std::chrono::seconds(1));
61       lock_guard<mutex> locker2(_mutex2);
62       data2++;
63       std::cout << "线程函数do_work_1结束" << std::endl;
64       return 0;
65   }
66   int do_work_2()
67   {
68       std::cout << "线程函数do_work_2开始" << std::endl;
69       lock_guard<mutex> locker2(_mutex2);
70       //模拟做一些事情
71       data2++;
72       std::this_thread::sleep_for(std::chrono::seconds(1));
73       lock_guard<mutex> locker1(_mutex1);
74
75       data1++;
76       std::cout << "线程函数do_work_2结束" << std::endl;
77       return 0;
78   }
79   int main()
80   {
81       thread t1(do_work_1);
82       thread t2(do_work_2);
83       t1.join();
84       t2.join();
85       cout << "线程运行结束" << endl;
86       return 0;
87   }
```

在代码清单 4-9 中，main 函数中启动了两个线程，等待线程结束后，最后输出"线程运行结束"字符串。两个线程函数 do_work_1 和 do_work_2 也比较简单，都是模拟一些操作，对全局变量 data1 和 data2 进行加 1 操作。为了保证 data1 和 data2 数据的一致性，所以程序中都使用了锁。

chapter_4.1.4 的运行结果如图 4-2 所示。

图 4-2　chapter_4.1.4 的运行结果

图 4-2 的上半部分是在 Windows 系统中运行的结果，下半部分是在 Linux 系统中运行的结果。无论是在 Windows 系统还是在 Linux 系统中，最终都没有出现"线程运行结束"的字样，程序也没有结束，我们可以猜测程序发生死锁。

4.4.1　Windows 系统中的死锁调试

在 Windows 系统中可以使用 VC 2019 来调试死锁。打开 chapter_4.1.4 项目，然后启动调试或者按 F5 键，可以发现程序处于死锁状态。

这个时候不要单击"停止"按钮或者强行退出程序。在调试过程中，如果遇到死锁或者崩溃，都不要轻易放过。

单击"调试"菜单中的"全部中断"命令或者按 Alt+Ctrl+Break 组合键，使程序中断，以便我们能够观察程序运行时的状态。单击"全部中断"以后，程序会立刻暂停运行，如图 4-3 所示。

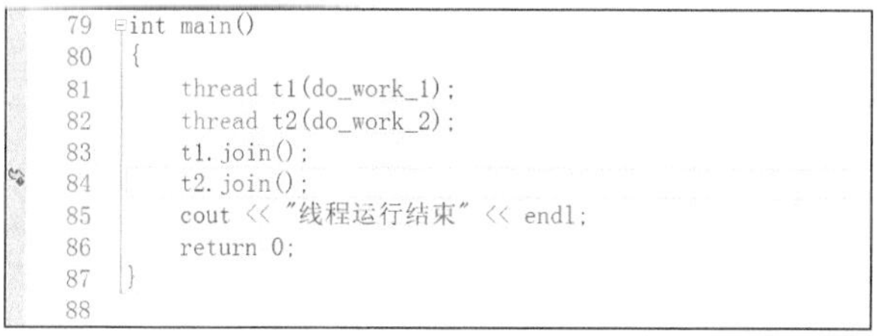

图 4-3　程序中断暂停

在图 4-3 中，程序停留在第 84 行，这是程序要执行的下一行代码。这说明 t1.join 一直没有返回，即程序一直在等待线程 t1 的结束，这说明线程函数 do_work_1 未结束。线程函数很简单，虽然里面有一个等待 1 秒的操作，但是程序运行时间远远超过了 1 秒，这说明程序运行出现了问题。

从"调试"菜单中打开"线程"窗口，如图 4-4 所示。从图 4-4 中可以看到，该程序中一共有 3 个线程，包含 1 个主线程和 2 个工作线程。

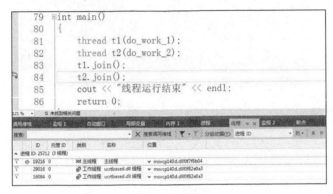

图 4-4　线程窗口

其中主线程停在了代码的第 83 行（箭头指向的代码行是第 84 行，表示执行完第 83 行代码后要执行第 84 行）。现在要查看两个工作线程的状态并对线程进行切换，先切换到线程 ID 为 29016 的线程，查看线程正在执行的操作。用鼠标左键双击线程 ID 为 29016 的行，进行线程切换，可以发现当前线程切换为 29016，如图 4-5 所示。

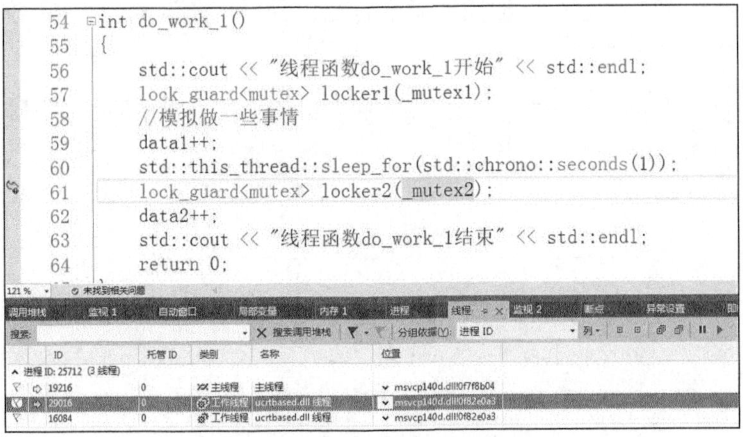

```
54  ┌int do_work_1()
55  {
56      std::cout << "线程函数do_work_1开始" << std::endl;
57      lock_guard<mutex> locker1(_mutex1);
58      //模拟做一些事情
59      data1++;
60      std::this_thread::sleep_for(std::chrono::seconds(1));
61      lock_guard<mutex> locker2(_mutex2);
62      data2++;
63      std::cout << "线程函数do_work_1结束" << std::endl;
64      return 0;
```

图 4-5　切换到线程 29016

从图 4-5 中可以发现，线程 29016 的代码执行到第 61 行。第 61 行正在等待锁_mutex2，这里一直没有返回，说明_mutex2 可能已经被其他线程占用。

用鼠标左键双击线程 16084 所在的行，切换到线程 16084，如图 4-6 所示。

```
66  ☐int do_work_2()
67  {
68      std::cout << "线程函数do_work_2开始" << std::endl;
69      lock_guard<mutex> locker2(_mutex2);
70      //模拟做一些事情
71      data2++;
72      std::this_thread::sleep_for(std::chrono::seconds(1));
73  |   lock_guard<mutex> locker1(_mutex1);
74
75  ◁| data1++;
76      std::cout << "线程函数do_work_2结束" << std::endl;
77      return 0;
```

图 4-6 切换到线程 16084

从图 4-6 中可以看出，线程 16084 中的代码执行到第 73 行。在第 73 行代码处，线程 16084 正在获取 _mutex1。从图 4-5 中可以看到，_mutex1 已经被线程 29016 获取，还没有被释放，而且准备去获取 _mutex2。因此，线程 16084 只能等待线程 29016 释放 _mutex1。但是，释放 _mutex1 的条件是线程 29016 要获得 _mutex2 后才能继续运行，因此两个线程会发生死锁。通过简单的分析即可发现死锁的原因，关于怎样解决死锁的问题，下文会给出示例代码。

4.4.2　Linux 系统中的死锁调试

在命令行输入"gdb chapter_4.1.4"来启动程序，然后在 gdb 中输入"r"来运行程序。同样地，程序不会结束。为了能够查看程序当前处于什么状态，以及哪些线程在执行什么操作，需要中断程序。

在 gdb 中按 Ctrl+C 组合键，使程序中断，如图 4-7 所示。

```
Reading symbols from chapter_4.1.4...done.
(gdb) r
Starting program: /root/codes/book_debug/chapter_4.1.4/chapter_4.1.4
[Thread debugging using libthread_db enabled]
Using host libthread_db library "/lib64/libthread_db.so.1".
[New Thread 0x7ffff66ec1700 (LWP 31965)]
线程函数do_work_1开始
[New Thread 0x7ffff66c0700 (LWP 31966)]
线程函数do_work_2开始
^C
Thread 1 "chapter_4.1.4" received signal SIGINT, Interrupt.
0x00007ffff7bbd7bd in __GI___pthread_timedjoin_ex (threadid=140737336055552, thread_return=0x0,
    at pthread_join_common.c:89
89          lll_wait_tid (pd->tid);
(gdb)
```

图 4-7 使程序中断

从图 4-7 中可以看到，代码在 pthread_join_common.c 的第 89 行中断，这时可以使用线程或者栈相关的一些命令来查看具体信息。首先查看当前调用栈情况，在 gdb 中输入 "bt"，查看栈回溯信息，如图 4-8 所示。

```
        at pthread_join_common.c:89
89              lll_wait_tid (pd->tid);
(gdb) bt
#0  0x00007ffff7bbd7bd in __GI___pthread_timedjoin_ex (threadid=140737336055552, thread_retu
        at pthread_join_common.c:89
#1  0x00007ffff78e1da7 in __gthread_join (__value_ptr=0x0, __threadid=<optimized out>)
        at /usr/src/debug/gcc-8.3.1-4.5.el8.x86_64/obj-x86_64-redhat-linux/x86_64-redhat-linux/1
t.h:668
#2  std::thread::join (this=0x7fffffffe3c8) at ../../../../../libstdc++-v3/src/c++11/thread.
#3  0x0000000000401157 in main () at chapter_4.1.4.cpp:83
```

图 4-8　查看当前线程的栈回溯信息

从图 4-8 中可以看到 main 函数信息，此时程序停在了 chapter_4.1.4.cpp 的第 83 行。这时将栈帧切换到 main 函数，执行 f 3 命令，然后执行 l 命令来查看相关代码，如图 4-9 所示。

```
(gdb) f 3
#3  0x0000000000401157 in main () at chapter_4.1.4.cpp:83
83              t1.join();
(gdb) l
78      }
79      int main()
80      {
81              thread t1(do_work_1);
82              thread t2(do_work_2);
83              t1.join();
84              t2.join();
85              cout << "线程运行结束" << endl;
86              return 0;
87      }
(gdb)
```

图 4-9　切换到 3 号帧并查看代码

第 83 行代码是 t1.join，表示 t1 线程还没有结束，所以初步预测发生了死锁。现在要做的是查看哪些线程在执行什么操作，先执行 info threads 命令来查看当前进程中包含哪些线程，如图 4-10 所示。

```
(gdb) info threads
  Id   Target Id                                        Frame
* 1    Thread 0x7ffff7fe9740 (LWP 31961) "chapter_4.1.4" 0x000000000040
  2    Thread 0x7ffff6ec1700 (LWP 31965) "chapter_4.1.4" __lll_lock_wai
  3    Thread 0x7ffff66c0700 (LWP 31966) "chapter_4.1.4" __lll_lock_wai
(gdb)
```

图 4-10　查看线程信息

从图 4-10 中看到，一共有 3 个线程，其中 1 号线程是 main 函数主线程，前面已经查看过 main 函数信息。现在要查看另外两个线程的状态，先查看 2 号线程的情况。执行 t 2

命令切换到 2 号线程，再执行 bt 命令查看当前线程的堆栈信息，如图 4-11 所示。

```
(gdb) t 2
[Switching to thread 2 (Thread 0x7ffff6ec1700 (LWP 31965))]
#5  0x0000000000400fa8 in do_work_1 () at chapter_4.1.4.cpp:61
61              lock_guard<mutex> locker2(_mutex2);
(gdb) bt
#0  __lll_lock_wait () at ../sysdeps/unix/sysv/linux/x86_64/lowlevellock.S:103
#1  0x00007ffff7bbeaf9 in __GI___pthread_mutex_lock (mutex=0x604240 <_mutex2>) at ../nptl/pthrea
#2  0x000000000040130b in __gthread_mutex_lock (_mutex=0x604240 <_mutex2>) at /usr/include/c++/8
#3  0x00000000004013e2 in std::mutex::lock (this=0x604240 <_mutex2>) at /usr/include/c++/8/bits/s
#4  0x000000000040145e in std::lock_guard<std::mutex>::lock_guard (this=0x7ffff6ec0de0, __m=...)
#5  0x0000000000400fa8 in do_work_1 () at chapter_4.1.4.cpp:61
#6  0x0000000000401862 in std::__invoke_impl<int, int (*)()> (__f=@0x616e78: 0x400f2c <do_work_1
#7  0x00000000004016d6 in std::__invoke<int (*)()> (__fn=@0x616e78: 0x400f2c <do_work_1>) at /u
#8  0x0000000000401d08 in std::thread::_Invoker<std::tuple<int (*)()> >::_M_invoke<0ul> (this=0x6
#9  0x0000000000401cde in std::thread::_Invoker<std::tuple<int (*)()> >::operator() (this=0x616e7
#10 0x0000000000401cc2 in std::thread::_State_impl<std::thread::_Invoker<std::tuple<int (*)()> >
    at /usr/include/c++/8/thread:196
#11 0x00007ffff78e1b23 in std::execute_native_thread_routine (__p=0x616e70) at ../../../../../lib
#12 0x00007ffff7bbc2de in start_thread (arg=<optimized out>) at pthread_create.c:486
#13 0x00007ffff6fbe133 in clone () at ../sysdeps/unix/sysv/linux/x86_64/clone.S:95
(gdb)
```

图 4-11　查看 2 号线程的堆栈信息

从图 4-11 的堆栈信息中找到代码所在的栈帧，即 5 号栈帧，执行 f 5 命令切换到 5 号栈帧，并执行 l 命令来查看相关代码，如图 4-12 所示。

```
(gdb) f 5
#5  0x0000000000400fa8 in do_work_1 () at chapter_4.1.4.cpp:61
61              lock_guard<mutex> locker2(_mutex2);
(gdb) l
56              std::cout << "线程函数do_work_1开始" << std::endl;
57              lock_guard<mutex> locker1(_mutex1);
58              //模拟做一些事情
59              data1++;
60              std::this_thread::sleep_for(std::chrono::seconds(1));
61              lock_guard<mutex> locker2(_mutex2);
62              data2++;
63              std::cout << "线程函数do_work_1结束" << std::endl;
64              return 0;
65      }
(gdb)
```

图 4-12　切换到 5 号栈帧

从图 4-12 中可以发现，代码停在了第 61 行，止在等待 locker2(_mutex2)。这说明确实发生了死锁，此时进一步查看 3 号线程的信息来验证是否发生死锁。

因为查看 3 号线程的信息与查看 2 号线程的信息的过程是相同的，所以我们直接执行相关的命令：t 3、bt、f 5、l，结果如图 4-13 所示。

从图 4-13 中可以发现线程 3 也在等待锁，停在代码的第 73 行，与 2 号线程互相等待，从而导致死锁。于是，我们就发现了死锁的根源，但是不用着急去解决死锁的问题，因为提出问题的解决方案要比找到问题的根源更容易一些。

```
(gdb) t 3
[Switching to thread 3 (Thread 0x7ffff66c0700 (LWP 31966))]
#0  __lll_lock_wait () at ../sysdeps/unix/sysv/linux/x86_64/lowlevellock.S:103
103    2:       movl    %edx, %eax
(gdb) bt
#0  __lll_lock_wait () at ../sysdeps/unix/sysv/linux/x86_64/lowlevellock.S:103
#1  0x00007ffff7bbeaf9 in __GI___pthread_mutex_lock (mutex=0x604200 <mutex1>) at ../nptl/pthr
#2  0x000000000040130b in __gthread_mutex_lock (__mutex=0x604200 <mutex1>) at /usr/include/c+
#3  0x00000000004013e2 in std::mutex::lock (this=0x604200 <mutex1>) at /usr/include/c++/8/bit
#4  0x000000000040145e in std::lock_guard<std::mutex>::lock_guard (this=0x7ffff66bfde0, __m=..
#5  0x00000000004010a2 in do_work_2 () at chapter_4.1.4.cpp:73
#6  0x0000000000401862 in std::__invoke_impl<int, int (*)()> (__f=@0x616fc8: 0x401026 <do_work
#7  0x00000000004016d6 in std::__invoke<int (*)()> (__fn=@0x616fc8: 0x401026 <do_work_2()>) at
#8  0x0000000000401d08 in std::thread::_Invoker<std::tuple<int (*)()> >::_M_invoke<0ul> (this=
#9  0x0000000000401cde in std::thread::_Invoker<std::tuple<int (*)()> >::operator() (this=0x61
#10 0x0000000000401cc2 in std::thread::_State_impl<std::thread::_Invoker<std::tuple<int (*)()>
    at /usr/include/c++/8/thread:196
#11 0x00007ffff78e1b23 in std::execute_native_thread_routine (__p=0x616fc0) at ../../../../../
#12 0x00007ffff7bbc2de in start_thread (arg=<optimized out>) at pthread_create.c:486
#13 0x00007ffff6fbe133 in clone () at ../sysdeps/unix/sysv/linux/x86_64/clone.S:95
(gdb) f 5
#5  0x00000000004010a2 in do_work_2 () at chapter_4.1.4.cpp:73
73              lock_guard<mutex> locker1(_mutex1);
(gdb) l
68              std::cout << "线程函数do_work_2开始" << std::endl;
69              lock_guard<mutex> locker2(_mutex2);
70              //模拟做一些事情
71              data2++;
72              std::this_thread::sleep_for(std::chrono::seconds(1));
73              lock_guard<mutex> locker1(_mutex1);
74
75              data1++;
76              std::cout << "线程函数do_work_2结束" << std::endl;
77              return 0;
(gdb)
```

图 4-13　查看 3 号线程的信息

4.4.3　死锁条件

从前面的示例中可以总结出来，一般在满足下列 4 个条件时会发生死锁。

- **互斥条件**：多个线程访问某个资源时是互斥的（比如前面示例中的 mutex），如果多个线程需要同时占用资源，必须等待，要等到资源被释放后才能获取。

- **保持和请求条件**：当一个线程获得资源以后，在没有释放资源之前（即占用该资源）又去获取其他资源（请求）。在我们的示例中，线程 1 获取到了 mutex1 资源，在没有释放 mutex1 时又去请求获取 mutex2，由于 mutex2 被 2 号线程所占用，所以程序在这里发生中断。

- **不可剥夺条件**：在一个线程获得资源后，如果该线程不主动释放该资源，那么其他线程无法使其释放资源。在我们的示例中，线程 1 获得了 mutex1，只有等到线程函数 1 结束后才能主动释放，线程 2 也是一样。

- **循环等待条件**：死锁形成后，必然是互相等待的状态。这些线程之间形成了一个循环等待的条件。在我们的示例中，线程 1 需要等待线程 2 拥有的资源 mutex2，而线程 2 需要等待线程 1 拥有的资源 mutex1。

4.4.4　解决死锁

既然发现了问题，解决起来就比较容易。先来查看示例代码中这两个线程是如何使用锁的，如图 4-14 所示。

从图 4-14 中可以发现，如果这两个线程同时运行，发生死锁的概率很大。只要两个线程同时进入到线程函数中，就很容易出现死锁。我们现在可以根据这个锁的使用情况来假设一种会发生死锁的情况。

线程1	线程2
获取锁1 _mutex1	获取锁2 _mutex2
//做一些事情	//做一些事情
获取锁2 _mutex2	获取锁1 _mutex1
//做一些事情	//做一些事情
释放锁2	释放锁1
释放锁1	释放锁2

图 4-14　两个线程使用锁的情况

线程 1 和线程 2 都会启动，假设在线程 1 获取到锁 1 的同时，线程 2 获取到锁 2，然后分别向下执行。此时线程 1 执行到获取锁 2 的地方，由于线程 2 刚获取到锁 2 而且尚未释放，所以线程 1 只能等待。同时线程 2 也执行到获取锁 1 的地方，出于同样的原因，线程 1 的锁 1 也未被释放，因此线程 2 也只能等待，由此发生死锁。

我们只要打破这种交叉用锁的方式就能够避免死锁。在本示例中，两个线程都按照相同的顺序来使用锁 1 和锁 2，如代码清单 4-10 所示。

代码清单 4-10　按照相同顺序使用锁

```
54  int do_work_1()
55  {
56      std::cout << "线程函数do_work_1开始" << std::endl;
57      lock_guard<mutex> locker1(_mutex1);
58      //模拟做一些事情
59      data1++;
60      std::this_thread::sleep_for(std::chrono::seconds(1));
61      lock_guard<mutex> locker2(_mutex2);
62      data2++;
63      std::cout << "线程函数do_work_1结束" << std::endl;
64      return 0;
65  }
66  int do_work_2()
67  {
68      std::cout << "线程函数do_work_2开始" << std::endl;
69      lock_guard<mutex> locker1(_mutex1);
70      data1++;
71      lock_guard<mutex> locker2(_mutex2);
72      //模拟做一些事情
73      data2++;
74      std::this_thread::sleep_for(std::chrono::seconds(1));
75      std::cout << "线程函数do_work_2结束" << std::endl;
76      return 0;
77  }
```

由于两个线程按照相同的顺序使用两把锁，比如都是按照"先获取锁 1，再获取锁 2"的顺序来使用，就不会导致死锁。

除了根据相同顺序使用锁，另一种避免死锁的方式就是减少锁的使用范围，尽量把锁的使用范围局限于最小作用域中，如代码清单 4-11 所示。

代码清单 4-11　减小锁的作用域

```
54  int do_work_1()
55  {
56      std::cout << "线程函数do_work_1开始" << std::endl;
57      {
58          lock_guard<mutex> locker1(_mutex1);
59          //模拟做一些事情
60          data1++;
61      }
62      std::this_thread::sleep_for(std::chrono::seconds(1));
63      {
64          lock_guard<mutex> locker2(_mutex2);
65          data2++;
66      }
67      std::cout << "线程函数do_work_1结束" << std::endl;
68      return 0;
69  }
70  int do_work_2()
71  {
72      std::cout << "线程函数do_work_2开始" << std::endl;
73      {
74          lock_guard<mutex> locker2(_mutex2);
75          //模拟做一些事情
76          data2++;
77      }
78      std::this_thread::sleep_for(std::chrono::seconds(1));
79      {
80          lock_guard<mutex> locker1(_mutex1);
81          data1++;
82      }
83      std::cout << "线程函数do_work_2结束" << std::endl;
84      return 0;
```

代码清单 4-11 与代码清单 4-10 好像没有区别。其实区别还是比较大的，因为无论是在线程 1 还是在线程 2 中，对锁的使用都局限于非常小的范围，并且在执行操作后会立刻释放锁。线程 1 和线程 2 都使用{}来限制作用范围，一旦超出作用域，锁就会被释放。

通过前面的示例可以发现，要解决死锁问题，主要是破坏发生死锁的条件，只要不满足任意一个死锁的条件就可以避免死锁。解决死锁问题的 4 种方法如下。

- **顺序使用锁**：就像示例中用到的方法一样，如果使用多个锁，就要保证在多个线程中使用锁的顺序一致。不要产生交叉使用锁的情况，否则很容易发生死锁。

- **控制锁的作用域**：在使用锁的时候，尽可能地限制其作用域，缩短占用时间。能够在函数范围内使用锁，就不要在全局使用；能够在局部作用域使用锁，就不要在函数范围内使用。

- **使用超时机制**：在使用锁时加上一定的时间限制，如果超时，那么认为这次操作失败，执行返回命令，比如使用 timed_mutex 等。

- **使用 RAII 技术**：如果可能，尽量通过 RAII 技术来使用锁，减少锁的误操作（比如忘记释放锁等），还可以使代码更加简洁。

<<< **第 5 章** >>>

调试动态库

Windows 系统和 Linux 系统中都用到了动态库，而且使用得非常普遍，尤其是在 Windows 系统中。自从微软公司推出 Windows 操作系统，Windows API 中的绝大多数函数都包含在动态库中，因为动态库有如下 6 个优点。

- **容易扩展功能**：因为动态库可以被动态加载，所以可以在不改变主模块的情况下，通过扩展动态库的功能来扩充整个应用的功能。

- **节省内存空间**：因为动态库是可以共享的，如果一个设计良好的动态库被多个应用使用，那么这个动态库的代码只需要被加载进内存一次，而不需要重复被加载。比如 Windows 系统中所有的应用程序都在使用 Windows API 提供的功能，这些应用程序大都会用到相同的系统动态库，这就大大减少了整个系统的内存使用。同样地，Linux 系统中也有很多动态库被共享使用，比如一些基本的 C/C++函数库等。

- **模块化管理**：可以把一些功能相关的代码集成到对应的动态库中，这样既便于开发使用，又便于维护管理。

- **不同编程语言之间互相调用**：每种编程语言都有自己的优势，有些擅长处理计算，有些擅长处理界面等，因此可以在不同的编程语言之间相互调用动态库。比如我们可以在 C++语言中调用 Go 语言封装好的动态库，也可以在 VB 中调用 C++封装好的动态库等。

- **便于资源本地化**：动态库有利于程序本地化的实现。比如一个程序有多种编程语言界面，将本地化资源都放到动态库中，就可以在不同的编程语言环境中使用不同的编程语言界面。

- **便于软件升级**：因为使用了动态库，所以软件在升级时能够更加方便——可以将对应的有代码更新的动态库进行升级，而不用升级所有的软件模块。

5.1 Windows 系统动态库开发与调试

Windows 系统的动态库 DLL（Dynamic Link Library）不仅允许外部模块使用其提供的各种对外封装的函数或者类等功能，而且允许在程序启动时载入动态库或者在程序真正调用动态库功能时再载入动态库。这是动态库的动态链接方式，与传统静态库的使用方式有很大的区别。链接动态库或者使用动态库主要有以下两种方式。

- **加载时动态链接（in load-time dynamic linking）**：也称为隐式调用或者隐式链接。这种使用方式需要动态库的导入库文件（.lib），并且需要明确指定该导入库文件，以及动态库相关的头文件，然后就可以像普通的 API 一样使用动态库。我们在使用大多数 Windows API 的时候都是采用这种方式，因为这种方式比较简单、方便。如果程序以这种方式使用动态库，那么程序在启动时（被系统加载时），使用到的对应动态库也会被系统自动加载。如果对应的动态库不存在或者加载失败，那么整个应用程序都不能正常启动（会提示缺少某动态库等信息）。

- **运行时动态链接（in run-time dynamic linking）**：也称为显式调用或者显式加载。它与隐式链接不同，不是在程序启动时就自动加载，而是在使用动态库提供的功能时，程序自动调用 LoadLibrary 或者 LoadLibraryEx 来显式加载动态库。加载成功以后，再调用 GetProcAddress API 来获得动态库的导出函数的地址，然后通过 GetProcAddress 获得的函数指针来调用动态库导出的函数，最后在不再需要的时候调用 FreeLibrary 来释放动态库相关资源。这种使用方式稍微麻烦一些，但是也提供了相应的灵活性。比如，有些动态库的函数在不同的系统中可能稍有不同，这样就可以在运行时进行区分，从而调用正确的动态库版本。

5.1.1 创建动态库

在 VC 2019 中，用户可以很方便地开发动态库。我们可以通过向导来创建动态库：添加新项目，在搜索框中输入"dll"，会显示 3 种可以创建的动态库，如图 5-1 所示。

在图 5-1 中，有 3 种动态库模板可以选择。第一种模板是动态链接库（DLL），这是一个空的动态库框架，只实现了 DllMain；第二种模板是 MFC 动态链接库，使用 MFC 的特性来创建动态库，在动态库中可以使用 MFC 相关的功能；第三种模板是具有导出项的动态链接库，这是第一种模板的扩充，不但实现了 DllMain，而且提供了导出函数和导出类的示例代码，可以直接修改使用。我们选择第三种模板来创建动态库，从而方便使用动态库。我们对自动创建好的文件略作修改，实现一个导出函数和一个导出类，该类会导出两个函数。头文件如代码清单 5-1 所示。

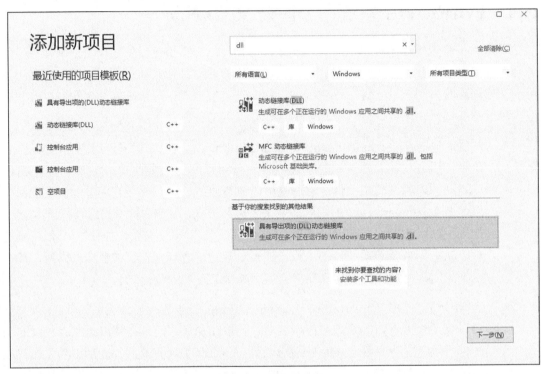

图 5-1　创建动态库

代码清单 5-1　动态库代码 chapter_5.1_dll.h

```
 7  #ifdef CHAPTER51DLL_EXPORTS
 8  #define CHAPTER51DLL_API __declspec(dllexport)
 9  #else
10  #define CHAPTER51DLL_API __declspec(dllimport)
11  #endif
12
13  // 此类是从 dll 导出的
14  class CHAPTER51DLL_API Cchapter51dll {
15  public:
16      Cchapter51dll(void);
17      int add(int i, int j);
18      int sub(int i, int j);
19  };
20
21  extern "C" CHAPTER51DLL_API double calc_pi(void);
22
```

代码清单 5-1 中导出了一个 Cchapter51dll 类，该类有两个简单的示例成员函数 add 和 sub，然后导出一个函数 calc_pi。具体实现如代码清单 5-2 所示。

代码清单 5-2　动态库代码 chapter_5.1_dll.cpp

```cpp
 9     // 这是导出函数的一个示例。
10    extern "C" CHAPTER51DLL_API double calc_pi(void)
11    {
12        double x = 0;
13        double y = 0;
14        double pi = 0;
15        int num = 0;
16        int iter = 0;
17        const int try_times = 10000000;
18        const double max_val = 32767.0;
19        while (iter++ <= try_times)
20        {
21            x = (double)rand() / max_val;
22            y =(double) rand() / max_val;
23            if ((x * x + y * y) <= 1)
24                num++;
25        }
26        pi = (4.0 * num) / try_times;
27        return pi;
28    }
29
30    int Cchapter51dll::add(int i, int j)
31    {
32        return i + j;
33    }
34
35    int Cchapter51dll::sub(int i, int j)
36    {
37        return i - j;
38    }
```

在代码清单 5-2 中，导出函数 calc_pi 是一个使用随机法计算 pi（π）的值的示例代码，Cchapter51dll 类的两个成员函数 add 和 sub 只返回加和减。在这里函数的功能不是重点，重点是将函数导出供其他程序使用。在代码的第 10 行（即导出函数 calc_pi 的最前面）添加了 extern "C"，是为了告诉编译器该函数是以 C 语言的方式编译、导出，而不是使用 C++ 的方式。这时我们可以采用运行时动态加载的方式来加载动态库，并且其他语言也可以使用该动态库。

该动态库的代码就是简单示范如何导出函数和类。编译链接成功后，我们可以使用 Dependency Walker 工具来查看动态库的导出函数以及导出内容，如图 5-2 所示。

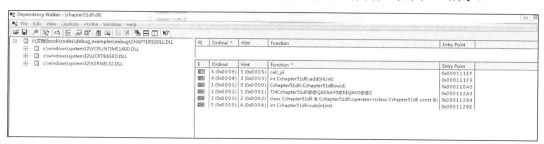

图 5-2　chapter51dll.dll 导出函数

从图 5-2 中可以发现，calc_pi 函数和 Cchapter51dll 的 add 和 sub 函数都已经导出，同时还导出了一些其他符号。下面我们通过示例来介绍动态库的使用方法。

5.1.2 使用动态库

下面创建一个控制台项目 chapter_5.1 来测试 chapter51dll.dll。先使用隐式链接的方式来链接动态库的导出库（.lib）。链接.lib 的方式有很多种，比如在 chapter_5.1 的属性页中，在"输入"选项下面的"附加依赖项"中添加 chapter51dll.lib，如图 5-3 所示。

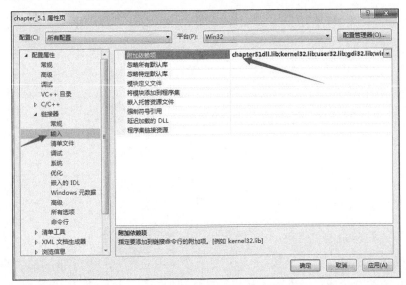

图 5-3　在附加依赖项中添加 chapter51dll.lib

隐式链接动态库指定导入库（.lib）的另外一种方式是在代码中指定，本示例代码直接在代码中指定对 chapter51dll.lib 的依赖。隐式链接使用动态库的完整代码如代码清单 5-3 所示。

代码清单 5-3　隐式链接使用动态库

```
 7    #include "../chapter_5.1_dll/chapter_5.1_dll.h"
 8    #pragma comment(lib,"../debug/chapter51dll.lib")
 9
10    void load_time_test()
11    {
12        double pi = calc_pi();
13        Cchapter51dll test;
14        int total = test.add(100, 10);
15        int res = test.sub(total, 10);
16        cout << "pi is " << pi << endl;
17        cout << "add is " << total << endl;
18        cout << "sub  res is " << res << endl;
19    }
20    int main()
21    {
22        load_time_test();
23        std::cout << "Hello World!\n";
24    }
```

在代码清单 5-3 中，第 7 行代码包含头文件，因为我们要用到相关的类和函数，这是必需的。第 8 行代码就是前面提到的引入动态库的导入库（.lib）。动态库的导入库描述了这些导出函数在哪个动态库中实现等基本信息，因此程序启动时能够自动载入相关的动态库。

load_time_test 函数展示了如何使用导出的类和函数。第 12 行代码直接调用 calc_pi 函数，第 13 行代码直接使用 Cchapter51dll 类，然后调用该类的两个方法。这种用法与在同一个项目中使用的方法或者类完全相同。如果仅仅查看该示例代码，无法了解使用的是动态库的代码、静态库的代码，还是本项目中的代码。

下面来看一下显示链接使用动态库的方法。前面提到过，显示链接动态库稍微麻烦一些，要分为好几个步骤。下面来看如何以显示链接的方式来使用导出函数 calc_pi，如代码清单 5-4 所示。

代码清单 5-4　显示链接使用动态库

```
21  void run_time_test()
22  {
23      typedef double (*CALC_PI)();
24      HINSTANCE hmodule = LoadLibrary("chapter51dll.dll");
25      if (!hmodule)
26          return;
27      CALC_PI calc_pi = (CALC_PI)GetProcAddress(hmodule, "calc_pi");
28      if (calc_pi)
29      {
30          double pi = calc_pi();
31          cout << "pi is " << pi << endl;
32      }
33      FreeLibrary(hmodule);
34  }
```

在代码清单 5-4 中，为了使用导出函数 calc_pi，首先在第 23 行声明一个函数指针，该函数指针的声明必须与动态库中导出函数的声明一致。然后在第 24 行使用 LoadLibrary 来加载 chapter51dll.dll。请确保 chapter51dll.dll 文件存在并且能够被系统找到，最简单的方式是保持与 exe 文件在同一个目录下。本示例程序会自动构建到同一个目录下，因此在加载时不需要指定路径。

5.1.3　调试动态库

1．调用者和动态库都有源码的情况

为了调试方便，建议将 exe 测试项目与动态库项目组合到一个解决方案中，这样在查看源代码以及调试过程中都会方便得多。本示例的动态库和对应的测试程序都在一个解决方案中，如图 5-4 所示。

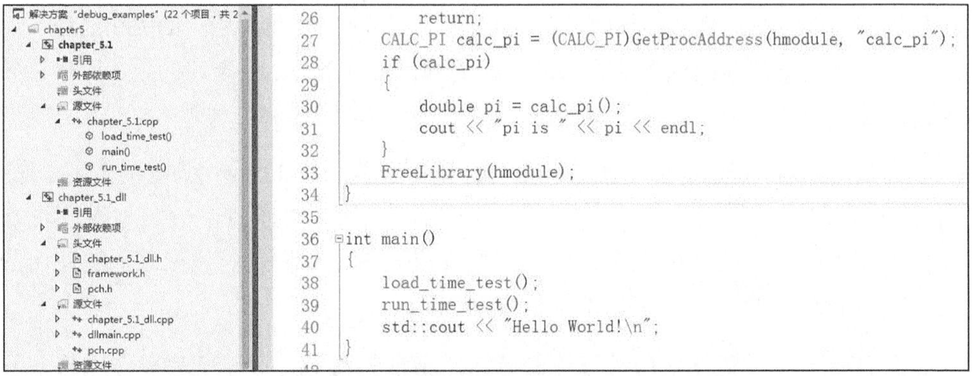

图 5-4　将动态库和测试程序都在一个解决方案中

这种调试方法与普通的调试方法几乎没有任何区别。我们在测试程序的第 12 行和第 30 行设置断点。启动调试，首先，程序在第 12 行停止，然后执行逐语句命令或者按 F11 键，程序会进入动态库的代码中。同样地，当程序在第 30 行暂停时，仍然可以按 F11 键，逐语句执行到动态库的 calc_pi 函数中，如图 5-5 所示。

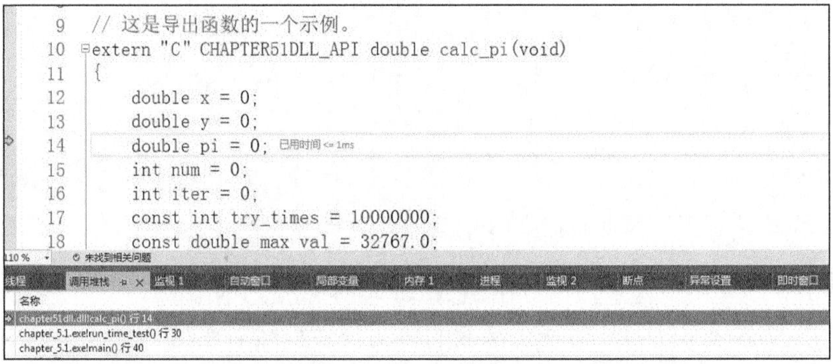

图 5-5　调试进入到动态库函数 calc_pi 中

在动态库和测试程序都有源代码的情况下，启动测试程序可以很方便地对动态库的代码进行调试。

2．调用者没有源代码的情况

如果调用者（测试程序）没有源代码，只是一个可执行文件，但我们知道这个可执行文件一定会调用动态库的代码，就可以采用其他的方式来直接调试动态库，并启动测试程序。

如果我们直接启动动态库开始调试，比如从右键菜单中启动调试，如图 5-6 所示。这时会弹出错误对话框，如图 5-7 所示。

图 5-7 中显示的信息提示我们的动态库不是有效的程序，因为动态库不能直接去执行

代码，必须要有调用方。因此我们在以这种方式调试动态库之前，需要先设置，以便启动测试程序。

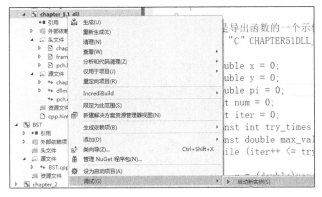

图 5-6　启动动态库进行调试

图 5-7　启动调试动态库出错

用鼠标右键单击 chapter_5.1_dll 项目，选择"属性"，在弹出的对话框中选择"调试"选项，如图 5-8 所示。

图 5-8　为 chapter_5.1_dll 项目设置调试属性

在调试的属性页面中对命令进行设置，在命令框中输入要执行的程序名称，这里的测试程序是 chapter_5.1.exe。在命令输入框中可以使用宏，也可以使用完整的全路径名称，该示例中使用了 OutputPath 宏，表示 chapter_5.1.exe 所在的路径，然后单击"确定"按钮保存，即可启动调试。我们可以先在 calc_pi 函数中设置一个断点，当测试程序调用动态库时，便可命中断点并暂停。按 F5 键查看效果，如图 5-9 所示。

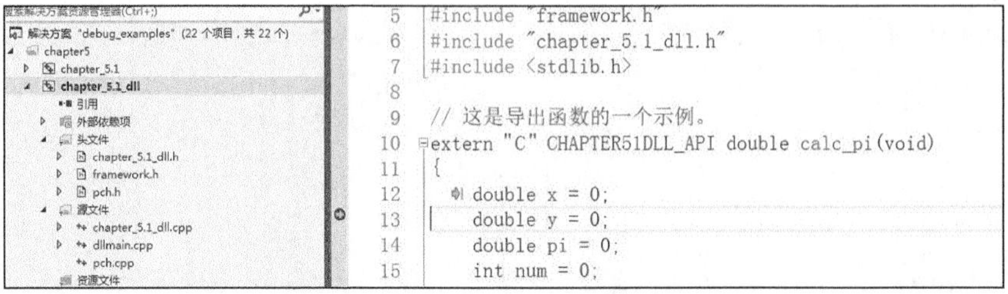

图 5-9　通过动态库启动测试程序进行调试

3．附加到进程进行调试

还有一种情况是进程已经启动，此时不能使用前面介绍的方式来启动调用程序，这时要调试动态库，需要使用其他的方式。

先来改写测试程序，以便在启动后再动态调用动态库。将测试程序改写为接收用户输入的命令行模式，用户输入"1"会动态调用动态库函数代码，输入"2"则退出。改写后的代码如代码清单 5-5 所示。

代码清单 5-5　动态调用动态库

```
22  void run_time_test()
23  {
24      typedef double (*CALC_PI)();
25      HINSTANCE hmodule = LoadLibrary("chapter51dll.dll");
26      if (!hmodule)
27          return;
28      CALC_PI calc_pi = (CALC_PI)GetProcAddress(hmodule, "calc_pi");
29      if (calc_pi)
30      {
31          double pi = calc_pi();
32          cout << "pi is " << pi << endl;
33      }
34      FreeLibrary(hmodule);
35  }
36
37  int main()
38  {
39      //load_time_test();
40      std::cout << "请选择:\n1:动态调用动态库函数2:退出程序!\n";
41      while (true)
42      {
43          switch (getchar())
44          {
45          case '1':
46              run_time_test();
47              break;
48          case '2':
49              return 0;
50          }
51      }
52  }
53
```

代码清单 5-5 已经将测试程序改写为可以接收用户输入的程序。如果用户输入"1"，就执行测试函数 run_time_test()。现在直接运行 chapter_5.1.exe，使其等待用户输入。因为测试程序一定会调用我们的动态库代码，所以需要把 chapter_5.1.exe 附加到调试器中。从"调试"菜单中选择"附加到进程"，然后把 chapter_5.1.exe 附加进来，如图 5-10 所示。

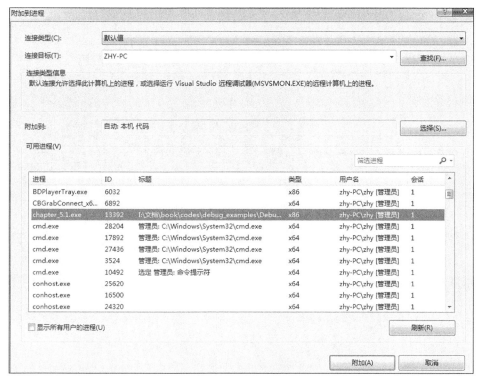

图 5-10　将 chapter_5.1.exe 附加到调试器

为 calc_pi 函数设置断点，如图 5-11 所示。

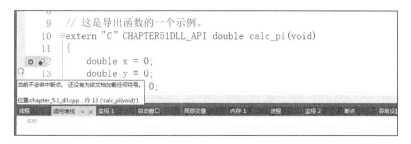

图 5-11　为 calc_pi 函数设置断点

在图 5-11 中，我们为 calc_pi 函数设置断点，但是该断点是不可用的，并且会提示当前断点不会被命中。看到这样的结果也不必担心，这是因为调试器没有找到对应的调试符号，测试程序还没有加载动态库，调试器也不知道会有哪些代码被执行，所以没有找到匹配的调试符号。但是一旦测试程序调用动态库，其对应的调试符号也会被自动加载，到时候该断点就可以正常使用。

在程序中输入"1"，然后按回车键会命中断点，调试符号被自动加载，而且调用 3 次调试符号就会被加载 3 次，如图 5-12 所示。

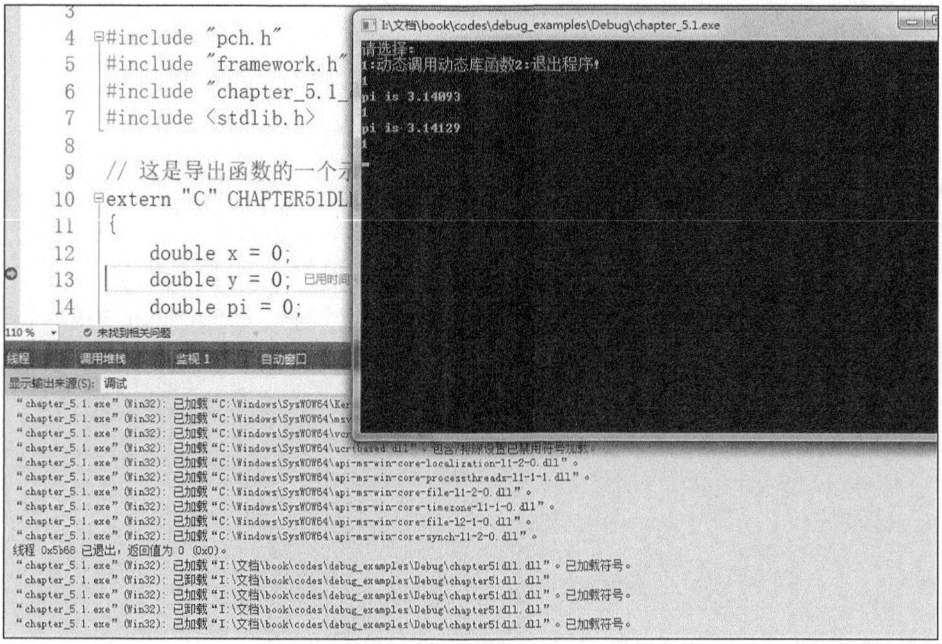

图 5-12　自动加载调试符号

在图 5-12 中可以看到，我们测试了 3 次，动态库的调试符号被自动加载了 3 次。因为每次调用结束后都会释放动态库资源，所以每次动态调用都会重新加载动态库。

5.2　Linux 系统动态库开发与调试

Linux 系统中的动态库（扩展名为.so）也称为共享库（share library）。与 Windows 系统中的动态库相似，虽然这些动态库在二进制中并不兼容，但是其使用形式和作用是相同的。Linux 系统中也有各种各样的动态库，包括系统的动态库和各种应用程序的动态库。

同样地，Linux 系统动态库的链接方式也分为静态链接和动态链接。静态链接动态库的程序需要在程序启动时加载动态库。动态链接则是在运行时才需要加载，这与 Windows 系统采用的方式一致。

5.2.1 创建动态库

尽管 Linux 系统中没有图形界面工具（比如在 Ubuntu 中也可以安装图形界面开发工具），但是在 Linux 系统中开发 C/C++程序是比较方便的。

Linux 系统中的动态库命名需要遵循一定规则，如果不遵循命名规则，有时就会出现一些莫名其妙的问题。

Linux 动态库的命令规范如下：

```
lib[动态库名字].so.主版本号.次版本号.发行版本号
```

比如我们要创建一个名为 test 的动态库，那么符合命名规范的完整名称举例如下：

```
libtest.so.1.0.123
```

需要说明的是，gcc 在链接时寻找的名称仍然是不包含版本号的文件名。如果要使用带有版本号的文件名，一般还需要建立一个软链接，指向真实动态库的文件名。

我们仍然以 5.1 节中的导出函数为例，导出一个计算 pi（π）的值的函数。先创建目录 chapter_5.2，测试程序都放在这个目录下，包括 dll（.so）的代码和对应的测试动态库的代码，以便于修改和调试。再创建子目录 testso 和 testexe，分别存放动态库代码和测试程序。

先在 testso 目录下创建 test.cpp，导出一个 calc_pi 函数，如代码清单 5-6 所示。

代码清单 5-6　导出 calc_pi 函数

```
 1 #include <stdio.h>
 2 #include <stdlib.h>
 3 extern "C"
 4 double calc_pi()
 5 {
 6         double x = ;
 7         double y = ;
 8         double pi = ;
 9         int num = ;
10         int iter = ;
11         const int try_times = 10000000;
12         const double max_val = 32767.0;
13         while (iter++ <= try_times)
14         {
15                 x = (double)(rand() % 32768) / max_val;
16                 y = (double)(rand() % 32768) / max_val;
17                 if ((x * x + y * y) <= 1)
18                         num++;
19         }
20         pi = (4.0 * num) / try_times;
21         return pi;
22 }
```

再创建一个 test.h 程序，包含代码 extern "C" double calc_pi()，用来声明 calc_pi 函数。测试程序在使用动态库时可以包含该头文件，调用 calc_pi 函数。注意，在 test.h 和 test.cpp 程序中都要加上 extern "C"，告知 gcc 要以 C 语言的方式生成动态库函数，以便其他语言正常调用。

修改 Makefile 文件能够创建动态库，测试动态库对应的 Makefile 文件如代码清单 5-7 所示。

代码清单 5-7　修改.so 动态库对应的 Makefile 文件

```
 1 EXECUTABLE:= libtest.so
 2 LIBDIR:=
 3 LIBS:=
 4 INCLUDES:=.
 5 SRCDIR:=
 6
 7 CC:=g++
 8 CFLAGS:= -g -fPIC -Wall -O0
 9 CPPFLAGS:= $(CFLAGS)
10 CPPFLAGS+= $(addprefix -I,$(INCLUDES))
11 CPPFLAGS+= -I.
12 CPPFLAGS+= -MMD
13
14 RM-F:= rm -f
15
16 SRCS:= $(wildcard *.cpp) $(wildcard $(addsuffix /*.cpp, $(SRCDIR)))
17 OBJS:= $(patsubst %.cpp,%.o,$(SRCS))
18 DEPS:= $(patsubst %.o,%.d,$(OBJS))
19 MISSING_DEPS:= $(filter-out $(wildcard $(DEPS)),$(DEPS))
20
21
22 .PHONY : all deps objs clean
23 all:$(EXECUTABLE)
24 deps:$(DEPS)
25
26 objs:$(OBJS)
27 clean:
28        @$(RM-F) *.o
29        @$(RM-F) *.d
30
31 ifneq ($(MISSING_DEPS),)
32 $(MISSING_DEPS):
33        @$(RM-F) $(patsubst %.d,%.o,$@)
34 endif
35 -include $(DEPS)
36 $(EXECUTABLE) : $(OBJS)
37        $(CC) -shared -o $(EXECUTABLE) $(OBJS) $(addprefix -L,$(LIBDIR)) $(addprefix -l,$(LIBS))
38
39
```

在代码清单 5-7 中，Makefile 文件的大部分内容与之前示例代码中用到的 Makefile 文件相同，只有少数几个不同的地方（使用箭头进行了标识）。

第 1 行修改为动态库的名称 libtest.so，第 8 行添加了一个-fPIC 选项。如果是动态库，就必须有-fPIC 选项。如果没有添加该选项，动态库中又调用了其他库文件，那么链接时会出错，如图 5-13 所示。

```
[root@SimpleSoft testso]# make
g++ -g -Wall -O0 -I. -I -MMD -c -o test.o test.cpp
g++ -shared -o libtest.so test.o
/usr/bin/ld: test.o: relocation R_X86_64_PC32 against symbol `rand@@GLIBC_2.2.5' can not be used when making a shared object; recompile with -fPIC
/usr/bin/ld: 最后的链结失败: 错误的值
collect2: 错误: ld 返回 1
make: *** [Makefile:37: libtest.so] 错误 1
[root@SimpleSoft testso]#
```

图 5-13　没有-fPIC 选项，链接错误

在图 5-13 中，链接错误提示需要添加-fPIC 选项。因此，我们需要在 CFLAGS 中添加-fPIC 选项。关于-fPIC 选项的详细内容，感兴趣的读者可以参考 gcc 的官方文档。

最后一个需要添加的选项是-shared，指明我们的结果文件是共享库，而不是静态库或者可执行程序。如果没有-shared选项，结果文件默认会被当作可执行文件，链接时会提示找不到main函数，如图5-14所示。

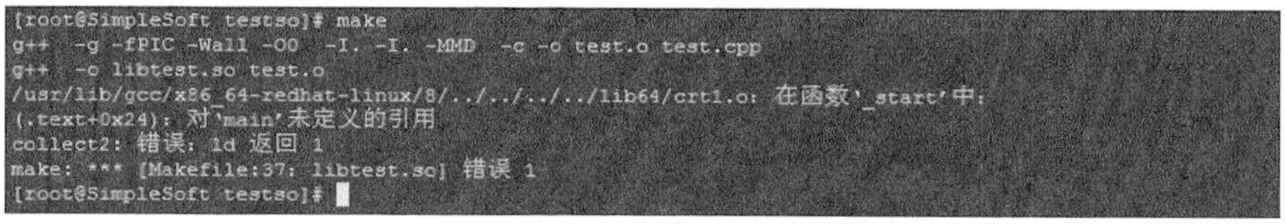

图5-14 找不到main函数，链接错误

由于在没有-shared选项的情况下默认构建可执行文件，而动态库中只有一个calc_pi函数，所以会提示找不到main函数。

在这几个选项设置好后，执行make命令，就可以成功构建出libtest.so动态库。与Windows系统中的动态库相似，我们也希望查看动态库是否能够成功导出函数。Linux系统中也有对应的工具可以查看动态库导出的函数信息，工具的名称为nm。nm是name的缩写，是Linux系统中查看动态库和可执行文件导出符号的工具。使用nm查看libtest.so的导出函数，需要执行以下命令：

```
nm libtest.so
```

结果如图5-15所示。

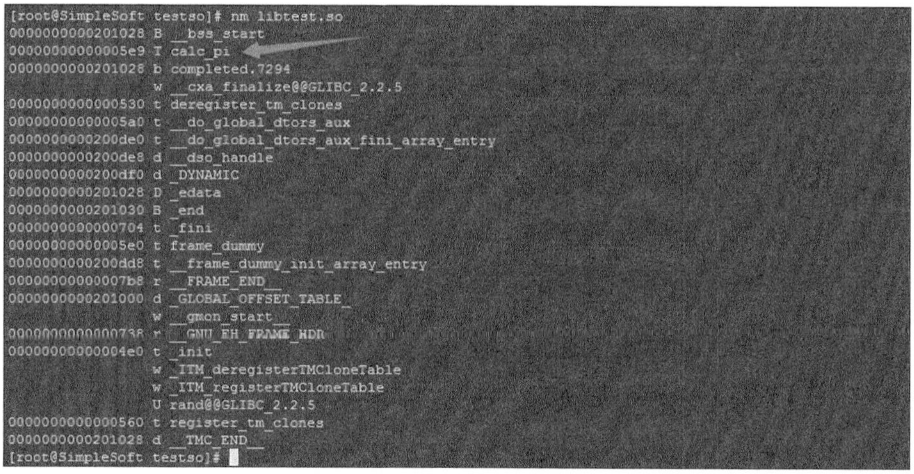

图5-15 查看动态库导出函数

图5-15中列出了很多导出函数，除calc_pi外，这些导出函数都是系统内置函数，包括我们调用的rand函数等。函数前面的字母表示不同的含义，比如t表示符号在数据段，d表示符号在代码段等。

5.2.2　使用动态库

在 Linux 系统中使用动态库有两种方式，一种是静态链接，另一种是动态链接，这与 Windows 系统基本一致。在 chapter_5.2 目录下创建一个目录 testexe，用于存放测试程序。测试程序先使用静态链接的方式来使用动态库。测试程序很简单，只是调用 calc_pi 函数，如代码清单 5-8 所示。

代码清单 5-8　libtest.so 动态库的测试程序

```
#include <iostream>
#include "test.h"
using namespace std;
int main()
{
        double pi = calc_pi();
        cout << "pi is " << pi << endl;
        return 0;
}
```

代码清单 5-8 中包含 test.h 头文件，该文件声明了 calc_pi 函数，所以我们直接包含该头文件。因为该文件存放在 testexe 同级目录的 testso 中，所以 Makefile 文件中也包含 testso 目录，以便能够编译通过。testexe 的 Makefile 文件如代码清单 5-9 所示。

代码清单 5-9　测试程序的 Makefile 文件

```
 1 EXECUTABLE:= test
 2 LIBDIR:=../testso
 3 LIBS:=test
 4 INCLUDES:=../testso
 5 SRCDIR:=
 6
 7 CC:=g++
 8 CFLAGS:= -g  -Wall -O0
 9 CPPFLAGS:= $(CFLAGS)
10 CPPFLAGS+= $(addprefix -I,$(INCLUDES))
11 CPPFLAGS+= -I.
12 CPPFLAGS+= -MMD
13
14 RM-F:= rm -f
15
16 SRCS:= $(wildcard *.cpp) $(wildcard $(addsuffix /*.cpp, $(SRCDIR)))
17 OBJS:= $(patsubst %.cpp,%.o,$(SRCS))
18 DEPS:= $(patsubst %.o,%.d,$(OBJS))
19 MISSING_DEPS:= $(filter-out $(wildcard $(DEPS)),$(DEPS))
20
21
22 .PHONY : all deps objs clean
23 all:$(EXECUTABLE)
24 deps:$(DEPS)
25
26 objs:$(OBJS)
27 clean:
28         @$(RM-F) *.o
29         @$(RM-F) *.d
30
31 ifneq ($(MISSING_DEPS),)
32 $(MISSING_DEPS):
33         @$(RM-F) $(patsubst %.d,%.o,$@)
34 endif
35 -include $(DEPS)
36 $(EXECUTABLE) : $(OBJS)
37         $(CC) -o $(EXECUTABLE) $(OBJS) $(addprefix -L,$(LIBDIR)) $(addprefix -l,$(LIBS))
38
39
```

除了在测试程序的 Makefile 文件中添加../testso 包含目录，因为要使用动态库，所以还要将../testso 添加至 LIBDIR，指示 gcc 链接时从 testso 目录去寻找动态库，并且指明名称为 test。虽然动态库的名称为 libtest，但是在这里要省略 lib，因为 gcc 会自动添加 lib 组合成真正的名称。删除-fPIC 选项和-shared 选项，将可执行文件名称设置为 test。

在 testexe 目录下执行 make 命令，如果没有错误就可以成功编译并链接。执行 test 程序，在 Shell 中输入“./test”，显示失败，结果如图 5-16 所示。

```
[root@SimpleSoft testexe]# ./test
./test: error while loading shared libraries: libtest.so: cannot open shared object file: No such file or directory
[root@SimpleSoft testexe]#
```

图 5-16　执行 test 显示失败

在图 5-16 中，执行 test 时提示找不到 libtest.so。确实，libtest.so 与 test 不在同一个目录下，可以将 libtest.so 复制到 testexe 目录中再次尝试，结果仍然出错，如图 5-17 所示。

```
[root@SimpleSoft testexe]# cp ../testso/libtest.so .
[root@SimpleSoft testexe]# ll
总用量 108
-rwxr-xr-x. 1 root root 13760 6月  14 04:43 libtest.so
-rw-r--r--. 1 root root   730 6月  14 04:38 Makefile
-rwxr-xr-x. 1 root root 38376 6月  14 04:39 test
-rw-r--r--. 1 root root   142 6月  14 00:54 test.cpp
-rw-r--r--. 1 root root    34 6月  14 04:39 test.d
-rw-r--r--. 1 root root 38768 6月  14 04:39 test.o
[root@SimpleSoft testexe]# ./test
./test: error while loading shared libraries: libtest.so: cannot open shared object file: No such file or directory
[root@SimpleSoft testexe]#
```

图 5-17　执行 test 仍然显示失败

如上错误与未复制 libtest.so 时的错误相同。但是，这与在 Windows 系统中使用动态库不同，只要 Windows 系统中的动态库和可执行文件在同一个目录下，就可以正常执行并成功加载动态库。这是因为 Linux 系统动态库的查找路径与 Windows 系统不同。在 Windows 系统中查找动态库时，会在与可执行文件相同的目录下进行查找，然后再去系统目录或者指定路径下查找。而在 Linux 系统运行时，查找动态库的顺序如下所示。

- **按照可执行文件指定的路径：**链接时 gcc 可以加入链接参数“-Wl,-rpath”，指定动态库搜索路径，一般很少这样用。
- **/usr/lib、/lib 和/usr/local/lib 路径：**/usr/lib 目录下有很多动态库。
- **在 LD_LIBRARY_PATH 环境变量中设定的路径：**这是比较常用的方法，在此添加动态库路径，而且只会影响当前 Shell。
- **在/etc/ld.so.conf 中配置的路径：**部分程序会修改这里的配置。

为了执行程序，我们可以简单地将动态库所在的路径 testso 添加到 LD_LIBRARY_PATH 中。在 Shell 中执行以下命令：

```
export LD_LIBRARY_PATH=../testso:$LD_LIBRARY_PATH
```

再次运行 test 程序，即可正常运行。这时我们可以执行 ldd 命令来查看 test 所依赖的动态库 libtest 是否能够被找到，如图 5-18 所示。

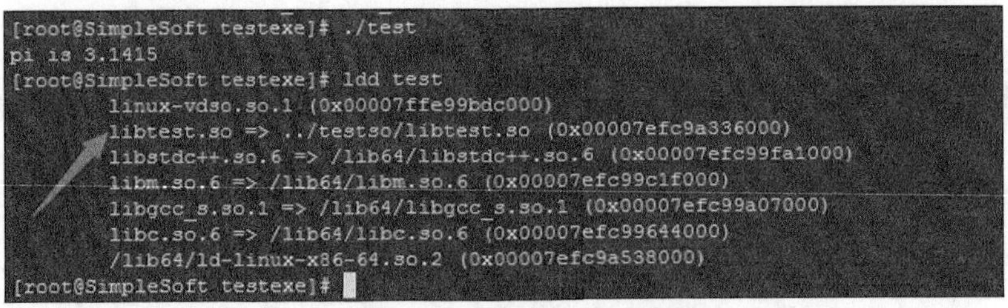

```
[root@SimpleSoft testexe]# ./test
pi is 3.1415
[root@SimpleSoft testexe]# ldd test
        linux-vdso.so.1 (0x00007ffe99bdc000)
        libtest.so => ../testso/libtest.so (0x00007efc9a336000)
        libstdc++.so.6 => /lib64/libstdc++.so.6 (0x00007efc99fa1000)
        libm.so.6 => /lib64/libm.so.6 (0x00007efc99c1f000)
        libgcc_s.so.1 => /lib64/libgcc_s.so.1 (0x00007efc99a07000)
        libc.so.6 => /lib64/libc.so.6 (0x00007efc99644000)
        /lib64/ld-linux-x86-64.so.2 (0x00007efc9a538000)
[root@SimpleSoft testexe]#
```

图 5-18　查看 test 的依赖库

从图 5-18 中可以发现，test 程序能够正常运行，并且可以找到依赖的动态库 libtest.so。

还可以使用 ldconfig 命令来设置动态库的路径，效果与设置 LD_LIBRARY_PATH 类似。不过 ldconfig 设置的是系统的动态库路径，设置完成后，新的 Shell 窗口也能起作用。

ldconfig 是系统动态库链接管理工具，在使用 ldconfig 的时候需要注意以下两点。

- 如果把动态库文件复制到/usr/lib 或者/lib 中，在复制完成以后，需要执行 ldconfig 命令，否则不会起效果。
- 如果不添加到/usr/lib 或者/lib 中，而是添加到/etc/ld.so.conf 中，那么在该文件后面追加动态库路径并修改完后，需要执行 ldconfig 命令。

上面介绍的是通过静态链接动态库的方式来使用动态库。Linux 系统与 Windows 系统相似，也支持动态链接动态库，即调用动态库函数时才会真正载入动态库，而不是在程序启动时载入动态库。

有专门的函数可以动态调用 so，就像 Windows 系统中有 LoadLibrary 和 GetProcAddress，Linux 系统有对应的 dlopen 函数和 dlsym 函数。通过 dlopen 函数来载入动态库，然后调用 dlsym 函数来获得函数地址，最后调用函数。接下来，我们新建一个 dtest 目录，使用其中的代码来演示如何动态调用动态库，如代码清单 5-10 所示。

代码清单 5-10　动态调用动态库

```
1 #include <dlfcn.h>
2 #include <iostream>
3 using namespace std;
4 typedef double (*CALC_PI)();
5 int main()
6 {
7
8        void* handle = dlopen("libtest.so",RTLD_NOW);
9        if(!handle)
10       {
11               cout << "can't open the dll libtest.so" <<endl;
12               return 1;
13       }
14       CALC_PI calc_pi =(CALC_PI) dlsym(handle,"calc_pi");
15       if(!calc_pi)
16       {
17               cout << "can't get the calc_pi" <<endl;
18               return 1;
19       }
20       double pi = calc_pi();
21       cout << "pi is " << pi << endl;
22       dlclose(handle);
23       return 0;
24 }
```

在代码清单 5-10 中，第 4 行声明了一个函数指针，第 8 行使用 dlopen 函数来载入 libtest 动态库，也可以使用绝对路径或者相对路径（比如../testso/libtest.so）来载入动态库。然后在第 14 行获取 calc_pi 的函数指针，在第 20 行调用 calc_pi 函数。

通过动态链接的方式来使用动态库比静态链接的方式要更复杂一些，但是可以更加灵活地控制动态库的载入。

5.2.3　调试动态库

如果拥有动态库和动态库调用者的源代码，那么使用 gdb 调试动态库也很简单。与调试普通的应用程序相似，能够方便调试的前提是动态库和动态库的调用者在编译时添加-g 选项。

1．动态库和调用者都有源代码

动态库和调用者都有源代码时，调用过程相对比较简单。我们以 testso 和 testexe 为例进行调试，testexe 以静态链接的方式调用 testso。

我们在 Shell 中用 gdb 来启动 testexe 测试程序，这样既可以在 testexe 代码中设置断点，又可以在 testso 代码中设置断点。在为 testso 代码设置断点时，由于测试程序未启动，因此 testso 还没有被加载，调试符号也没有被加载。gdb 会询问是否为动态库设置一个断点，如图 5-19 所示。

输入 y 就是为动态库设置断点，但是该断点的状态是挂起的，gdb 并不了解将来是否会命中该断点。即使在 gdb 的命令窗口中为一个不存在的文件或者函数设置断点也是可以的，只不过断点的状态同样是挂起的状态，而且永远不会命中该断点。比如为一个不存在的文件和函数设置断点，如图 5-20 所示。

```
Type "apropos word" to search for commands related to "word"...
Reading symbols from testexe...done.
(gdb) b main
Breakpoint 1 at 0x40094e: file testexe.cpp, line 6.
(gdb) b test.cpp:calc_pi
No source file named test.cpp.
Make breakpoint pending on future shared library load? (y or [n]) y
Breakpoint 2 (test.cpp:calc_pi) pending.
(gdb) 
```

图 5-19　为动态库设置断点

```
(gdb) b test2.cpp:maintest
No source file named test2.cpp.
Make breakpoint pending on future shared library load? (y or [n]) y
Breakpoint 3 (test2.cpp:maintest) pending.
(gdb) i b
Num     Type           Disp Enb Address            What
1       breakpoint     keep y   0x000000000040094e in main() at testexe.cpp:6
2       breakpoint     keep y   <PENDING>          test.cpp:calc_pi
3       breakpoint     keep y   <PENDING>          test2.cpp:maintest
(gdb) 
```

图 5-20　为不存在的函数设置断点

图 5-20 中一共设置了 3 个断点，其中两个是挂起状态，断点 2 是我们为 libtest 动态库设置的，断点 3 是为不存在的函数设置的。

在 gdb 命令窗口中输入 r 启动程序，首先会在 main 函数处中断，表示程序已经启动。由于 testexe 是以静态链接的方式调用动态库，所以程序启动后会加载动态库，对应的调试符号也会加载成功。这时使用 i b 命令来查看断点信息，如图 5-21 所示。

```
(gdb) r
Starting program: /root/codes/book_debug/chapter_5.2/testexe/testexe

Breakpoint 1, main () at testexe.cpp:6
6               double pi = calc_pi();
(gdb) i b
Num     Type           Disp Enb Address            What
1       breakpoint     keep y   0x000000000040094e in main() at testexe.cpp:6
        breakpoint already hit 1 time
2       breakpoint     keep y   0x00007ffff7bd25f1 in calc_pi() at test.cpp:6
3       breakpoint     keep y   <PENDING>          test2.cpp:maintest
(gdb) 
```

图 5-21　查看断点信息

从图 5-21 中可以发现，断点 2 已经不再是挂起的状态，这时继续执行程序，在 gdb 命令窗口中输入“c”继续运行，会在 calc_pi 函数中命中断点并暂停，如图 5-22 所示。

程序在图 5-22 中执行至动态库的 calc_pi 函数并发生中断，这时 gdb 的所有命令都是适用的，比如查看变量、查看源文件、查看栈帧信息等。

如果是动态链接动态库，那么设置断点的过程是相同的，只是加载动态库的调试符号稍有不同。由于是动态调用动态库，因此在测试程序启动时并不会加载动态库，也不会加载动态库的调试符号，如图 5-23 所示。

```
(gdb) c
Continuing.

Breakpoint 2, calc_pi () at test.cpp:6
6               double x = 0;
(gdb) i locals
x = 0
y = 2.0735485556219402e-317
pi = 9.8813129168249309e-324
num = 32767
iter = -134225584
try_times = 0
max_val = 0
(gdb) l
1       #include <stdio.h>
2       #include <stdlib.h>
3       extern "C"
4       double calc_pi()
5       {
6               double x = 0;
7               double y = 0;
8               double pi = 0;
9               int num = 0;
10              int iter = 0;
(gdb) bt
#0  calc_pi () at test.cpp:6
#1  0x0000000000400953 in main () at testexe.cpp:6
(gdb) n
7               double y = 0;
(gdb) 
```

图 5-22　在动态库函数中的断点处中断

```
Reading symbols from test...done.
(gdb) b main
Breakpoint 1 at 0x40098e: file t.cpp, line 8.
(gdb) b test.cpp:calc_pi
No source file named test.cpp.
Make breakpoint pending on future shared library load? (y or [n]) y
Breakpoint 2 (test.cpp:calc_pi) pending.
(gdb) i b
Num     Type           Disp Enb Address            What
1       breakpoint     keep y   0x000000000040098e in main() at t.cpp:8
2       breakpoint     keep y   <PENDING>          test.cpp:calc_pi
(gdb) r
Starting program: /root/codes/book_debug/chapter_5.2/dtest/test

Breakpoint 1, main () at t.cpp:8
8               void* handle = dlopen("../testso/libtest.so",RTLD_NOW);
(gdb) i b
Num     Type           Disp Enb Address            What
1       breakpoint     keep y   0x000000000040098e in main() at t.cpp:8
        breakpoint already hit 1 time
2       breakpoint     keep y   <PENDING>          test.cpp:calc_pi
(gdb) 
```

图 5-23　没有加载动态库的调试符号

从图 5-23 中可以看出，我们同样为测试程序的 main 函数设置了一个断点，也为 libtest 动态库的 calc_pi 函数设置了一个断点。然后继续执行 r 命令启动测试程序。接下来，使用 i b 命令来查看断点信息，发现 2 号断点仍然是挂起状态，说明动态库还没有被加载。

继续执行 dlopen 函数，查看断点状态。在 gdb 命令窗口中输入“n”，执行下一行代码，如图 5-24 所示。

```
(gdb) n
9               if(!handle)
(gdb) i b
Num     Type           Disp Enb Address            What
1       breakpoint     keep y   0x000000000040098e in main() at t.cpp:8
        breakpoint already hit 1 time
2       breakpoint     keep y   0x00007ffff6cdc5f1 in calc_pi() at test.cpp:6
(gdb) 
```

图 5-24　加载动态库的调试符号

从图 5-24 中可以发现，动态库的调试符号已经被加载成功，对应的 2 号断点也不再是挂起状态。如果继续向下执行，就会在动态库的 calc_pi 函数中暂停。

无论测试程序中是否包含调试符号，只要动态库中包含调试符号，就可以通过这种方式来调试动态库。

2. 附加到进程调试动态库

如果程序开始运行后要调试动态库，就需要将测试程序附加到 gdb 中，然后再设置断点进行调试。我们对 testexe 进行轻微的改造，使其能够接受用户的输入，如代码清单 5-11 所示。

代码清单 5-11　接受用户输入的测试程序

```
#include <iostream>
#include "test.h"
using namespace std;
int main()
{
        printf("1:call calc_pi 2:exit\n");
        while(true)
        {
                int number = 0;
                cin >> number;
                switch(number)
                {
                        case 1:
                        {
                                double pi = calc_pi();
                                cout << "pi is " << pi << endl;
                                break;
                        }
                        case 2:
                                return 0;
                        default:
                                break;
                }
        }
        return 0;
}
```

在代码清单 5-11 中，如果用户输入“1”，就执行动态库函数 calc_pi；如果用户输入“2”，测试程序就会退出。

这样就可以先行启动测试程序，在命令行中启动 testexe 测试程序，打开一个新的 Shell 窗口，以便能够附加进程到 gdb。在新 Shell 窗口中使用 ps 命令查看 testexe 进程的 ID，如图 5-25 所示。

```
[root@SimpleSoft ~]# ps aux | grep testexe
root      3461  0.0  0.2  15808  1728 pts/0    S+   08:40   0:00 ./testexe
root      3463  0.0  0.1  12320   980 pts/2    S+   08:40   0:00 grep --color=a
uto testexe
[root@SimpleSoft ~]#
```

图 5-25　查看 testexe 进程的 ID

从图 5-25 中可以发现，testexe 的进程 ID 是 3461，于是在 Shell 中输入以下命令进入 gdb 的命令行窗口：

```
gdb attach 3461
```

如果要为 calc_pi 函数设置断点，那么执行以下命令：

```
b test.cpp:calc_pi
```

得到如图 5-26 所示的提示。

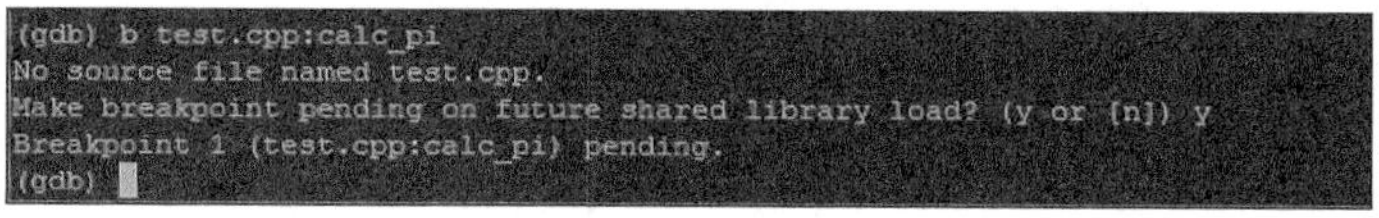

```
(gdb) b test.cpp:calc_pi
No source file named test.cpp.
Make breakpoint pending on future shared library load? (y or [n]) y
Breakpoint 1 (test.cpp:calc_pi) pending.
(gdb)
```

图 5-26　发现没有源文件

从图 5-26 中可以发现没有名为 test.cpp 的源文件。这是不正常的，因为程序已经开始运行，而且是静态链接，即动态库早已经被加载，为什么会找不到对应的调试符号呢？

刚开始附加进程时，gdb 就已经给出了一条警告信息，如图 5-27 所示。

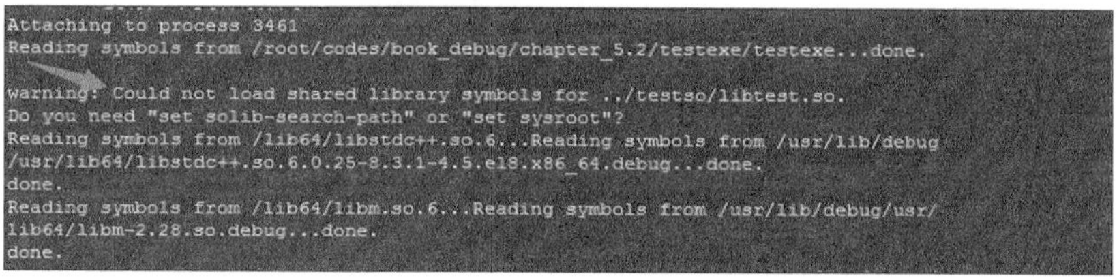

```
Attaching to process 3461
Reading symbols from /root/codes/book_debug/chapter_5.2/testexe/testexe...done.

warning: Could not load shared library symbols for ../testso/libtest.so.
Do you need "set solib-search-path" or "set sysroot"?
Reading symbols from /lib64/libstdc++.so.6...Reading symbols from /usr/lib/debug
/usr/lib64/libstdc++.so.6.0.25-8.3.1-4.5.el8.x86_64.debug...done.
done.
Reading symbols from /lib64/libm.so.6...Reading symbols from /usr/lib/debug/usr/
lib64/libm-2.28.so.debug...done.
done.
```

图 5-27　gdb 的警告信息

从图 5-27 可以看出，gdb 提示无法为 libtest.so 加载符号。由于我们打开了一个新的 Shell 窗口，当前目录并不是 testexe 目录，然而 testexe 程序是在 testexe 目录下运行的，而且 LD_LIBRARY_PATH 也是相对于 testexe 目录设置的，因此 gdb 找不到符号。于是我们退出调试，重新进入 testexe 目录，再次附加进程，即可成功加载动态库符号，如图 5-28 所示。

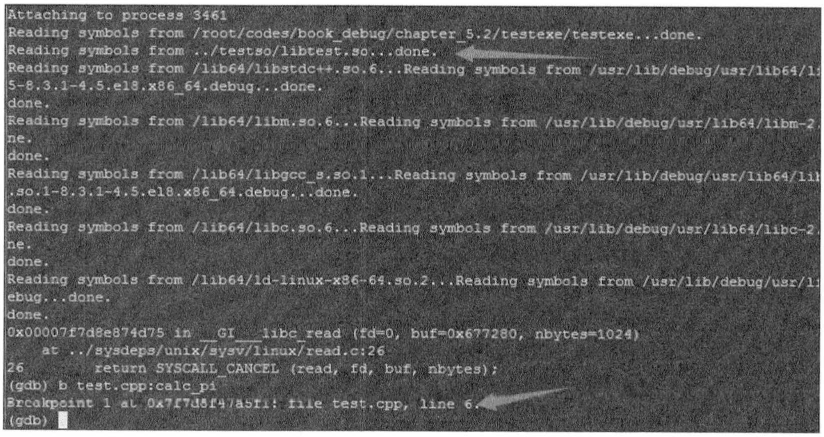

```
Attaching to process 3461
Reading symbols from /root/codes/book_debug/chapter_5.2/testexe/testexe...done.
Reading symbols from ../testso/libtest.so...done.
Reading symbols from /lib64/libstdc++.so.6...Reading symbols from /usr/lib/debug/usr/lib64/l
5-8.3.1-4.5.el8.x86_64.debug...done.
done.
Reading symbols from /lib64/libm.so.6...Reading symbols from /usr/lib/debug/usr/lib64/libm-2.
ne.
done.
Reading symbols from /lib64/libgcc_s.so.1...Reading symbols from /usr/lib/debug/usr/lib64/li
.so.1-8.3.1-4.5.el8.x86_64.debug...done.
done.
Reading symbols from /lib64/libc.so.6...Reading symbols from /usr/lib/debug/usr/lib64/libc-2.
ne.
done.
Reading symbols from /lib64/ld-linux-x86-64.so.2...Reading symbols from /usr/lib/debug/usr/l
ebug...done.
done.
0x00007f7d8e874d75 in __GI___libc_read (fd=0, buf=0x677280, nbytes=1024)
    at ../sysdeps/unix/sysv/linux/read.c:26
26          return SYSCALL_CANCEL (read, fd, buf, nbytes);
(gdb) b test.cpp:calc_pi
Breakpoint 1 at 0x7f7d8f47a5f1: file test.cpp, line 6.
(gdb)
```

图 5-28　成功加载动态库符号

从图 5-28 中可以看到，动态库符号被成功加载，而且成功为 calc_pi 函数设置了断点。在 gdb 命令窗口中执行 c 命令，程序继续执行，接着就会在 calc_pi 函数中暂停，如图 5-29 所示。

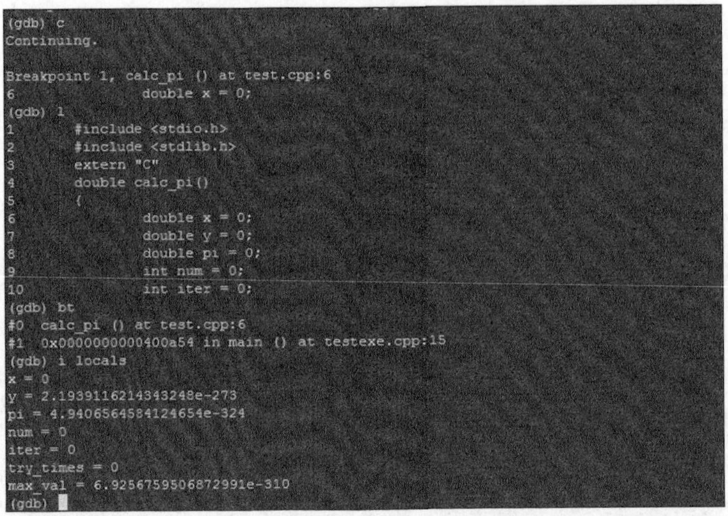

```
(gdb) c
Continuing.

Breakpoint 1, calc_pi () at test.cpp:6
6               double x = 0;
(gdb) l
1       #include <stdio.h>
2       #include <stdlib.h>
3       extern "C"
4       double calc_pi()
5       {
6               double x = 0;
7               double y = 0;
8               double pi = 0;
9               int num = 0;
10              int iter = 0;
(gdb) bt
#0  calc_pi () at test.cpp:6
#1  0x0000000000400a54 in main () at testexe.cpp:15
(gdb) i locals
x = 0
y = 2.1939116214343248e-273
pi = 4.9406564584124654e-324
num = 0
iter = 0
try_times = 0
max_val = 6.9256759506872991e-310
(gdb)
```

图 5-29   命中 calc_pi 函数的断点

如果使用 ldconfig 的方式或者将动态库复制到/usr/lib 中的方式来加载动态库，那么使用 gdb 附加程序的方式会更加方便，这样在任意位置都可以启动附加进程，不用到特定的目录中去启动 gdb。

<<< 第 6 章 >>>

内存检查

内存检查的内容包括内存泄漏（memory leak）、内存被破坏等。内存泄漏是指程序中动态分配的堆内存由于某种原因（比如代码的 BUG）未被程序释放，造成系统内存的浪费，导致程序运行速度减慢甚至系统崩溃。

内存泄漏非常具有隐蔽性，不易被发现。通常一次操作的内存泄漏量非常少，无法人为判断内存是否泄漏。如果软件运行时间长，这些看似很小的内存泄漏，最后也会积累到很大的一个值。内存泄漏往往比其他内存错误（比如内存非法访问错误等）更难检测。如果程序中访问了非法内存，程序往往会崩溃，通过一定的技术手段能够定位程序崩溃的位置。但是发生内存泄漏的原因通常是内存块未被释放，我们很难在短时间内了解内存使用量上升的情况是否正常。因此，防止软件内存泄漏对开发人员来讲是一个不小的挑战，尤其是开发后期，随着代码量的增加，找到内存泄漏的位置会更加困难。所以，在代码开发期间，我们应该尽量尝试使用调试器来查找内存泄漏问题，也可以使用一些静态或动态的内存检测工具来辅助检测内存泄漏问题，从而避免软件发布后还有内存泄漏的情况发生。

内存被破坏，是指在对内存执行写操作的时候，由于超出了内存本身的大小（堆溢出、栈溢出）而写入到其他地方，导致其他内存块被写入数据，严重情况下会导致程序崩溃。

6.1 VC 调试器和 C/C++内存检查机制

内存泄漏和内存被破坏是两个非常不容易被发现的问题，如果我们能够有效地利用调试器以及相关的工具来辅助开发和检测，解决内存泄漏和内存被破坏问题会简单一些。

6.1.1 内存泄漏测试程序

本节先进行一项测试程序，模拟程序中的内存泄漏持续较长时间并观察后果。先编写一段小程序，不停地分配内存，但是不释放内存，如代码清单 6-1 所示。

代码清单 6-1　模拟内存泄漏的代码

```cpp
 4    #include <iostream>
 5    void memory_leak_test()
 6    {
 7        for (int i = 0; i < 2048; i++)
 8        {
 9            char* test = new char[1024 * 1024];
10        }
11    }
12    int main()
13    {
14        std::cout << "Memory leak test" << std::endl;
15        memory_leak_test();
16        return 0;
17    }
18
```

在代码清单 6-1 中，memory_leak_test 函数循环分配内存，每次分配 1 MB，但是不释放内存，这样就相当于长时间运行一个有内存泄漏问题的程序。直接运行程序查看效果，发行版的运行结果如图 6-1 所示。

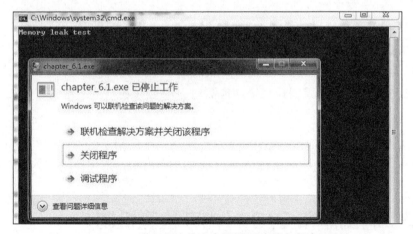

图 6-1　发行版中的内存泄漏导致程序崩溃

从图 6-1 中可以看到，运行发行版后，程序立刻崩溃。如果单击"调试程序"按钮，就会弹出图 6-2 所示的对话框。

此时，只能继续单击"确定"按钮。但这并不会像其他的崩溃程序一样，能够定位到崩溃位置。

图 6-2　单击"调试程序"按钮弹出的对话框

如果以调试版来运行程序，那么会直接进入调试状态。按 F5 键启动调试，程序开始运行后同样会崩溃，而且会弹出图 6-3 所示的对话框。

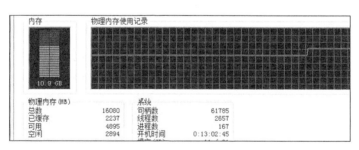

图 6-3　调试版的程序停止在崩溃的代码行

从图 6-3 中可以看到，程序在分配内存的代码行处崩溃，分配内存时会抛出一个异常：std::bad_alloc，即分配内存失败。这时可以发现 i 的值小于 2 048，即分配的内存不到 2 GB，而且系统的内存并没有被完全占用，如图 6-4 所示。

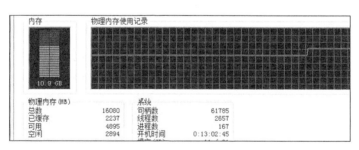

图 6-4　系统中还有很多空闲内存

尽管图 6-4 显示系统中还有很多空闲内存，但是对 32 位程序来说，如果没有启用扩展内存，最多可以使用 2 GB 内存。而且由于加载程序本身会占用内存，函数调用、全局变量等也会占用内存，所以可供程序分配的内存会小于 2 GB，即程序在分配到小于 2 GB 内存时会失败。我们可以在任务管理器中查看此时测试程序占用了多少内存，如图 6-5 所示。

所以我们的测试程序在分配不到 2 GB 内存时就不再分配内存，程序会直接崩溃（因为没有处理异常）。

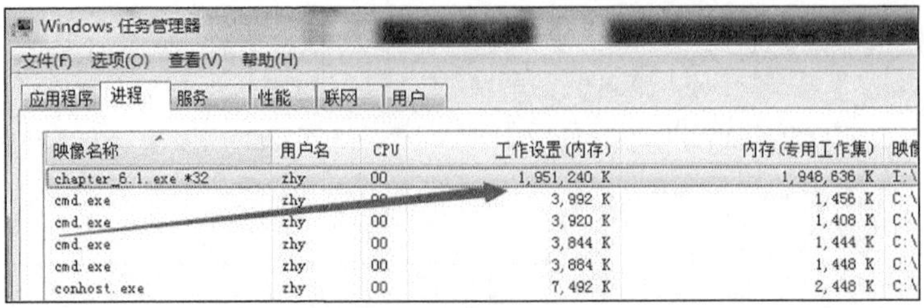

图 6-5　测试程序所占内存

但是在现实的应用软件中，几乎不会发生这么明显的内存泄漏。即使有内存泄漏，内存泄漏的速度也不会很快，程序可能需要运行几天几夜或者几十天才会崩溃。

我们希望有一种机制能在程序退出时自动报告代码中哪些位置发生了内存泄漏以及泄漏量等信息。这样可以保证每次新添加的代码都不会发生内存泄漏，因为每一次内存泄漏都能在调试过程中被发现并且解决。

其实，微软提供了类似的功能。VC++为 C 提供了一些调试 API，通过使用这些调试 API，就可以帮助我们检查内存泄漏的问题，起到事半功倍的效果。

6.1.2　使用 VC 运行时库函数来检测内存泄漏

VC 运行时库提供了一些与调试有关的函数，本节重点介绍怎样使用函数来监控内存的泄漏问题。我们最终的目标是希望调试器能够报告出现内存泄漏问题的位置。需要说明的是，这些函数都是在调试版中才有效，在发行版中不起任何作用，因此发行版不会受到任何负面影响。

1．显示内存泄漏报告

调试函数_CrtSetDbgFlag 能够通过调试堆来跟踪内存分配的方式。_CrtSetDbgFlag 函数可以设置一些调试标志，这些标志可以影响到 VC++程序在分配堆内存时的一些行为，比如跟踪内存的分配方式等。如果使用得当，就能有利于检查内存泄漏。该函数原型如下：

```
int _CrtSetDbgFlag(int newFlag );
```

该函数允许应用程序控制堆管理器来跟踪内存的分配方式。通过设置一些标志，可以汇报内存的使用情况，比如发生了内存泄漏等。

参数 newFlag 可以设置为表 6-1 中的一个或者多个值。如果设置为多个值，就需要使

用|符号来连接。

表 6-1　newFlag 取值

值	默认值	含义
_CRTDBG_ALLOC_MEM_DF	On	On：启用调试堆分配和使用内存块类型标志，比如 _CLIENT_BLOCK Off：将新分配的内存添加到堆链表中，但是设置块类型为 _IGNORE_BLOCK
_CRTDBG_CHECK_ALWAYS_DF	Off	On：在每次分配和释放内存时都会调用 _CrtCheckMemory Off：_CrtCheckMemory 不会主动调用，必须显式调用
_CRTDBG_DELAY_FREE_MEM_DF	Off	On：如果内存被释放，则仍然保存在堆链表中，只是将它们设置为 _FREE_BLOCK，并且使用 0xDD 填充 Off：不在堆链表中保存已经释放的内存
_CRTDBG_CHECK_CRT_DF	Off	On：在内存泄漏检查中包含 _CRT_BLOCK 类型 Off：C 运行时库内部使用的内存被忽略
_CRTDBG_LEAK_CHECK_DF	Off	On：在程序退出时，通过调用 _CrtDumpMemoryLeaks 自动进行内存泄漏检查并生成错误报告

_CrtDumpMemoryLeaks 函数会显示内存泄漏报告。在测试程序中添加 malloc 和 new 函数分配内存，但是不释放内存，观察程序结束时是否显示内存泄漏报告。内存泄漏代码如代码清单 6-2 所示。

代码清单 6-2　内存泄漏代码

```
1   #include <iostream>
2   void new_test()
3   {
4       int* test1 = new int[100];
5       int* test2 = new int[16];
6       memset(test2, 0, 16);
7   }
8
9   void malloc_test()
10  {
11      char* test1 = (char*)malloc(100);
12      char* test2 = (char*)malloc(6);
13
14  }
15  int main()
16  {
17      _CrtSetDbgFlag(_CRTDBG_ALLOC_MEM_DF);   //启用调试对管理
18      std::cout << "Memory leak test" << std::endl;
19      new_test();
20      malloc_test();
21      _CrtDumpMemoryLeaks();   //显示内存泄漏报告
22      return 0;
23  }
```

在代码清单 6-2 中，new_test 和 malloc_test 都分配了一些内存空间，但是没有释放内存。程序在 main 函数中调用_CrtSetDbgFlag 来启用调试堆内存管理，然后在退出时调用_CrtDumpMemoryLeaks 来显示内存泄漏报告。按 F5 键以调试模式运行程序，直到程序运行结束，在输出窗口得到图 6-6 所示的信息。

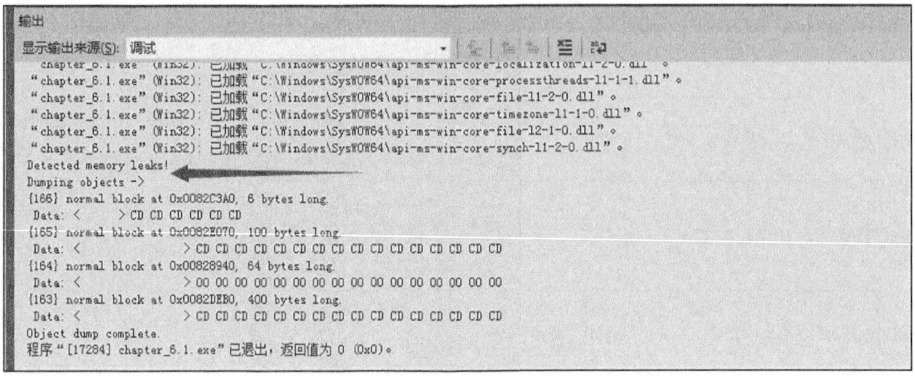

图 6-6　显示内存泄漏报告

从图 6-6 中我们可以发现，输出窗口已经报告了内存泄漏，而且有 4 处内存泄漏，编号分别为 163～166。该编码表示是第多少次分配内存，比如，166 表示是程序第 166 次分配内存。这里显示的内存泄漏报告的顺序刚好与分配内存的顺序相反。

我们在 new_test 中分配了两个整型数组 test1 和 test2，因为一个整型是 4 字节，所以最后分别是 400 字节和 64 字节未被释放，其编号分别为 163 和 164。在 malloc_test 中，分别分配了 100 字节和 6 字节，因此输出窗口中显示的是 100 字节和 6 字节未被释放。其中的"CD CD"表示内存中的值。因为我们没有对其进行赋值，所以根据该窗口输出的内存泄漏报告，可以看到程序中的代码虽然分配了内存，但是没有释放内存。我们可以根据这个信息去解决内存泄漏的问题。

2．定位内存泄漏的代码位置

虽然程序已经可以报告内存泄漏问题，但是用起来还是不方便，因为并不能真正了解发生内存泄漏的具体位置。上述测试程序的代码很简单，所以可以分析得出具体的泄漏位置。但是，在真实的软件中不可能有这么明显的泄漏，而且真实的软件代码量巨大，很难马上确定是哪些代码出现了问题，因此这种实现方式是远远不够的。

如果在编译程序时出现了编译错误，会提示哪一行有错误。使用鼠标左键双击错误信息，可以立刻定位到代码所在位置，如图 6-7 所示。

图 6-7 中的输出窗口提示了一个编译错误，指出在 chapter_6.1.cpp 的第 11 行找不到

malloc1 标识符，双击出错位置可以立刻定位到代码位置，非常方便。

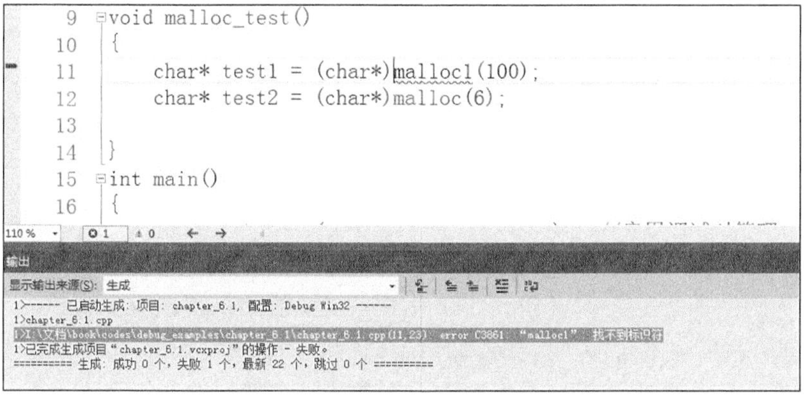

图 6-7　提示编译错误的具体位置

　　我们希望在输出窗口报告内存泄漏时，除显示有多大内存空间泄漏外，也能双击泄漏位置，直接跳转到对应的代码行。

　　我们主要使用 malloc 和 new 函数分配内存，所以如果对 malloc 和 new 函数进行改进，使其能够接收文件名和行号等信息，那么在输出窗口中显示时就可以定位到源代码对应的位置。VC 中有两个内嵌的预处理器宏，分别是__FILE__和__LINE__。__FILE__代表当前代码所在的文件名，__LINE__表示当前代码所在的行号，因此可以通过文件名和代码的行号确定代码所在的位置。

　　在调试模式下，我们还可以使用重载版本的 new 操作符。重载版本的 new 操作符原型如代码清单 6-3 所示。

代码清单 6-3　new 操作符

```
26        _VCRT_ALLOCATOR void* __CRTDECL operator new(
27            _In_    size_t      _Size,
28            _In_    int         _BlockUse,
29            _In_z_  char const* _FileName,
30            _In_    int         _LineNumber
31            );
```

　　在代码清单 6-3 中，可以看到 new 操作符可以接收一个文件名和一个行号（第 3 个和第 4 个参数），所以在调用 new 时可以使用 new 操作符来分配内存，以便保留文件名和代码行的信息，这样在输出内存泄漏信息时就会显示文件名和行号。

　　在调试模式下，malloc 也有一个对应的函数_malloc_dbg，如代码清单 6-4 所示。

代码清单 6-4　_malloc_dbg 函数

```
419        _ACRTIMP _CRTALLOCATOR void* __cdecl _malloc_dbg(
420        _In_         size_t       _Size,
421        _In_         int          _BlockUse,
422        _In_opt_z_ char const* _FileName,
423        _In_         int          _LineNumber
424        );
```

在代码清单 6-4 中，_malloc_dbg 函数同样也可以接受一个文件名和行号参数。因此，在使用 new 和 malloc 函数的时候，只需要替换成对应重载后的 new 和_malloc_dbg 函数即可。

但是重载的 new 和_malloc_dbg 函数均只在调试版中起作用，在发行版中不起作用。因此我们在代码中重新定义 new 和 malloc 函数，以便能够在调试版中起作用，而又不影响发行版。同时，我们也不可能替换已经调用了正常的 new 和 malloc 函数的位置，因为工作量巨大，所以只需要重新定义 new 和 malloc 函数，已经使用的代码都不用做修改。修改后的代码如代码清单 6-5 所示。

代码清单 6-5　使用新的 new 和 malloc 函数

```
1   #include <iostream>
2   #ifdef _DEBUG
3   #define new    new(_NORMAL_BLOCK, __FILE__, __LINE__)
4   #define   malloc(s) _malloc_dbg(s, _NORMAL_BLOCK, __FILE__, __LINE__)
5   #endif
6   void new_test()
7   {
8       int* test1 = new int[100];
9       int* test2 = new int[16];
10      memset(test2, 0, 16);
11  }
12  void malloc_test()
13  {
14      char* test1 = (char*)malloc(100);
15      char* test2 = (char*)malloc(6);
16  }
17  int main()
18  {
19      _CrtSetDbgFlag(_CRTDBG_ALLOC_MEM_DF);  //启用调试对管理
20      std::cout << "Memory leak test" << std::endl;
21      new_test();
22      malloc_test();
23      _CrtDumpMemoryLeaks();   //显示内存泄漏报告
24      return 0;
25  }
```

在代码清单 6-5 中，除新添加两个#define 外，其他代码没有任何改变，但是效果有很大不同。我们再次按 F5 键启动程序，查看输出窗口，如图 6-8 所示。

图 6-8 中的内存泄漏报告中包含文件名和行号信息，双击选中的位置可以立刻切换到对应的代码行。这样就达到了我们的预期效果，定位内存泄漏问题就会方便得多。

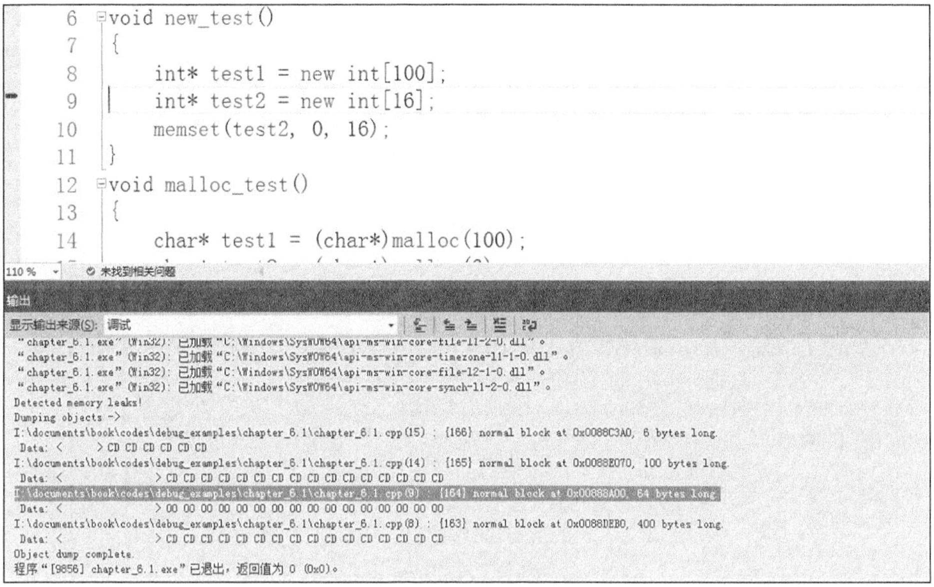

```
 6  ⊟void new_test()
 7   {
 8       int* test1 = new int[100];
 9       int* test2 = new int[16];
10       memset(test2, 0, 16);
11   }
12  ⊟void malloc_test()
13   {
14       char* test1 = (char*)malloc(100);
```

110% ▾ ⊘ 未找到相关问题

输出

显示输出来源(S): 调试   ▾ | ⅀ ⅀ ⅀ ⅀ ⅀

"chapter_6.1.exe"(Win32): 已加载 "C:\Windows\SysWOW64\api-ms-win-core-file-l1-2-0.dll"。
"chapter_6.1.exe"(Win32): 已加载 "C:\Windows\SysWOW64\api-ms-win-core-timezone-l1-1-0.dll"。
"chapter_6.1.exe"(Win32): 已加载 "C:\Windows\SysWOW64\api-ms-win-core-file-l2-1-0.dll"。
"chapter_6.1.exe"(Win32): 已加载 "C:\Windows\SysWOW64\api-ms-win-core-synch-l1-2-0.dll"。
Detected memory leaks!
Dumping objects ->
I:\documents\book\codes\debug_examples\chapter_6.1\chapter_6.1.cpp(15) : {166} normal block at 0x0088C3A0, 6 bytes long.
 Data: <   > CD CD CD CD CD CD
I:\documents\book\codes\debug_examples\chapter_6.1\chapter_6.1.cpp(14) : {165} normal block at 0x0088E070, 100 bytes long.
 Data: <   > CD CD CD CD CD CD CD CD CD CD CD CD CD CD CD CD
I:\documents\book\codes\debug_examples\chapter_6.1\chapter_6.1.cpp(9) : {164} normal block at 0x0088BA00, 64 bytes long.
 Data: <   > 00 00 00 00 00 00 00 00 00 00 00 00 00 00 00 00
I:\documents\book\codes\debug_examples\chapter_6.1\chapter_6.1.cpp(8) : {163} normal block at 0x0088DEB0, 400 bytes long.
 Data: <   > CD CD CD CD CD CD CD CD CD CD CD CD CD CD CD CD
Object dump complete.
程序 "[9856] chapter_6.1.exe" 已退出，返回值为 0 (0x0)。

图 6-8 输出文件名和行号

3. 分配内存时设置断点

实际的应用程序并没有这么简单，调用者之间的关系也是错综复杂。比如我们的示例代码中有一个 test_c 类，这个类非常简单，但是有多个位置在使用这个类，如代码清单 6-6 所示。

代码清单 6-6 使用 test_c 类

```
 6  ⊟class test_c
 7   {
 8   public:
 9       test_c()
10       {
11           data = new char[10];
12       }
13       virtual `test_c()
14       {
15           delete[]data;
16       }
17   private:
18       char* data;
19   };
```

代码清单 6-6 中的 test_c 类本身并没有问题，也不会有内存泄漏的情况发生。但是如果使用这个类的位置发生内存泄漏，也会导致这个类本身发生内存泄漏，而且最后会被检测到，如图 6-9 所示。

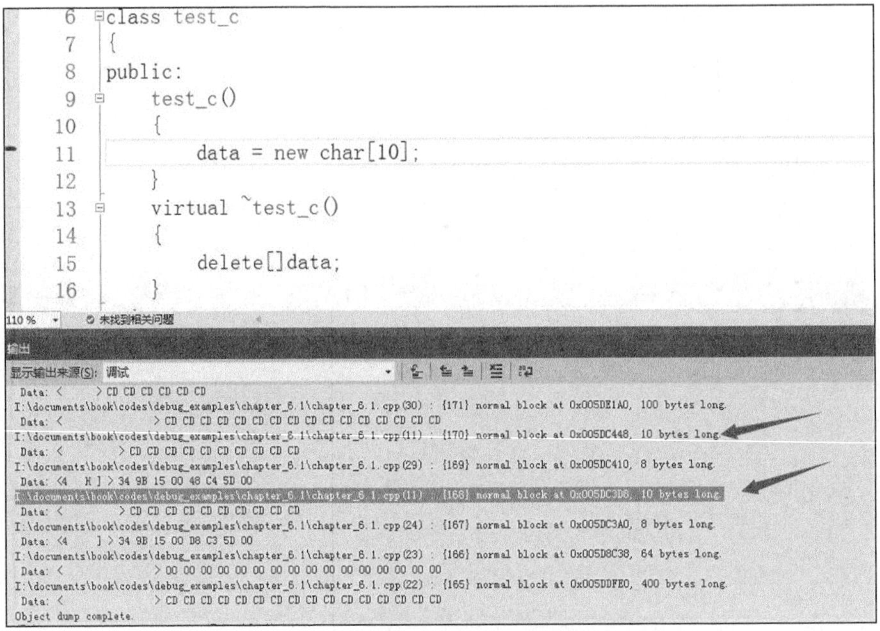

图 6-9　内存泄漏报告显示 test_c 类有泄漏

从图 6-9 中我们看到，有两处 test_c 类的内存泄漏，位置都指向代码的第 11 行，即 test_c 类的构造函数。但是我们无法在 test_c 类的构造函数中设置断点来查看调用 test_c 类的位置，因为有很多地方会调用 test_c 类，而且大部分调用是正常的。所以，我们需要使用其他方法，使代码能够在发生内存泄漏时暂停，以便能够观察当时的运行环境，包括栈情况等。

前面介绍过，在输出窗口显示的内存泄漏报告中，除文件名和行号外，还有一个内存分配的序号。图 6-9 中的序号 168 对应的内存分配就是 test_c 类的构造函数中的 new 分配内存，所以我们希望在这次分配内存时，代码能够发生中断。

在 VC 运行时，库调试函数中还有一个函数，可以用来设置断点。函数原型如下：

```
_CrtSetBreakAlloc( _In_ long _NewValue );
```

该函数只有一个参数，就是内存分配的序号。即当内存分配到该序号时，代码就会发生中断。在代码中使用该函数，因为我们希望在第 168 次分配内存时发生中断，所以将 168 作为参数传递，再重新按 F5 键执行代码，这时就会在第 168 次分配内存时发生中断，如图 6-10 所示。

从图 6-10 中可以看到，代码触发了一个断点，在 test_c 类的构造函数中执行 new 函数时发生中断，这就是第 168 次分配内存。我们可以很轻松地通过堆栈看到，main 函数中调用了 malloc_test 函数，main_test 函数中分配了 test_c 类，最后导致内存泄漏。

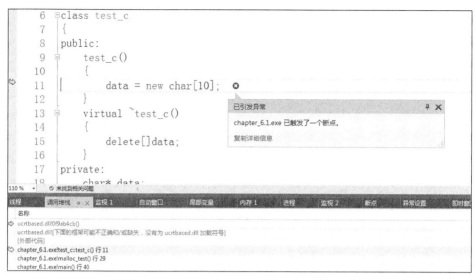

```
   6  □class test_c
   7   {
   8   public:
   9  ┊     test_c()
  10  ┊     {
  11  |         data = new char[10];   ⊗
  12  ┊     }
  13  ┊     virtual ~test_c()
  14  ┊     {
  15  ┊         delete[]data;
  16  ┊     }
  17   private:
  18          char* data
```

已引发异常   ⊹ ✕

chapter_6.1.exe 已触发了一个断点。

复制详细信息

110 % ▾ ⊘ 未找到相关问题

| 线程 | 调用堆栈 | ⊹ ✕ | 监视 1 | 自动窗口 | 局部变量 | 内存 1 | 进程 | 监视 2 | 断点 | 异常设置 | 即时窗 |

名称
ucrtbased.dll!0f9ab4cb()
ucrtbased.dll![下面的框架可能不正确和/或缺失，没有为 ucrtbased.dll 加载符号]
[外部代码]
chapter_6.1.exe!test_c::test_c() 行 11
chapter_6.1.exe!malloc_test() 行 29
chapter_6.1.exe!main() 行 40

图 6-10　在第 168 次分配内存时发生中断

6.1.3　检测堆内存破坏（堆溢出）

对于内存泄漏问题，在程序调试过程中基本可以找到问题所在。但是还有一种情况，就是分配的内存被破坏。这也是一个比较难以发现的问题，往往隐藏得更深，而且在程序运行过程中表现出来的问题往往是随机的。下面来演示堆内存被破坏的情况，如代码清单 6-7 所示。

代码清单 6-7　堆内存被破坏

```
  27  □void malloc_test()
  28   {
  29      test_c* test = new test_c();
  30      char* test1 = (char*)malloc(100);
  31      char* test2 = (char*)malloc(6);
  32      const char* str = "this is a test";
  33      memcpy(test2, str, strlen(str));
  34   }
```

在代码清单 6-7 中，第 33 行代码将字符串 str 通过内存拷贝的方式复制给 test2。test2 分配了 6 字节，但是复制给它的字符串超过了 6 字节。也就是说，test2 之外的内存已经被覆盖（超过了 test2 本身的分配空间，已经溢出）。无论这种代码处于编译阶段还是运行阶段，通常情况下不会有任何提示，运行时也不会有任何问题，所以很难靠肉眼去寻找问题。

调试函数中还有一个_CrtCheckMemory 函数，它会检查在堆栈上分配的每一块内存的完整性。如果分配的内存没有遭到破坏，就返回 true，否则返回 false，因此我们刚好可以把它用在_ASSERT 宏中。如果条件为 true，就说明我们的代码没有问题；如果条件为 false，就表示分配的内存出现了问题，程序会发生中断。在 main 函数中可以添加以下命令来提示堆内存是否被破坏：

```
_ASSERT(_CrtCheckMemory());
```

然后直接按 F5 键启动调试，执行测试程序，结果如图 6-11 所示。

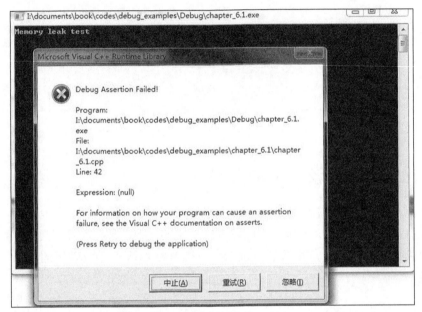

图 6-11　_CrtCheckMemory()失败

在图 6-11 中，单击"重试"按钮就会定位到调用_CrtCheckMemory 的位置，该窗口的出现表示_CrtCheckMemory 检查失败，部分内存被破坏。

虽然检查到部分内存已经被破坏，但是程序在退出时才会提示信息不够，我们无法了解哪些内存被破坏，查找起来并不方便。

_CrtSetDbgFlag 的参数还有一个选项：_CRTDBG_CHECK_ALWAYS_DF，它表示每次分配内存的时候都要检查已经分配的堆内存的完整性。所以当一块堆内存被破坏时，并不能马上发现问题，而是在下一次分配内存时才会发现已经被破坏的堆内存，从而提示错误信息。所以，这已经非常接近破坏堆的原始位置。启用_CRTDBG_CHECK_ALWAYS_DF选项以后，程序运行的速度会小于正常运行速度，但是如果能够及时发现问题，尤其是在开发阶段就能发现问题，这当然是值得的。示例代码如代码清单 6-8 所示。

```
27  void malloc_test()
28  {
29      test_c* test = new test_c();
30      char* test1 = (char*)malloc(100);
31      char* test2 = (char*)malloc(6);
32      const char* str = "this is a test";
33      memcpy(test2, str, strlen(str));
34      char* test3 = new char[10];
35      delete[]test3;
36  }
37  int main()
38  {
39      //启用调试对管理
40      _CrtSetDbgFlag(_CRTDBG_ALLOC_MEM_DF | _CRTDBG_CHECK_ALWAYS_DF);
41      std::cout << "Memory leak test" << std::endl;
42      ////_CrtSetBreakAlloc(168);
43      malloc_test();
```

在代码清单 6-8 中，第 40 行代码调用_CrtSetDbgFlag 时添加了_CRTDBG_CHECK_
ALWAYS_DF 选项，以便每次分配内存时都检查堆内存的完整性。在代码的第 33 行，我们
对 test2 进行了覆盖操作，然后对 test3 进行内存分配。我们期望程序在分配 test3 时提示错
误，并且能够发生中断。接下来编译程序并按 F5 键启动调试，会弹出如图 6-12 所示的错
误提示对话框。

图 6-12　_CrtCheckMemory 失败

此时单击"重试"按钮，定位至出错位置，如图 6-13 所示。

从图 6-13 中可以发现，程序是在分配内存时发生中断，说明在这之前程序破坏了某个
堆内存。切换栈帧至分配内存的代码处，即 malloc_test 函数的第 34 行，如图 6-14 所示。

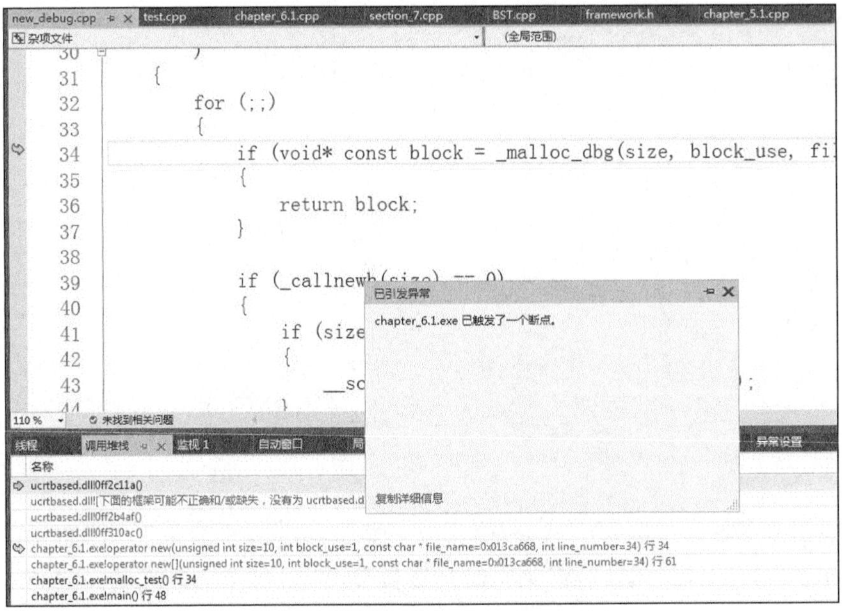

图 6-13 在分配内存的位置中断

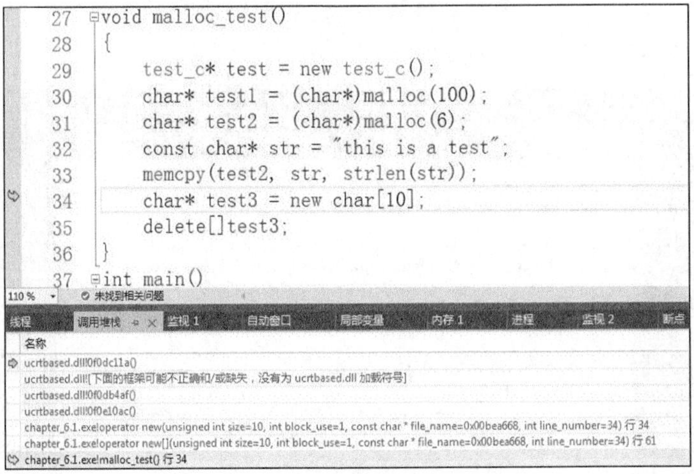

图 6-14 切换到分配内存的代码处

从图 6-14 中可以发现，程序正在执行分配内存的操作，说明前面的某个操作导致了某个堆内存的破坏。通过检查代码可以发现，代码的第 33 行破坏了 test2，从而定位至代码中的堆破坏代码。

6.1.4 使用数据断点来定位堆内存破坏问题

前面一节介绍了使用 VC 内置的一些调试函数来定位堆内存破坏问题，从整个过程来看，其实并不是十分方便，效率也不是很高，后面一些小节还会用到一些别的方法来定位跟踪内存问题，各有优缺点，本节主要介绍用数据断点的方式来定位堆内存破坏问题。

先看一个明显有问题的例子，这个代码很简单，就是对分配的堆内存进行覆盖，和前一节的代码很类似，如代码清单 6-9 所示。

代码清单 6-9 堆内存被破坏

```cpp
#include <iostream>
int main()
{
    char* pstr = new char[5];
    strcpy(pstr, "hello world");
    std::cout << pstr << std::endl;
    delete[]pstr;
    return 0;
}
```

如果编译这个代码后生成发行版，然后直接运行，在大多数情况下是可以正常工作的，感受不到它的问题的存在，字符串"hello world"也可以正常输出。如果编译代码后生成调试版，那么运行的时候就会提示错误，如图 6-15 所示。

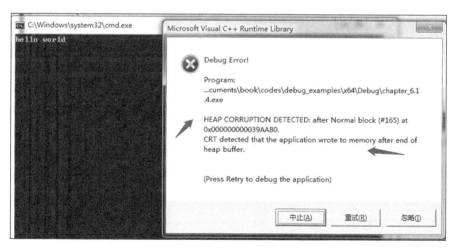

图 6-15　堆内存被破坏，调试版运行出错

从图 6-15 中可以很清晰地看到，堆内存被破坏了，并且提示在堆内存的末尾写入了数据。我们的示例代码确实是这样的，因为 pstr 只分配了 5 个字节的空间，却写入了 12 个字符（hello world，包含结束符），所以是在分配的内存的末尾写入了数据。如果是以调试的方式运行这个测试程序，点击"重试"按钮，可以定位到产生问题的地方，如图 6-16 所示。

```
  1
  2   #include <iostream>
  3   int main()
  4   {
  5       char* pstr = new char[5];
  6       strcpy(pstr, "hello world");
  7       std::cout << pstr << std::endl;
  8       delete[]pstr;
  9       return 0;
 10   }
```

图 6-16 点击"重试"进入到断点

从图 6-16 中可以看到,在代码执行到 delete []pstr 的时候,弹出了图 6-15 中的对话框。但是,为什么会弹出这样一个对话框呢?又是怎么检测到这个堆内存被破坏的呢?下面进行更为详细的介绍。

1. VC 编译器堆内存保护机制

为了方便开发者定位堆内存 BUG,微软的 VC 编译器额外做了很多有意义的工作,尤其是调试版,使用了不同的堆内存分配函数和释放函数。也就是说,在调试版和发行版中,开发人员使用同样的堆内存分配和释放函数(比如 new 和 delete),但是使用方式却是不一样的。

在 C 语言中,一般用 malloc 函数来分配堆内存。在 C++中,一般使用 new 函数来分配堆内存,当然也可以使用 malloc 函数和其他内存分配函数,因为 new 函数最终会调用 malloc 函数来进行堆内存分配。因此这里以 new 函数为例来介绍 VC 编译器在调试版情况下是如何分配堆内存的,又是如何检测堆内存被破坏的。

以如下代码为例来进行说明:

```
char* pstr = new char[5];
```

这行代码为 pstr 在堆上分配了 5 字节的空间,事实上,编译器除了为 pstr 分配 5 字节的空间外,为了跟踪堆内存,还需要额外分配一些空间,以便在释放内存的时候能够检测内存是否遭到破坏,比如是否越界、溢出(上溢或者下溢)等。编译器为 pstr 分配的实际内存空间如图 6-17 所示。

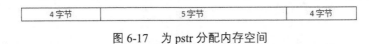

| 4 字节 | 5 字节 | 4 字节 |

图 6-17 为 pstr 分配内存空间

除了分配实际需要的 5 字节内存空间,同时还额外地在前后各加了 4 字节的内存空间(实际分配的内存空间比这还要多),用来检测内存的完整性以及是否溢出等。那么具体怎样检测内存的完整性呢?怎样判断这块内存是否遭到破坏了呢?

为了描述方便，把前后多余的这 4 字节区域分别称为前验标志和后验标志（微软用的是 gap 这个词汇），把实际需要的内存块称为用户数据内存块。由于前验标志内存块、用户数据内存块以及后验标志内存块三部分是一块连续的内存块（不一定需要物理连续，只需要虚拟地址空间是连续的），因此，如果用户数据内存块被覆盖了，那么后验标志内存块必然会被写入数据。同样地，如果用户数据内存发生了下溢，那么前验标志内存块也必然会被写入数据，所以，在释放用户数据内存块之前，只要检测一下前验标志内存块和后验标志内存块，就可以判断用户数据内存块是否遭到了破坏，如果遭到了破坏，就会弹出 assert 对话框进行提示（如图 6-15 所示的对话框）。事实上，VC 编译器也是这么做的。

为了能够在释放内存的时候进行比较，前验标志内存块和后验标志内存块必须提前设置好，在释放内存之前，如果检测到前验标志内存块或者后验标志内存块与预置的值不一样，就认为用户数据内存块遭到了破坏。在调试版中，当在堆上分配好一块内存之后，编译器会把前验标志内存块和后验标志内存块都设置为 0xfd，即这 8 字节都设置为 0xfd，而将用户数据库设置为 0xcd，汉字"屯"的编码是 0xcdcd，因此，如果你在调试状态下看一个刚分配的内存，里面的内容就会显示"屯屯"，这和后面第 10 章要介绍的烫是类似的。

用前面的代码来验证在分配一块堆内存之后，这个内存地址里面的值到底是什么样的。在调试状态下，在内存地址窗口中直接输入 pstr 的值，就可以查看到 pstr 地址对应值的情况，同时可以把鼠标停留在 pstr 上，可以查看到 pstr 的值，如图 6-18 所示。

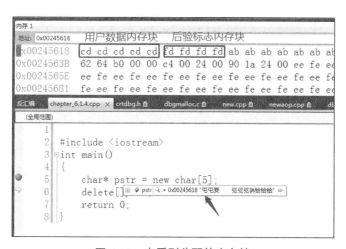

图 6-18　查看刚分配的内存块

在图 6-18 中可以很清楚地看到用户数据内存块和后验标志内存块，但是没有显示前验标志内存块，这是因为默认显示的是 pstr 的地址，即从 pstr 的首地址开始显示的。如果将 pstr 地址减去 4 字节，就可以看到前验标志内存块的值，因此，在内存地址栏里面输入 pstr-4

的值，再按回车键，如图 6-19 所示。

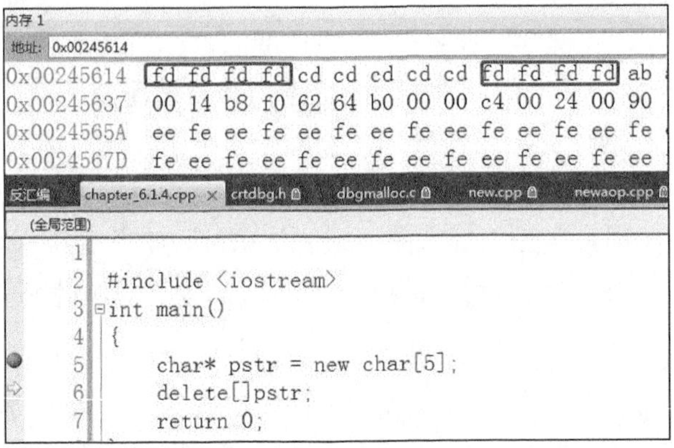

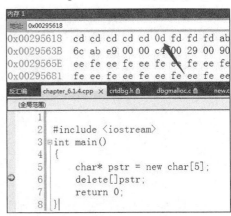

图 6-19　查看前验标志内存块的值

在图 6-19 中，把查看的内存地址往前移动了 4 字节，就可以看到前验标志内存块了，从图 6-19 中可以看到，前验标志内存块的值也是用 0xfd 填充的。

现在来验证一下是否只要把前验标志内存块或者后验标志内存块的内容修改一下，在释放内存的时候就会弹出"堆内存被破坏"的对话框。

在这里还是利用调试手段，先直接修改后验标志内存块的数据，看看后验标志内存块被修改后的行为。启动调试，在 delete []pstr 这行设置一个断点，在执行之前，修改一下后验标志内存块的数据。

同样地，在内存地址栏中输入 pstr 的值，内存窗口会显示 pstr 的各个字节的值，包括后验标志内存块的数据。要修改后验标志内存的值也很方便，比如要将后验标志内存块的第一个字节的值修改为 0d，则用鼠标左键单击第一个字节的 f 位置，然后输入"0"，就把原来的 fd 修改为了 0d，颜色也会发生变化，如图 6-20 所示。

图 6-20 修改了后验标志内存块的第一个字节，将原来的 fd 修改为 0d，修改完成后，接着执行代码，即执行 delete []pstr 这行代码，按 F10 键或者执行"逐过程"，会立刻弹出图 6-21 所示的对话框。

图 6-20　修改后验标志内存块的第一个字节

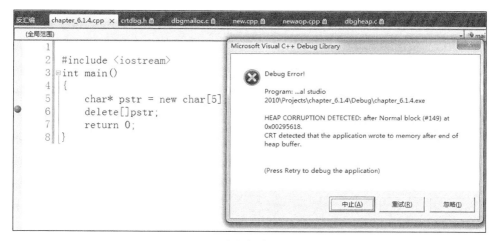

图 6-21　堆内存破坏的对话框

图 6-21 证明了只要后验标志内存块的内容被修改了，在释放内存的时候就会弹出堆内存被破坏的对话框，这个时候如果点击"重试"按钮，就可以进入到对话框对应代码的地方，如图 6-22 所示。

```
1357            if (!CheckBytes(pbData(pHead) + pHead->nDataSize, _bNoMansLandFill, nNoMansLandSize))
1358            {
1359                if (pHead->szFileName)
1360                {
1361                    _RPT5(_CRT_ERROR, "HEAP CORRUPTION DETECTED: after %hs block (#%d) at 0x%p. \n"
1362                        "CRT detected that the application wrote to memory after end of heap buffer. \n"
1363                        _ALLOCATION_FILE_LINENUM,
1364                        szBlockUseName[_BLOCK_TYPE(pHead->nBlockUse)],
1365                        pHead->lRequest,
1366                        (BYTE *) pbData(pHead),
1367                        pHead->szFileName,
1368                        pHead->nLine);
1369                }
1370                else
1371                {
1372                    _RPT3(_CRT_ERROR, "HEAP CORRUPTION DETECTED: after %hs block (#%d) at 0x%p. \n"
1373                        "CRT detected that the application wrote to memory after end of heap buffer. \n",
1374                        szBlockUseName[_BLOCK_TYPE(pHead->nBlockUse)],
1375                        pHead->lRequest,
1376                        (BYTE *) pbData(pHead));
1377                }
1378            }
1379        }
1380
```

图 6-22　检查后验代码块失败

图 6-22 中的代码是在文件 dbgheap.c 中，是 VC CRT 自带的源代码，这个文件里面实现了前面提到的包括分配堆内存，以及初始化堆内存、前验标志内存和后验标志内存的代码。图 6-21 中对话框的弹出是因为图 6-22 中的 CheckBytes 函数失败了，CheckBytes 函数

会检查前验标志内存块和后验标志内存块，图 6-22 这里是检验后验标志内存块时失败了，进入到了弹出对话框的逻辑，感兴趣的读者可以去查看一下具体的代码。

同样地，如果我们修改了前验标志内存块的数据，在释放内存的时候也会弹出图 6-21 的对话框，只是点击"重试"按钮后，进入的代码位置不同，是在检查前验标志内存块的时候失败了，如图 6-23 所示。

```
1333          /* check no-mans-land gaps */
1334          if (!CheckBytes(pHead->gap, _bNoMansLandFill, nNoMansLandSize))
1335          {
1336              if (pHead->szFileName)
1337              {
1338                  _RPT5(_CRT_ERROR, "HEAP CORRUPTION DETECTED: before %hs block (#%d) at 0x%p. \n"
1339                      "CRT detected that the application wrote to memory before start of heap buffer. \n"
1340                      _ALLOCATION_FILE_LINENUM,
1341                      szBlockUseName[_BLOCK_TYPE(pHead->nBlockUse)],
1342                      pHead->lRequest,
1343                      (BYTE *) pbData(pHead),
1344                      pHead->szFileName,
1345                      pHead->nLine);
1346              }
1347              else
1348              {
1349                  _RPT3(_CRT_ERROR, "HEAP CORRUPTION DETECTED: before %hs block (#%d) at 0x%p. \n"
1350                      "CRT detected that the application wrote to memory before start of heap buffer. \n"
1351                      szBlockUseName[_BLOCK_TYPE(pHead->nBlockUse)],
1352                      pHead->lRequest,
1353                      (BYTE *) pbData(pHead));
1354              }
```

图 6-23　检查前验标志内存块时失败

从图 6-22 和图 6-23 中可以看到，如果是前验标志内存块被破坏，那么弹出的对话框会提示在用户数据内存块之前被写入了数据；如果是后验标志内存块被破坏，那么会提示在用户数据内存块之后被写入了数据。根据这个提示，开发者就可以去寻找堆内存被破坏的原因。

代码清单 6-10 中的代码会导致后验标志内存块的数据被修改。

代码清单 6-10　后验标志内存块的数据被修改

```
#include <iostream>
int main()
{
    char* pstr = new char[5];
    strcpy(pstr,"teststr");
    delete[]pstr;
    return 0;
}
```

当执行到 delete []pstr 时，就会提示后验标志内存被破坏的对话框，因为代码清单 6-10 只为 pstr 分配了 5 字节的空间，但是却拷贝了 8 字节，所以后验标志内存块的前三个字节的数据都被覆盖了，如图 6-24 所示。

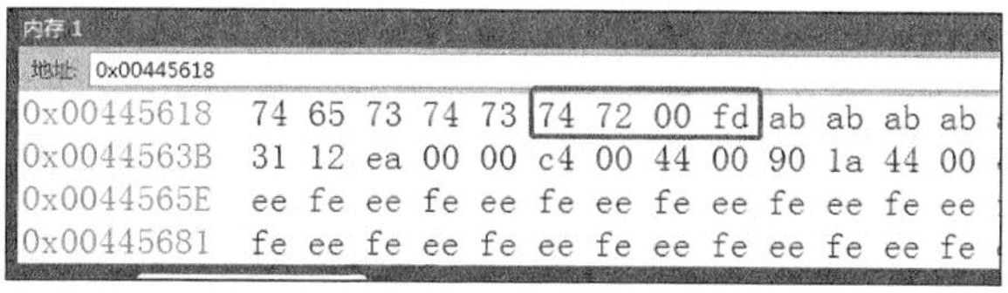

图 6-24　后验标志内存块的数据被覆盖

代码清单 6-11 中的代码会导致前验标志内存数据块的数据被修改。

代码清单 6-11　后验标志内存块数据被修改

```
#include <iostream>
int main()
{
    char* pstr = new char[5];
    char *temp = pstr;
    temp--;
    *temp='a';
    delete[]pstr;
    return 0;
}
```

在代码清单 6-11 中，借用了一个临时变量 temp 来修改前验标志内存块的数据，如果不借用 temp 临时变量，直接执行 pstr--的话，相当于把 pstr 的地址改变了，delete []pstr 会导致其他错误，这里不对其做详细叙述。

2. 使用数据断点定位堆内存破坏

前面介绍了 VC 编译器堆内存保护机制，在释放堆内存的时候，会检测堆内存是否遭到破坏，并给出提示信息。但是从开发实践角度来讲，仅仅知道堆内存被破坏还是不够的，往往堆内存被破坏的原因才是最重要的。也就是说，如果只知道堆内存被破坏了，而不知道在哪里被破坏的，就很难定位 BUG，也很难查出产生问题的真正原因。为什么 VC 编译器不是在内存被破坏的时候就马上报告错误，而是要等到释放堆内存的时候才提示错误呢？这个原因可能比较复杂，比如对于一块内存，分配和释放的路径是唯一的，但是对内存赋值的方式却是多种多样的，可以使用 memcpy、strcpy 等，还可以使用很多其他方法来对内存进行读写，所以很难全面进行跟踪。如果要实现全面跟踪，显然会对性能影响巨大，因为出问题的地方往往是小部分代码。

下面介绍使用数据断点来跟踪堆内存被破坏的问题，当堆内存被破坏时，立即让程序中断下来，这样就可以准确定位是在什么地方对特定的内存数据进行了破坏，而不用等到内存被释放的时候才知道内存被破坏了。

通过前面 VC 编译器对堆内存保护机制的介绍，我们知道什么情况下会导致堆内存被破坏以及什么情况下编译器会提示错误信息，也就知道了定位堆内存被破坏这种问题的思路了。这种思路与数据断点很吻合（在本书第 2 章中已经介绍过数据断点的知识），数据断点就是监控某一内存地址上的值是否发生变化，如果发生了变化，就会命中断点，让程序中断下来。

堆内存被破坏（比如溢出）的问题很复杂，往往在覆盖的时候并不会出问题，而是要等到释放内存或者再次使用该内存的时候才会出问题，所以表现出来的现象就是很没有规律，有时候是在做这个操作的时候程序崩溃了，有的时候又是在做别的操作的时候崩溃了，尤其是大型程序，定位就更加困难了。

以一个简单的程序来说明如何使用数据断点来定位堆内存溢出问题，如代码清单 6-12 所示。

代码清单 6-12　堆内存溢出示例代码

```cpp
#include <iostream>
#include <thread>
using namespace std;
char* pstr = NULL;
void thread_overwritten()
{
    strcpy(pstr, "hello world");
}
void thread_underflow()
{
    char* temp = pstr;
    temp--;
    *temp = 'a';
}
int main()
{
    pstr = new char[5];
    thread t1(thread_overwritten);
    thread t2(thread_underflow);
    this_thread::sleep_for(std::chrono::seconds(2));
    t2.join();
    t1.join();
    delete[]pstr;
```

```
        return 0;
    }
```

简单描述一下这个示例代码，为了模拟一个复杂场景，使用了两个线程，第一个线程模拟堆内存上溢问题，第二个线程模拟堆内存下溢问题，在 main 函数里面对 pstr 被分配了5字节的内存，然后启动两个线程，分别对 pstr 进行修改操作，然后在 main 函数里面等待两秒构造随机性，有可能是线程 1 的代码先执行，也有可能是线程 2 的代码先执行。不论是哪个线程先执行，我们都希望能够捕获堆内存溢出问题。

因为要模拟 pstr 不知道什么时候会被破坏，而且在被破坏的时候能够让程序中断下来，并且停在被破坏的代码处，因此，在启动调试以后，设置两个数据断点，一个监测前验标志内存块，一个监测后验标志内存块，这两个数据断点刚好分别监测内存的下溢和上溢。

首先在代码第 23 行设置一个断点，然后启动调试，在程序中断的时候，先设置第一个数据断点，如图 6-25 所示。

图 6-25　为前验标志内存块设置数据断点

在图 6-25 中的地址位置输入"pstr-1"，这个数据断点用来监控前验标志内存块的变化，即监控 pstr 的下溢问题。

接着设置第二个数据断点，如图 6-26 所示。

图 6-26 为后验标志内存块设置数据断点，因为 pstr 被分配了 5 字节，所以在地址框中输入"pstr+5"。

设置好之后，继续运行程序，看哪个线程先执行。每次的运行结果可能不一样，比如这次在线程 1 里面停了下来，如图 6-27 所示。

图 6-26 为后验标志内存块设置数据断点

```
 9      char* pstr = NULL;
10    □void thread_overwritten()
11     {
12          strcpy(pstr, "hello world");
13     }
14    □void thread_underflow()
15     {
16    ▷|  char* temp = pstr;
17          temp--;
18          *temp = 'a';
19     }
20    □int main()
21     {
22          pstr = new char[5];
```

命中数据断点   ✕

命中了以下断点:

当 0x00000000003984F5 更改 (4 字节) 时 在进
程 "chapter_6.1.4.exe" 中

图 6-27 定位堆内存上溢问题

从图 6-27 中可以看到,设置好数据断点以后,当对 pstr 进行覆盖时,断点立刻就被命中并中断,我们第一时间就知道是哪里的代码出了问题。也有可能会先执行线程 2 的代码,那么程序会先中断在线程 2 的函数代码中,如图 6-28 所示。

```
14    □void thread_underflow()
15     {
16          char* temp = pstr;
17          temp--;
18    ▷|  *temp = 'a';
19          已用时间 <= 2ms
20    □int main()
21     {
22          pstr = new char[5];
23          thread t1(thread_overwritt
24          thread t2(thread_underflow
25          this_thread::sleep_for(std
26          t2.join();
```

命中数据断点

命中了以下断点:

当 0x00000000003984EF 更改 (4 字节) 时 在进
程 "chapter_6.1.4.exe" 中

图 6-28 定位堆内存下溢问题

无论是上溢问题,还是下溢问题,使用数据断点都可以在发生问题的时候中断下来,从而准确地定位到问题的根源。

6.1.5 使用地址擦除系统(AddressSanitizer)来定位内存问题

前面几节介绍了定位堆内存被破坏的一些方法和手段,其中使用数据断点不仅可以定位堆内存遭到破坏的情况，而且可以定位栈空间溢出等情况，是一个比较通用的定位内存溢出问题（比如栈、堆缓冲区溢出）的方法。但是，使用数据断点有一个缺点，必须先定位被破坏的内存地址，比如要知道是哪个变量等，这给定位内存问题带来一定的限制，也不够灵活。如果程序足够复杂，问题又不少的话，处理这样的问题就需要花更多的时间。

C/C++程序最灵活的地方之一就是可以自由地使用内存，但是最通用的、又难以定位的问题往往也是各种内存问题，因此，如何在开发阶段就能高效地发现程序中的各种内存问题就显得非常重要。

从 Visual Studio 2019 16.9 版本开始，Microsoft C/C++ 编译器（MSVC）和 IDE 支持了一种叫作地址擦除系统（AddressSanitizer）的特性，这是一种编译器和运行时技术，可以定位和报告很多和内存相关的十余种错误，比如缓冲区溢出、野指针、分配和释放不匹配等，AddressSanitizer 提供了运行时与内存相关的 BUG 查找定位技术，而不用修改现有的代码，这样大大减轻了开发人员定位内存错误的成本，极大地提高了开发效率。补充说明一下，把 AddressSanitizer 翻译成"地址擦除系统"确实不太理想，可能是微软使用机器翻译的，后文除非特别说明，都使用 AddressSanitizer 来表示地址擦除系统。

1. 启用地址擦除系统（AddressSanitizer）

在安装或者在更新 Visual Studio 的时候，选中"C++ AddressSaniziter"并安装，如图 6-29所示。

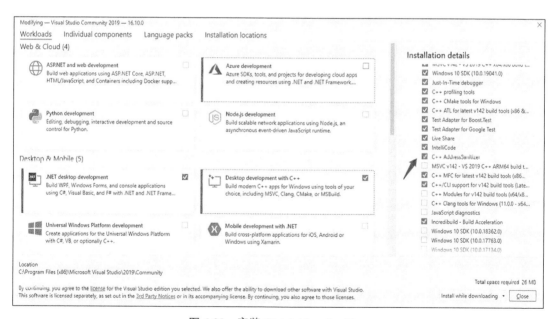

图 6-29　安装 C++ AddressSanitizer

如果是安装的是比较新的 Visual Studio 2019 或者 Visual Studio 2022，C++ AddressSanitizer 是默认选中的。除了要安装 AddressSanitizer，在项目属性的设置上也要做一些修改，因为 AddressSanitizer 与一些项目的属性设置不兼容，比如"编辑并继续""增量链接""运行时检查"等属性，如图 6-30 所示。

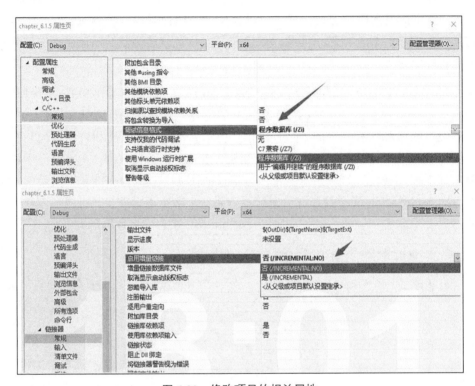

图 6-30　修改项目的相关属性

在图 6-30 中，需要把"调试信息格式"选项修改为"程序数据库"，在"启用增量链接"选项中修改为"否"，"运行时检查"也要禁用，"运行时检查"默认是禁止的。

除这几个项目属性外，还有一个关键属性要打开，即"启用地址擦除系统"要打开，如图 6-31 所示。

在图 6-31 中，将"启用地址擦除系统"设置为"是"，这样就可以使程序在编译和运行时能够使用 AddressSanitizer 技术，能够及时汇报和定位内存相关的问题。有一点需要说明的是，要使启用 AddressSanitizer 的程序能够正常运行，需要 Windows 8.1 以上的系统，即用 AddressSanitizer 编译的程序，需要在 Windows 8.1 以上的系统上才能正常运行。为了避免调试过程中产生一些问题，建议在 Windows 10 上进行 AddressSanitizer 的测试和开发。不过，一旦解决了与内存相关的问题，就可以关闭 AddressSanitizer 选项，编译出来的程序就不受 Windows 8.1 限制。

图 6-31　启用地址擦除系统

2. 使用 AddressSanitizer 检测、定位堆内存溢出

对于堆内存溢出问题，前面介绍了多种处理方法，如果要使用 AddressSanitizer 来定位和跟踪堆内存溢出的话，只需要启用 AddressSanitizer 选项，先看一个类似于前面堆内存溢出的示例，如代码清单 6-13 所示。

代码清单 6-13　堆内存溢出示例代码

```
void heap_buffer_overflow()
{
    char* str = new char[5];
    strcpy(str, "hello");
    delete[]str;
}
int main()
{
    heap_buffer_overflow();
    return 0;
}
```

代码清单 6-13 的代码很简单，也是前面多次使用过的例子，分配一个 5 字节的堆内存，然后拷贝 6 字节（包含了结束符）给堆，这也是一个经典的堆内存溢出的示例。接下来，看一下在启用了 AddressSanitizer 后程序的运行效果，直接编译程序，以非调试方式运行，结果如图 6-32 所示。

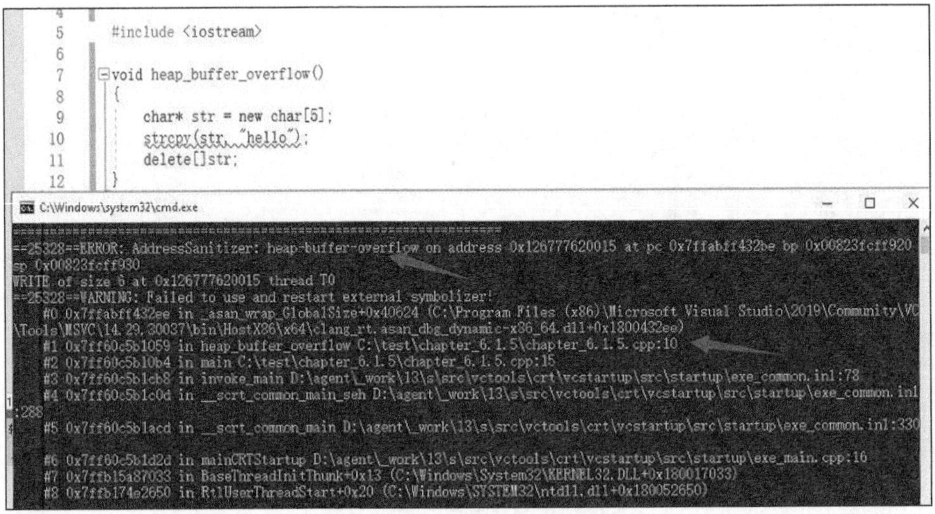

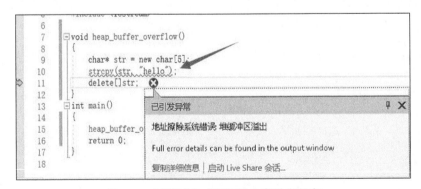

图 6-32　堆内存溢出的运行结果

图 6-32 中的运行结果包含了很多信息，接下来着重关注一些重点信息，参考图中箭头所指部分，第一个箭头所指部分报告了问题类型，即堆缓冲区溢出，第二个箭头所指部分，指出了是第 10 行代码导致的堆内存溢出，这是因为在第 10 行代码处执行了 strcpy 操作，导致堆内存溢出。如果是以调试方式运行程序，那么将更加方便，程序会直接在出问题的地方中断下来，如图 6-33 所示。

图 6-33　以调试方式运行堆内存溢出程序

从图 6-33 中可以看出，以调试方式运行堆内存溢出程序，程序会在出错的那行代码处中断下来，这样就更加方便查错，同时，在输出窗口仍然会输出很详细的错误信息。

3. 使用 AddressSanitizer 检测、定位内存分配和释放不匹配问题

内存分配和释放不匹配主要包括以下几种情况：第一种是使用 malloc 分配的内存，但是用 delete 去释放；第二种是使用 new 分配的内存，用 free 去释放；第三种是用 new[]分配的内存，但是释放时用的是 delete，或者反过来。代码清单 6-14 展示了这 3 种内存分配和释放不匹配的示例代码。

代码清单 6-14　内存分配和释放不匹配示例代码

```
void alloc_delloc_mismatch()
{
    char* pstr = new char[5];
    delete pstr;

    char* pstr2 =(char*) malloc(10);
    delete[]pstr2;

    char* pstr3 = new char[10];
    free(pstr3);
}
```

由于内存分配和释放不匹配的检测功能在 AddressSanitizer 中默认是没有开启的，因此要打开检测功能，可以在 Windows 命令行窗口中执行如下命令来设置这个环境变量：

```
set ASAN_OPTIONS=alloc_dealloc_mismatch=1
```

由于是在命令行窗口设置的环境变量，所以在设置完环境变量之后，只有在这个命令行窗口执行的程序才会受到环境变量的影响，因此，要运行这个测试程序，也需要在相同的命令行窗口中运行。然而，这种方式不是很方便。另外一种方式是可以把这个环境变量设置到系统环境变量里面，如图 6-34 所示。

如图 6-34 所示，把 ASAN_OPTIONS=alloc_dealloc_mismatch=1 设置到系统环境变量中，然后重启 Visual Studio，就可以使用 AddressSanitizer 的内存分配和释放不匹配的检测功能了。运行前面的内存分配和释放不匹配的示例代码，检测结果如图 6-35 所示。

由于 AddressSanitizer 使用的是异常机制，因此只要任意一个错误被检测到了，后面的错误代码就不会被执行，在 alloc_delloc_mismatch()测试函数中，虽然有多种内存分配和释放不匹配的问题，但是在第一次出错之后，后面的代码就不会被继续执行了。如果要检测其他的内

存分配和释放不匹配的问题，可以把别的代码暂时注释掉，只保留要进行验证检测的代码。

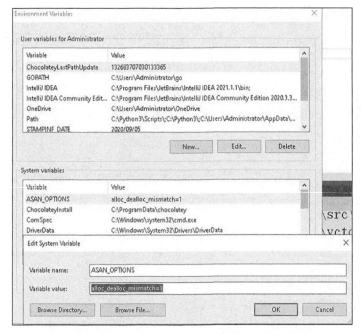

图 6-34　添加 ASAN_OPTIONS 到系统环境变量中

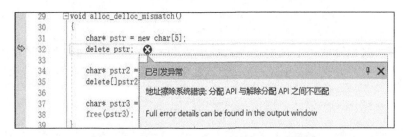

图 6-35　内存分配和释放不匹配的检测效果

4．使用 AddressSanitizer 检测、定位其他内存问题

对开发者来讲，AddressSanitizer 定位其他相关内存问题的方式都是类似的，由于篇幅的原因，在这里不一一举例，接下来把一些典型的 AddressSanitizer 能够检测到的内存问题都用代码做一个示例，感兴趣的读者可以运行这个示例以观察效果，示例代码如清单 6-15 所示。

代码清单 6-15　其他内存错误示例代码

```
//堆内存溢出
void heap_buffer_overflow()
```

```
{
    char* str = new char[5];
    strcpy(str, "hello");
    delete[]str;
}
//堆栈缓冲区溢出
void stack_buffer_overflow(int i)
{
    char x[10];
    memset(x, 0, 10);
    int res = x[i];
}
//两次释放内存
void double_free()
{
    char* p = new char[5];
    //do something
    delete[]p;
    //do something
    delete[]p;
}
//内存释放后继续使用
void heap_use_after_free()
{
    char* x = (char*)malloc(10 * sizeof(char));
    free(x);
    char c= x[5];
}
//内存分配和释放不匹配
void alloc_delloc_mismatch()
{
    char* pstr = new char[5];
    delete pstr;

    char* pstr2 =(char*) malloc(10);
    delete[]pstr2;

    char* pstr3 = new char[10];
    free(pstr3);
}
```

代码清单 6-15 中介绍了 5 种常见的内存问题，比如堆内存溢出、堆栈缓冲区溢出、两次释放内存、内存释放后继续使用等。

6.1.6　其他调试函数

VC 运行时库还提供了其他很多与调试有关的函数，这里不再一一举例。表 6-2 中列出了大部分调试函数的名称，感兴趣的读者可以查询相关的文档。

表 6-2　VC 运行时库调试函数

函数名	作用
_ASSERT	断言，如果表达式为 false，那么中断程序
_ASSERTE	断言，与 _ASSERT 相似，只是在调试报告中包含表达式
_CrtCheckMemory	检查分配的堆内存是否遭到破坏
_CrtDbgReport	生成调试报告
_CrtDoForAllClientObjects	对所有类型为 _CLIENT_BLOCK 的堆内存调用应用程序提供的函数
_CrtDumpMemoryLeaks	显示所有内存泄漏信息
_CrtIsValidHeapPointer	校验一个指针是否在本地堆
_CrtIsMemoryBlock	校验一块内存是否在本地堆并且是否为有效的调试堆
_CrtIsValidPointer	校验指定的内存范围是否可读或者可写
_CrtMemCheckpoint	获取当前调试堆的状态并存放至应用程序指定的 _CrtMemState 结构中
_CrtMemDifference	比较两个内存的状态并返回结果
_CrtMemDumpAllObjectsSince	转储程序启动以后或者从某个点开始的所有堆对象的信息
_CrtMemDumpStatistics	转储指定内存状态的调试头信息
_CrtSetAllocHook	安装一个应用程序定义的内存分配函数
_CrtSetBreakAlloc	为指定分配序号设置断点
_CrtSetDbgFlag	获取或者修改 _crtDbgFlag
_CrtSetDumpClient	为转储函数安装程序自定义的函数
_CrtSetReportFile	为 _CrtDbgReport 指定文件或者流
_CrtSetReportHook	为调试汇报指定自定义函数
_CrtSetReportMode	为 _CrtDbgReport 指定报告类型
_calloc_dbg	为调试头信息和内存覆盖所用，在堆上分配指定的内存块
_expand_dbg	调整内存块的大小
_free_dbg	释放堆上的内存块

函数名	作用
_malloc_dbg	为调试头信息和覆盖内存在堆上分配一块内存块
_msize_dbg	计算堆上的内存块大小
_realloc_dbg	通过移动或者调整大小重新分配内存块

6.2 Linux 系统内存检查

在 Linux 系统中，gcc 也有一些内存检查机制。我们可以通过添加一些编译选项或者对代码做一些修改，也可以实现 Windows 系统 VC 的内存检查，比如检查内存泄漏、堆内存破坏等。本节将比较详细地介绍 gcc 的使用或者通过 gdb 来检查内存，以便能够在开发阶段尽早发现代码中的 BUG。

6.2.1 检查内存泄漏

我们先来编写一段内存泄漏的示例代码，如代码清单 6-16 所示。简单地使用 new 和 malloc 函数分配一块内存，但是不释放内存。先创建目录 chapter_6.2，然后创建一个 testmem.cpp 文件。

代码清单 6-16　Linux 下内存泄漏代码示例代码

```
 1  #include <stdlib.h>
 2  #include <iostream>
 3  using namespace std;
 4  void new_test()
 5  {
 6          int *test = new int[30];
 7  }
 8  void malloc_test()
 9  {
10          int *test =(int*) malloc(100);
11  }
12
13  int main()
14  {
15          cout << "memory test" << endl;
16          malloc_test();
17          cout << "malloc test end" << endl;
18          new_test();
19          cout << "new test end" << endl;
20          return ;
21  }
```

代码清单 6-16 实现了两个简单的测试函数：new_test 和 malloc_test。这两个函数中都分配了一块内存，但是不释放内存，然后在 main 函数中调用这两个函数。接下来在 Shell 中执行以下命令：

```
g++ -g -o testmem testmem.cpp
```

编译链接，生成测试程序 testmem，然后在 Shell 中执行./testmem 命令，输出如图 6-36 所示。

```
[root@SimpleSoft chapter_6.2]# ./testmem
memory test
malloc test end
new test end
[root@SimpleSoft chapter_6.2]#
```

图 6-36　执行./testmem 命令

从图 6-36 中可以看到程序正常运行，输出“memory test”字样，但是实际上却泄漏了两块内存，因为我们分配了两块内存，这两块内存却没有被释放。如果是一个长期运行的程序，那么代码中的内存泄漏会产生很严重的问题，因此我们必须尽量在开发的早期发现并解决内存泄漏问题。

在 6.1 节中，我们可以很方便地在 Windows 系统中使用 VC++发现代码中的内存泄漏问题，同样地，在 Linux 系统中我们也希望能够比较方便地发现内存泄漏的问题，并且能够准确地指出内存泄漏的代码行。

其实 gcc 也具备这样的能力，添加一个编译选项-fsanitize=address，指定-fsanitize= address 开关，在 Shell 中执行以下命令：

```
g++ -fsanitize=address -g -o testmem testmem.cpp
```

然后运行./testmem，结果如图 6-37 所示。

```
[root@SimpleSoft chapter_6.2]# ./testmem
memory test
malloc test end
new test end

=================================================================
==6670==ERROR: LeakSanitizer: detected memory leaks

Direct leak of 320 byte(s) in 1 object(s) allocated from:
    #0 0x7f615e768960 in operator new[](unsigned long) (/lib64/libasan.so.5+0xf1960)
    #1 0x400997 in new_test() /root/codes/book_debug/chapter_6.2/testmem.cpp:6
    #2 0x4009fd in main /root/codes/book_debug/chapter_6.2/testmem.cpp:18
    #3 0x7f615d9a8872 in __libc_start_main ../csu/libc-start.c:308

Direct leak of 100 byte(s) in 1 object(s) allocated from:
    #0 0x7f615e766b78 in __interceptor_malloc (/lib64/libasan.so.5+0xefb78)
    #1 0x4009b0 in malloc_test() /root/codes/book_debug/chapter_6.2/testmem.cpp:10
    #2 0x4009dc in main /root/codes/book_debug/chapter_6.2/testmem.cpp:16
    #3 0x7f615d9a8872 in __libc_start_main ../csu/libc-start.c:308

SUMMARY: AddressSanitizer: 420 byte(s) leaked in 2 allocation(s).
[root@SimpleSoft chapter_6.2]#
```

图 6-37　检测到内存泄漏

从图 6-37 中可以看到，程序退出时在 Shell 中输出了内存泄漏报告。第一行首先是红色字体提示检测到内存泄漏，然后是蓝色字体提示泄漏了 320 字节，同时指出发生内存泄漏所在的文件、由哪一行代码进行分配，并且打印出堆栈信息。

这个输出内存泄漏的顺序仍然与分配顺序相反，比如我们先使用 malloc 函数分配了 100 字节，然后使用 new 函数分配了 320 字节（100 个整型），所以会先打印 320 字节的泄漏，然后再打印 100 字节的泄漏。

从图 6-37 中还可以发现，我们使用的 malloc 函数最终调用的是 libasan.so 中的 __interceptor_malloc，而 new 最终调用的是 libasan.so 中的 new 操作符。这与 6.1 节中介绍的 VC 处理内存泄漏的方式类似，所以能够追踪到内存的分配和使用。

使用 -fsanitize=address 以后，我们的代码不用做任何改动，就自动具有报告内存泄漏的能力。gcc 4.8 以上的版本内嵌有该功能，如果在编译链接时出现错误提示："/usr/bin/ld：找不到 /usr/lib64/libasan.so.5.0.0"，就需要安装 libasan，在 Shell 中执行以下命令（这里指在 CentOS 系统上的安装，如果是 Ubuntu 系统，就需要执行 apt-get install libasan 命令）：

```
yum install libasan
```

安装成功后即可正常使用内存检查功能。AddressSanitizer 是一个 C/C++内存错误检测器，它可以发现很多与内存相关的错误，比如内存泄漏、释放之后再次使用、堆内存溢出、栈溢出等。下面分别介绍几个比较有用的功能。

6.2.2　检查堆溢出

先来查看堆内存溢出的示例代码，如代码清单 6-17 所示。

代码清单 6-17　堆内存溢出示例代码

```
1  #include <stdlib.h>
2  #include <iostream>
3  #include <string.h>
4  using namespace std;
5  void new_test()
6  {
7          int *test = new int[ ];
8  }
9  void malloc_test()
10 {
11         int *test =(int*) malloc( );
12 }
13 void heap_buffer_overflow_test()
14 {
15         char *test = new char[ ];
16         const char* str = "this is a test string";
17         strcpy(test,str);
18         delete [] test;
19 }
20
21
22 int main()
23 {
24
25         cout << "memory test" << endl;
26
27         heap_buffer_overflow_test();
```

在代码清单 6-17 中，heap_buffer_overflow_test 函数分配了 10 字节内存，然后向其中复制超过 10 字节的内容，编译链接后执行，结果如图 6-38 所示。

```
[root@SimpleSoft chapter_6.2]# ./testmem
memory test
=================================================================
==6890==ERROR: AddressSanitizer: heap-buffer-overflow on address 0x60200000001a at pc 0x7f87a8898175 bp 0x7ff
d653c4ab0 sp 0x7ffd653c4258
WRITE of size 22 at 0x60200000001a thread T0
    #0 0x7f87a8898174  (/lib64/libasan.so.5+0x51174)
    #1 0x400a78 in heap_buffer_overflow_test() /root/codes/book_debug/chapter_6.2/testmem.cpp:17
    #2 0x400ab3 in main /root/codes/book_debug/chapter_6.2/testmem.cpp:27
    #3 0x7f87a7b78872 in __libc_start_main ../csu/libc-start.c:308
    #4 0x40095d in _start (/root/codes/book_debug/chapter_6.2/testmem+0x40095d)

0x60200000001a is located 0 bytes to the right of 10-byte region [0x602000000010,0x60200000001a)
allocated by thread T0 here:
    #0 0x7f87a8938960 in operator new[](unsigned long) (/lib64/libasan.so.5+0xf1960)
    #1 0x400a59 in heap_buffer_overflow_test() /root/codes/book_debug/chapter_6.2/testmem.cpp:15
    #2 0x400ab3 in main /root/codes/book_debug/chapter_6.2/testmem.cpp:27
    #3 0x7f87a7b78872 in __libc_start_main ../csu/libc-start.c:308
```

图 6-38　堆溢出检查报告

堆溢出检查报告中的内容很多，我们截取了前面的一部分内容进行解释。第一部分指出了代码的哪一行导致了堆内存的溢出（这里是第 17 行），以及写入了多少字节数据（这里是 22 字节），并且显示了调用栈信息。第二部分指出了这块堆内存是在第 15 行进行分配的，同样显示了栈信息，报告中还包含了内存数据等（图 6-38 中未显示）。

6.2.3　检查栈溢出

栈溢出示例代码如代码清单 6-18 所示。

代码清单 6-18　栈溢出示例代码

```
void stack_buffer_overflow_test()
{
        int test[10];
        test[1]=0;
        int a = test[12];

}
int main()
{

        cout << "memory test" << endl;
        //栈溢出测试
        stack_buffer_overflow_test();
```

在代码清单 6-18 中，测试函数 stack_buffer_overflow_test 定义了一个有 10 个元素的 test 数组。在示例代码中，我们访问第 13 个元素（索引 12）时会发生读越界。与写越界溢出相似，gcc 也能检测到读越界。我们同样添加-fsanitize=address 选项后编译执行，结果如图 6-39 所示。

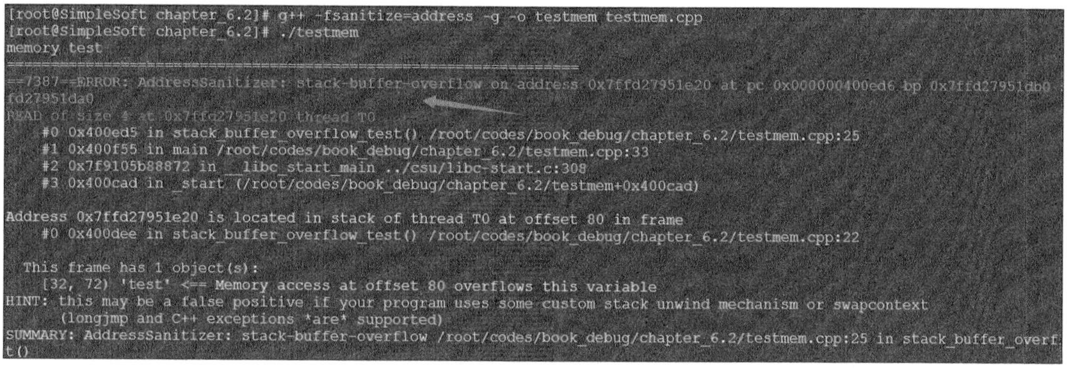

```
[root@SimpleSoft chapter_6.2]# g++ -fsanitize=address -g -o testmem testmem.cpp
[root@SimpleSoft chapter_6.2]# ./testmem
memory test
=================================================================
==7387==ERROR: AddressSanitizer: stack-buffer-overflow on address 0x7ffd27951e20 at pc 0x000000400ed6 bp 0x7ffd27951db0
fd27951da0
READ of size 4 at 0x7ffd27951e20 thread T0
    #0 0x400ed5 in stack_buffer_overflow_test() /root/codes/book_debug/chapter_6.2/testmem.cpp:25
    #1 0x400f55 in main /root/codes/book_debug/chapter_6.2/testmem.cpp:33
    #2 0x7f9105b88872 in __libc_start_main ../csu/libc-start.c:308
    #3 0x400cad in _start (/root/codes/book_debug/chapter_6.2/testmem+0x400cad)

Address 0x7ffd27951e20 is located in stack of thread T0 at offset 80 in frame
    #0 0x400dee in stack_buffer_overflow_test() /root/codes/book_debug/chapter_6.2/testmem.cpp:22

  This frame has 1 object(s):
    [32, 72) 'test' <== Memory access at offset 80 overflows this variable
HINT: this may be a false positive if your program uses some custom stack unwind mechanism or swapcontext
      (longjmp and C++ exceptions *are* supported)
SUMMARY: AddressSanitizer: stack-buffer-overflow /root/codes/book_debug/chapter_6.2/testmem.cpp:25 in stack_buffer_overf
t()
```

图 6-39　栈溢出检查报告

栈溢出检查报告指出发生了 stack-buffer-overflow 类型的溢出，同时打印了调用栈信息，并且指出在第 25 行代码处发生了读越界。

6.2.4　检查全局变量的内存溢出

堆数据存放在堆存储区，栈数据存放在栈数据区，全局变量存放在全局存储区域。全局变量的内存溢出示例，如代码清单 6-19 所示。

代码清单 6-19　全局变量的内存溢出示例代码

```
28 int global_data[100] = {0};
29 void global_buffer_overflow_test()
30 {
31         int data = global_data[101];
32
33
34 }
35 int main()
36 {
37
38         cout << "memory test" << endl;
39         global_buffer_overflow_test();
```

代码清单 6-19 中定义了一个全局变量，然后在 global_buffer_overflow_test 函数中进行了越界访问。同样地，在 Shell 中执行以下命令启用内存检查：

```
g++ -fsanitize=address -g -o testmem testmem.cpp
```

然后执行程序，结果如图 6-40 所示。

报告首先指出了溢出类型为 global-buffer-overflow，也指出在第 31 行代码处发生了越界访问。

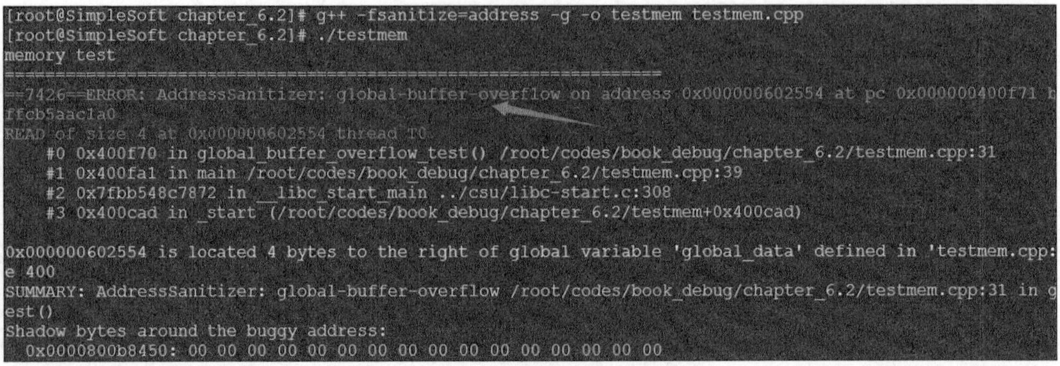

图 6-40　全局内存溢出检查报告

6.2.5　检查内存被释放后继续使用

在开发过程中比较容易犯的一个错误是内存被释放后还继续使用。有时这种错误不容易被发现，因为很多时候内存释放后，系统没有马上回收，因此并不会立即报告错误。本节将展示内存释放后继续使用的检查示例代码，如代码清单 6-20 所示。

代码清单 6-20　内存释放后继续使用示例代码

```
35 void use_after_free_test()
36 {
37         char *test = new char[10];
38         strcpy(test,"this test");
39         delete []test;
40         char c = test[0];
41 }
42 int main()
43 {
44
45         cout << "memory test" << endl;
46         use after free test();
```

在代码清单 6-20 的测试函数 use_after_free_test 中，先为变量 test 分配 10 字节的内存空间，并将其赋值为一个字符串，然后马上删除 test，再去获取 test 的第一个字符。这里先不使用-fsanitize=address 选项，然后编译链接，在 Shell 中运行以下命令：

```
g++ -g -o testmem testmem.cpp
```

接下来使用 gdb 调试程序，再来查看内存释放后的状态，如图 6-41 所示。

从图 6-41 中可以看到，当把变量 test 释放以后，test 指向的内存地址并没有发生变化，这时去读取 test 某个位置的数据，程序并不会崩溃，但是确实有潜在的风险。因此我们添加-fsanitize=address 选项，查看报告内容，然后重新编译执行，如图 6-42 所示。

```
Reading symbols from testmem...done.
(gdb) b use_after_free_test
Breakpoint 1 at 0x4009fb: file testmem.cpp, line 37.
(gdb) r
Starting program: /root/codes/book_debug/chapter_6.2/testmem
memory test

Breakpoint 1, use_after_free_test () at testmem.cpp:37
37              char *test = new char[10];
(gdb) n
38              strcpy(test,"this test");
(gdb) n
39              delete []test;
(gdb) p test
$1 = 0x615280 "this test"
(gdb) x test
0x615280:       0x73696874
(gdb) n
40              char c = test[0];
(gdb) p test
$2 = 0x615280 ""
(gdb) n
41      }
(gdb) p c
$3 = 0 '\000'
(gdb) 
```

图 6-41　调试释放后继续使用内存报告

```
[root@SimpleSoft chapter_6.2]# g++ -fsanitize=address -g -o testmem testmem.cpp
[root@SimpleSoft chapter_6.2]# ./testmem
memory test
=================================================================
==7492==ERROR: AddressSanitizer: heap-use-after-free on address 0x602000000010 at pc 0x000000401090 bp 0x7ffc6c724630 sp
6c724620
READ of size 1 at 0x602000000010 thread T0
    #0 0x40108f in use_after_free_test() /root/codes/book_debug/chapter_6.2/testmem.cpp:40
    #1 0x4010c1 in main /root/codes/book_debug/chapter_6.2/testmem.cpp:46
    #2 0x7fc71dd99872 in __libc_start_main ../csu/libc-start.c:308
    #3 0x400d4d in _start (/root/codes/book_debug/chapter_6.2/testmem+0x400d4d)

0x602000000010 is located 0 bytes inside of 10-byte region [0x602000000010,0x60200000001a)
freed by thread T0 here:
    #0 0x7fc71eb5a818 in operator delete[](void*) (/lib64/libasan.so.5+0xf2818)
    #1 0x40105b in use_after_free_test() /root/codes/book_debug/chapter_6.2/testmem.cpp:39
    #2 0x4010c1 in main /root/codes/book_debug/chapter_6.2/testmem.cpp:46
    #3 0x7fc71dd99872 in __libc_start_main ../csu/libc-start.c:308

previously allocated by thread T0 here:
    #0 0x7fc71eb59960 in operator new[](unsigned long) (/lib64/libasan.so.5+0xf1960)
    #1 0x40102e in use_after_free_test() /root/codes/book_debug/chapter_6.2/testmem.cpp:37
    #2 0x4010c1 in main /root/codes/book_debug/chapter_6.2/testmem.cpp:46
    #3 0x7fc71dd99872 in __libc_start_main ../csu/libc-start.c:308

SUMMARY: AddressSanitizer: heap-use-after-free /root/codes/book_debug/chapter_6.2/testmem.cpp:40 in use_after_free_test(
Shadow bytes around the buggy address:
```

图 6-42　内存删除后继续使用的报告

从图 6-42 中可以看出，在第一行报告显示内存错误类型为 heap-use-after-free，并且指出第 40 行代码试图去读取 test 的数据，从而发生了内存被释放后继续使用的错误。

<<< 第 7 章 >>>

远程调试

有些软件在开发环境中能够正常运行，但是在测试环境中会出现各种各样的问题。或者有的在机器上能正常运行，但在其他机器上运行会出现问题。这种情况很普遍，有时还很难找出问题根源。因为环境不同，运行的结果就会存在差异，这就给我们的开发调试带来了一定的困难。在开发环境中运行程序不能重现 BUG，而测试环境不同于开发环境，这时需要使用远程调试技术。

7.1　远程调试简介

顾名思义，远程调试就是对远程机器上的程序进行调试。这里介绍目标机和调试机两个概念。

- **目标机**：就是运行要调试的软件所在的机器，一般也称为被调试机。目标机上运行有我们要调试的有 BUG 的软件。测试人员的机器或者某个客户的机器就是目标机。

- **调试机**：是指安装了调试软件，可以对软件进行调试的机器。比如开发人员的机器上既有调试软件，又有软件的源代码、软件对应的调试符号等。

为了能够进行远程调试（即对目标机上的软件进行调试），一般需要在目标机上配置必要的软件，比如远程调试器（Remote Debugger）。同时还需要关闭防火墙或者对防火墙进行正确配置，以便目标机上的远程调试器能够与调试机上的调试软件正常通信。

7.2 Visual C++远程调试

7.2.1 准备测试程序

我们先使用 VC 2019 创建一个测试项目 chapter_7.2,该程序可以实现一个简单的功能。程序启动以后会在控制台界面上显示 1 和 2 两个选项,选项 1 会计算两个矩阵的卷积,选项 2 会退出程序。该程序比以前的测试程序稍复杂一些,但是对我们的测试并没有什么影响,只是担心会在某些情况下(尤其是在其他机器上)出错。矩阵卷积测试程序如代码清单 7-1 所示。

代码清单 7-1 矩阵卷积测试程序

```
80  int main()
81  {
82      std::cout << "请选择:\n1:计算矩阵卷积2:退出程序!\n";
83      int arr[] = { 1, 2, 3, 4, 5, 6, 7, 8, 9, 10, 11, 12, 13, 14, 15, 16 };
84      /*
85      假设harr矩阵已经是旋转了180度后的矩阵
86      */
87      int harr[] = { -1, -1, -1, -1, 9, -1, -1, -1, -1 };
88      CMatrix<int>hmat(3, 3, harr);
89      CMatrix<int> conmat(4, 4, arr);
90      while (true)
91      {
92          switch (getchar())
93          {
94          case '1':
95              {
96                  CMatrix <int>conres = CMatrix<int>::convMat(conmat, hmat);
97                  conres.show();
98              }
99              break;
100         case '2':
101             return 0;
102         }
103     }
104 }
```

在代码清单 7-1 中,main 函数中有两个简单的选项:选择选项 1 会计算两个矩阵的卷积,并显示结果;选择选项 2 则会退出程序。

7.2.2 准备目标机环境

目标机可以是虚拟机,也可以是物理机。为了测试方便,建议准备一台虚拟机作为目标机,这样即使对目标机有一些破坏操作,也不至于影响其他机器的正常使用。

作者的目标机是一台 64 位的 Windows 10 虚拟机,读者也可以使用其他操作系统,比如 Windows 7 和 Windows Server 2012 等。需要保证软件与系统的配置相匹配，比如，如果操作系统是 64 位的，那么我们使用的软件最好也是 64 位的，远程调试器也配置为 64 位。

1. 部署远程调试器

将远程调试器部署到目标机，找到 VC 2019 的安装目录，一般在 Program Files 目录或者 Program Files（x86）目录下，如图 7-1 所示。

图 7-1　VC 2019 的安装目录

在 IDE 目录下找到 Remote Debugger 目录，该目录下有 x86 目录和 x64 目录，如果目标机的系统为 32 位，那么需要复制 x86 目录到目标机中；如果目标机器为 64 位，那么需要复制 x64 目录到目标机中。作者的目标机是 64 位的 Windows 10 系统，所以复制 x64 目录到目标机中。

2. 设置防火墙

配置防火墙，如果不方便直接关闭目标机的防火墙，可以将远程调试器的进程添加到防火墙白名单或者允许访问的网络清单中。为了测试方便，这里直接关闭防火墙，如图 7-2 所示。

图 7-2　关闭防火墙

3．启动远程调试器

在目标机上定位复制的远程调试器目录，找到 x64 目录下的 msvsmon.exe，如图 7-3 所示，用鼠标左键双击启动。

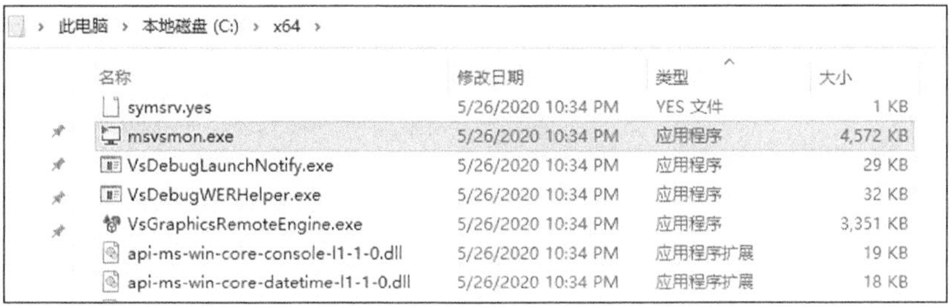

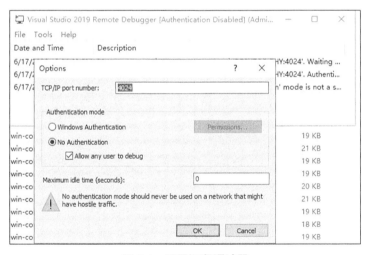

图 7-3　启动 msvsmon.exe

4．配置远程调试器

启动 msvsmon.exe 远程调试器后，打开"Tools"（工具）菜单，选择"Options"（选项），弹出图 7-4 所示的对话框。

图 7-4　配置远程调试器

为了调试方便，在"Authentication mode"（认证模式）选项中选择"No Authentication"（没有认证）。端口号使用默认值 4024，将"Maximum idle time"（最大空闲时间）设置为 0，表示没有超时设置。

5．复制测试程序到目标机

由于目标机是 64 位系统，因此使用 64 位测试程序，在构建时选择构建 64 位测试程序，如图 7-5 所示，然后将测试程序复制到目标机上。

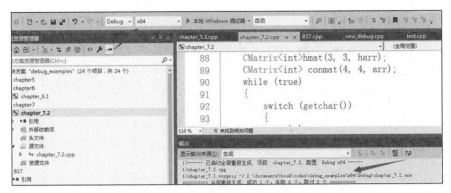

图 7-5　构建 64 位测试程序

7.2.3　启动远程调试

1. 附加到远程进程

首先在目标机上执行测试程序 chapter_7.2。如果执行失败，提示缺少相关动态库，就需要将 VC++对应的运行时库文件 MSVCP140D.DLL 和 VCRUNTIME140D.DLL 复制到目标机中，与测试程序存放在一起（也可以存放到系统目录中）。

从"调试"菜单中选择"附加到进程"选项，弹出如图 7-6 所示的对话框。

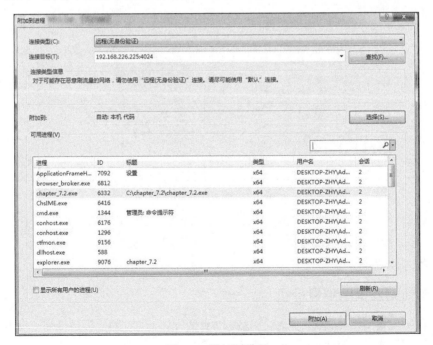

图 7-6　附加到进程

在图 7-6 中，"连接类型"选择"远程（无身份验证）"，在"连接目标"中输入目标机的 IP 地址或者机器名（作者的远程机器 IP 地址为 192.168.226.225，可以不输入端口号），单击"刷新"按钮会自动添加端口号，并且列出已经在目标机上运行的程序名。如果可用进程列表中不显示测试程序，可以选中"显示所有用户的进程"复选框，然后单击"添加"按钮，即可将远程目标机的应用程序添加到调试器中。

接下来我们就可以设置断点。先在第 38 行代码处设置一个断点，调试计算两个矩阵卷积的 convMat 函数，如图 7-7 所示。

```
36    static CMatrix<T> convMat(CMatrix& a, CMatrix& h)
37    {
38        int roffset = h.row / 2;
39        int coffset = h.col / 2;
40        CMatrix<T> c(a);
41
42        for (int i = 0; i < a.row; i++)
43        {
44            for (int j = 0; j < a.col; j++)
45            {
46                c.data[i * c.col + j] = 0;
47
```

图 7-7　为 convMat 函数设置断点

然后在目标机的 chapter_7.2 程序中输入"1"，就会马上命中断点。命中断点的速度会受到目标机性能和网络的影响，由于我们的目标机和调试机在同一个网络中，所以对命中断点的速度影响不明显，如图 7-8 所示。

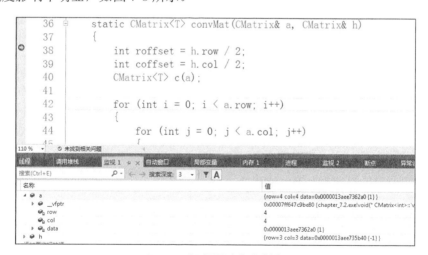

图 7-8　远程调试命中断点

这种情况与调试本地的程序完全相同，可以单步执行、查看变量和堆栈等。这时进程窗口中会显示"连接类型"和"连接目标"，其中"连接目标"会显示目标机的地址或者

IP 地址，如图 7-9 所示。

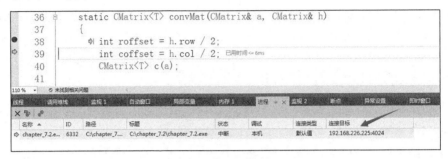

图 7-9　查看进程信息

如果调试结束或者不想进行远程调试，只需要在"调试"菜单中选择"全部拆离"，就可以结束调试。

2. 启动远程程序进行调试

前面讲到的方法是在目标机程序已经启动的情况下，可以通过远程调试的方式将目标机的进程附加到调试过程中。如果想调试程序的部分代码，比如调试 main 函数，就需要采用其他的方式来启动调试。

用鼠标右键单击项目，在弹出的菜单中选择"属性"命令，打开 chapter_7.2 属性页窗口，然后选择"调试"选项，如图 7-10 所示。

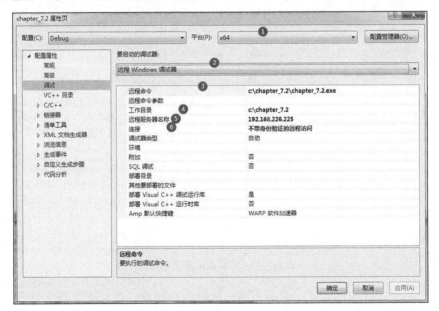

图 7-10　设置远程调试属性

图 7-10 中有几个位置一定要正确设置。在"平台"（标号❶的位置）选项中，因为我们的程序是 64 位的，所以这里选择"x64"；在"要启动的调试器"（标号❷的位置）选项中，选择"远程 Windows 调试器"；在"远程命令"（标号❸的位置）中填写目标机上的程序所在路径的全名；"工作目录"（标号❹的位置）可以为空，但是不要保留默认值，否则在目标机上找不到对应的目录；"远程服务器名称"（标号❺的位置）是指目标机的地址；"连接"（标号❻的位置）选择"不带身份验证的远程访问"。然后，单击"确定"按钮，退出远程调试属性设置。

在 main 函数的第一行设置一个断点，以便程序启动时能够命中断点。对 main 函数进行调试，单击"调试"菜单或者按 F5 键启动调试，程序会立刻在断点处中断，如图 7-11 所示。

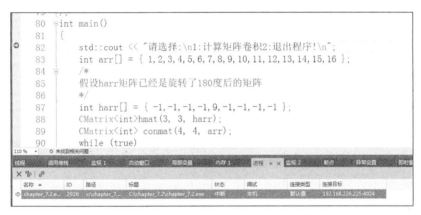

图 7-11　启动远程调试后命中 main 函数断点

从图 7-11 中可以看到，程序在 main 函数的第一行（代码的第 82 行）发生中断，此时查看进程窗口可以发现连接目标的信息。

以这种方式远程调试目标机上的程序时，远程调试器会自动启动目标机上的程序。我们可以查看目标机上的程序是否启动，如果程序已经启动，那么界面如图 7-12 所示。

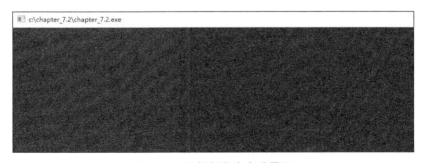

图 7-12　目标机程序启动界面

可以发现图 7-12 中的程序显示黑屏，因为此时代码还停留在 main 函数的第一行，如果再往下执行一行，就会输出选择字符串。

3．带身份验证的远程调试

前面介绍的方式都是不需要身份验证的远程调试，即在启动目标机的远程调试器后，任何人都可以进行远程调试，这会产生一些安全性问题。本节将使用身份验证的方式来进行远程调试。

在目标机上运行 msvsmon.exe 程序，单击"Tools"菜单，选择"Options"，弹出图 7-13 所示的对话框。

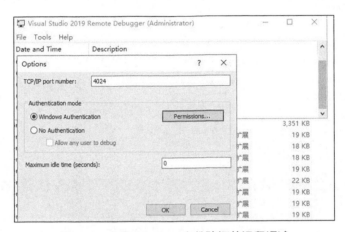

图 7-13　启用 Windows 身份验证的远程调试

在图 7-13 所示的对话框中，在"Authentication mode"（认证模式）选项中选择"Windows Authentication"（Windows 验证）。在默认情况下，超级用户 Administrator 和超级用户组 Administrators 已经具有远程调试权限，这里可以不用再进行配置，如果不希望通过超级管理员的账号进行调试，可以打开"Permissions"（权限）设置，添加希望进行远程调试的账号信息。最后单击"OK"按钮，退出设置。

在调试机中，我们仍然要对项目属性进行设置，如图 7-14 所示。

在图 7-14 中，只需要改变"连接"属性，选择"带 Windows 身份验证的远程访问"选项，然后单击"确定"按钮保存设置。

接下来按 F5 键或者从"调试"菜单中启动调试。如果是第一次使用身份验证的方式进行远程调试，就会弹出如图 7-15 所示的对话框，要求输入用户名和密码等信息。

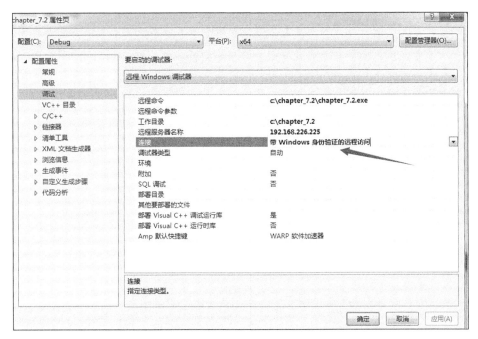

图 7-14 选择带 Windows 身份验证的远程访问

图 7-15 输入 Windows 身份认证信息

在图 7-15 中，如果勾选"记住我的凭据"复选框，那么下一次远程调试时就不需要再次输入用户名和密码信息，单击"确定"按钮就能够进入调试过程。

注意 一旦启用远程调试身份验证，就不能再使用附加到远程进程的方式调试远程程序。因为附加到远程进程的方式不支持身份验证，所以只能使用直接启动远程程序的远程调试方式。

7.3 Linux 系统 gdb 远程调试

7.3.1 准备测试程序

我们以 7.2 节中的代码作为测试程序，该测试程序实现了一个简单的功能，在启动后会在控制台界面显示两个选项：1 和 2。选择选项 1 会计算两个矩阵的卷积，选择选项 2 则会退出程序。该测试程序如代码清单 7-2 所示。

代码清单 7-2　矩阵卷积测试程序

```
75 private:
76          int row;
77          int col;
78          T* data;
79 };
80 int main()
81 {
82          std::cout << "请选择:\n1:计算矩阵卷积2:退出程序!\n";
83          int arr[] = { 1,2,3,4,5,6,7,8,9,10,11,12,13,14,15,16 };
84
85          //这是一个矩阵已经旋转了180度后的矩阵
86
87          int harr[] = { -1,-1,-1,-1,9,-1,-1,-1,-1 };
88          CMatrix<int>hmat(3, 3, harr);
89          CMatrix<int> conmat(4, 4, arr);
90          while (true)
91          {
92                  switch (getchar())
93                  {
94                  case '1':
95                      {
96                              CMatrix <int>conres = CMatrix<int>::convMat(conmat,
97                              conres.show();
98                      }
99                      break;
100                 case '2':
101                         return 0;
102                 }
103         }
104 }
```

测试程序运行后的界面如图 7-16 所示。

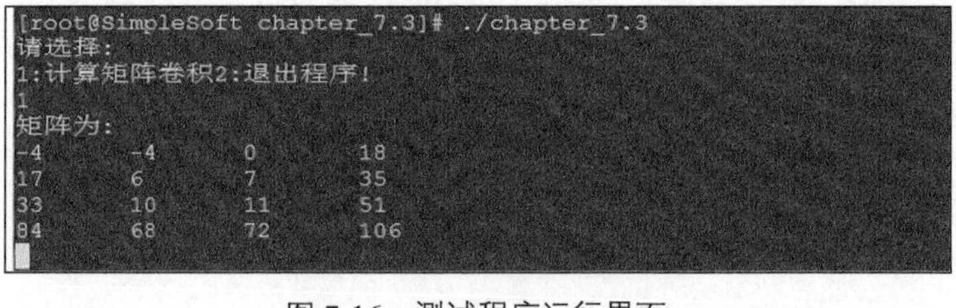

图 7-16　测试程序运行界面

7.3.2　准备目标机环境

同样地，目标机可以是虚拟机，也可以是物理机。为了方便测试，作者准备的是虚拟机，使用的是 Ubuntu 系统。

1．安装 gdb server

目标机上需要安装 gdb server 来启动测试程序，然后与调试机的 gdb 进行通信。这与 Windows 系统中要部署远程调试器一样。如果是在 Ubuntu 系统中执行命令 apt-get install gdbserver 来安装 gdb server，那么命令可能会因 Ubuntu 版本的不同而略有差别。如果是在 CentOS 系统中，需要执行命令 yum install gdb-gdbserver 来安装 gdb server。安装完以后，在命令行执行 gdbserver 来检查安装是否成功，如果出现了图 7-17 所示的界面，就表示安装成功。

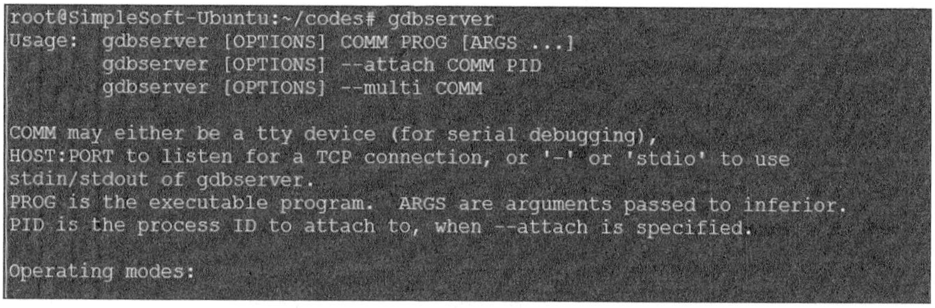

```
root@SimpleSoft-Ubuntu:~/codes# gdbserver
Usage:  gdbserver [OPTIONS] COMM PROG [ARGS ...]
        gdbserver [OPTIONS] --attach COMM PID
        gdbserver [OPTIONS] --multi COMM

COMM may either be a tty device (for serial debugging),
HOST:PORT to listen for a TCP connection, or '-' or 'stdio' to use
stdin/stdout of gdbserver.
PROG is the executable program.  ARGS are arguments passed to inferior.
PID is the process ID to attach to, when --attach is specified.

Operating modes:
```

图 7-17　gdb server 安装成功的界面

2．配置防火墙

为了测试方便，可以暂时关闭目标机的防火墙。

3．复制测试程序到目标机

在调试机上，可以使用 SFTP 工具或者其他工具将 chapter_7.3 程序复制到目标机上。

7.3.3　启动调试

1．直接启动远程程序进行调试

简单起见，在目标机上进入测试程序所在的目录，然后执行以下命令来启动 gdb server，并同时启动测试程序：

```
gdbserver 10.0.0.9:9998 ./chapter_7.3
```

执行成功后，如图 7-18 所示。

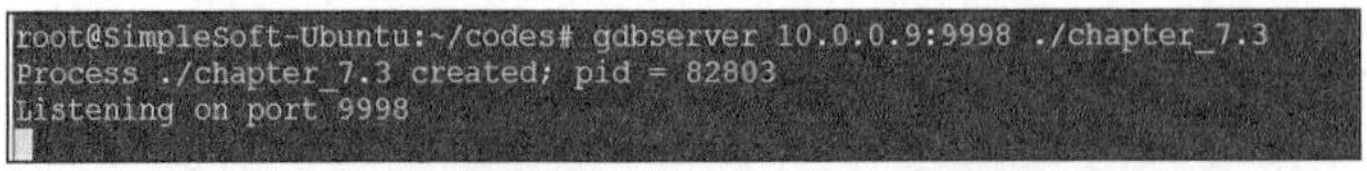

图 7-18　启动 gdb server 和测试程序

在图 7-18 中，10.0.0.9 是目标机的 IP 地址，9998 是 gdb server 监听的端口号。这个端口号可以是任意的，但是不能与系统的端口号和其他应用的端口号冲突。调试机上也会用这个 IP 地址和端口号连接到目标机，与 gdb server 进行通信。最后一个参数就是测试程序的名称。

此时 gdb server 已经启动测试程序 chapter_7.3，并且发生中断，等待 gdb 的连接。

在调试机上启动 gdb，然后在 gdb 的命令窗口执行以下命令，远程连接到目标机进行调试：

```
target remote 10.0.0.9:9998
```

结果如图 7-19 所示。

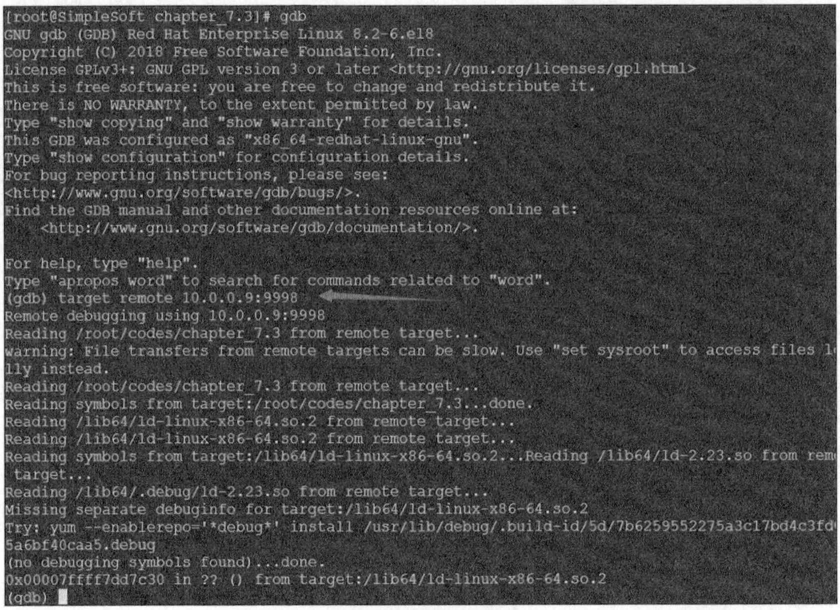

图 7-19　远程连接到目标机

同时 gdb server 界面也会显示接收到的远程调试连接信息，如图 7-20 所示。

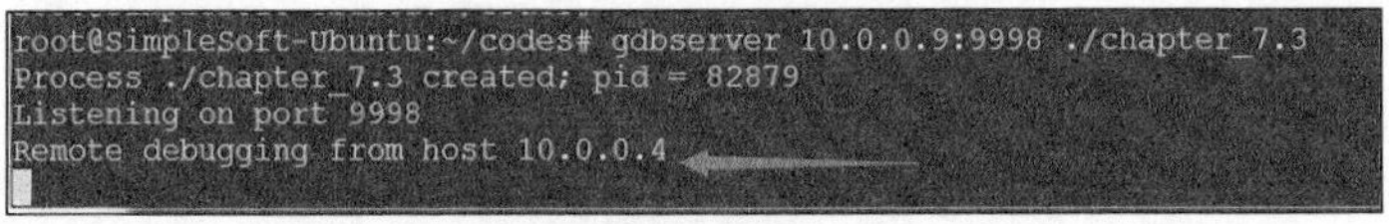

图 7-20　目标机接收到的远程调试连接信息

此时，调试机成功连接至远程 gdb server。其余步骤与本地调试相似，不再赘述。执行

b 命令设置断点，然后执行 c 命令，如图 7-21 所示。

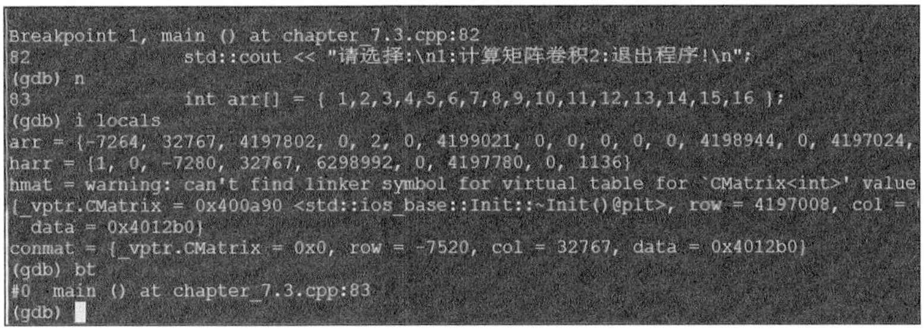

图 7-21　在调试机上执行 gdb 命令

在图 7-21 中，我们先执行 b 命令在 main 函数中设置了一个断点，然后执行 c 命令，程序会在断点处中断，再执行 n 命令执行到下一行代码，最后还执行了 bt 命令查看了堆栈情况。

可以在目标机上正常退出程序来结束调试，调试机上的 gdb 也会收到程序结束的消息。如果是执行 detach 命令使调试机上的 gdb 主动退出调试，那么会断开与目标机的调试；如果是执行 q 命令使调试机的 gdb 退出，那么目标机上的测试程序也会结束并退出。

2. 附加到远程进程进行调试

如果目标机的程序已经启动，就无法使用直接启动的方式来进行远程调试，此时需要采用附加到远程进程的方式来进行远程调试。

假设我们的测试程序已经开始在目标机上运行，可以在目标机上使用 ps 命令获得测试程序的 pid，如图 7-22 所示。

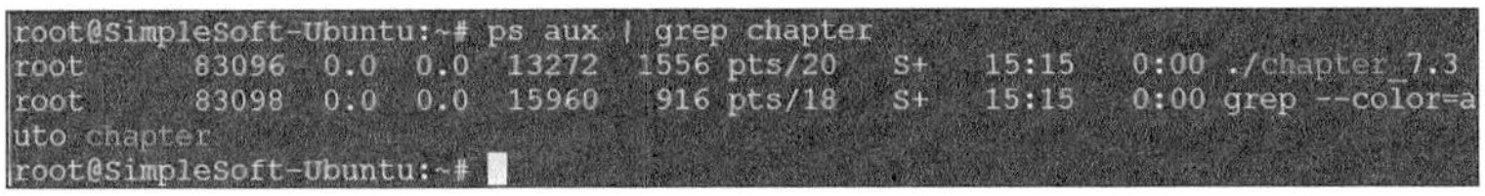

图 7-22　获得目标机上运行的测试程序的 pid

然后在目标机的 Shell 中执行以下命令，即可将 gdb server 附加到测试程序上，并等待调试机的 gdb 连接：

```
gdbserver 10.0.0.9:9998 --attach 83096
```

然后在调试机上执行命令来启动 gdb 调试，再在 gdb 命令窗口输入以下命令去连接目标机：

```
target remote 10.0.0.9:9998
```

因为目标程序已经启动，所以我们只能在其他位置（例如代码还没有执行到的位置）

设置断点，比如代码的第 96 行，然后执行 c 命令来继续执行代码。在目标机上的测试程序中输入 "1"，就会马上命中断点，如图 7-23 所示。

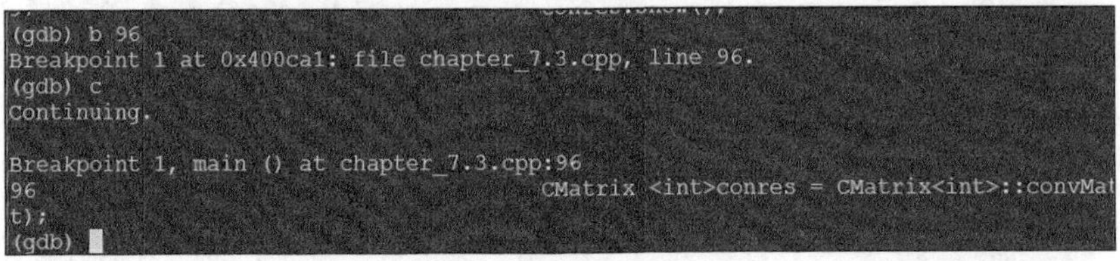

图 7-23　命中断点

如果不希望再在调试机上进行调试，可以在 gdb 命令窗口中输入 detach 命令，即可退出远程调试。

注意　当 gdb server 启动调试后，一旦调试机退出调试，gdb server 也会退出。如果要再次调试远程程序，就需要再次启动 gdb server。

7.4　使用 VC 远程调试 Linux 程序

7.3 节中介绍了如何在 Linux 系统中远程调试 Linux 程序，本节将介绍如何在 Windows 系统中远程调试 Linux 程序。

使用 VC 远程调试 Linux 程序比在 Linux 系统中远程调试 Linux 程序更加简单和方便，因为不需要使用 gdb server，只要目标机上有 gdb 即可。一般的 Linux 系统中都会安装 gdb，尤其是在一台 Linux 开发机上。如果目标机需要安装 gdb，就可以在 CentOS 系统中执行命令 yum install gdb 进行安装。安装完成后不需要进行其他配置即可远程调试 Linux 程序。

仍然以 chapter_7.3 测试程序为例，目标机为作者的一台 CentOS 开发机，且已经在该机器上开发了程序 chapter_7.3，并且安装了 gdb。运行程序 chapter_7.3，如图 7-24 所示。

图 7-24　在目标机上启动测试程序

在 Windows 系统中打开 VC 2019，打开 chapter_7.3.cpp 文件，以便设置断点并进行调试，然后在"调试"菜单中选择"附加到进程"，如图 7-25 所示。

在图 7-25 中，"连接类型"选择 SSH，所以要保证目标机的 SSH 服务是打开的。然后将"连接目标"设置为 Linux 机器的 IP 地址。接着单击"刷新"按钮，会弹出输入用户名和密码等信息的对话框，在对话框中输入正确的用户名和密码后，单击"连接"按钮。一旦连接成功，就会显示 Linux 系统中的进程列表，如图 7-26 所示。

图 7-25 附加到 Linux 程序进行调试

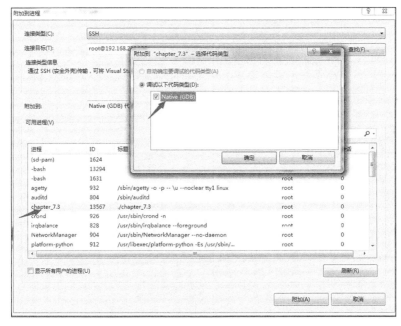

图 7-26 选择测试程序 chapter_7.3

在图 7-26 中，找到我们要调试的测试程序 chapter_7.3，单击"附加"按钮，这时会弹出"选择代码类型"对话框。在弹出的对话框中选择"Native（GDB）"，单击"确定"按钮，即可将测试程序附加到 VC 调试器中。

然后在代码的第 96 行设置一个断点，在 Linux 的测试程序中输入"1"，断点就会很快被命中，如图 7-27 所示。

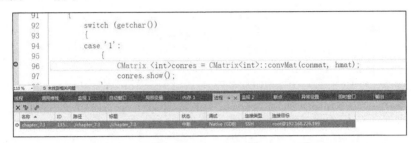

图 7-27　远程调试 Linux 程序并命中断点

在图 7-27 中，可以发现进程窗口中显示了远程调试的进程信息，其中"连接目标"为"root@192.168.226.199"，"连接类型"为"SSH"。

7.5　使用 VC 创建 Linux 程序并调试

除了可以远程附加 Linux 进程来进行调试，也可以直接使用 VC 2019 创建 Linux 程序来进行开发和调试。

打开 VC 2019，选择"创建项目"，打开"添加新项目"界面，"所有语言"选择"Linux"，然后选择创建"控制台应用"，如图 7-28 所示。

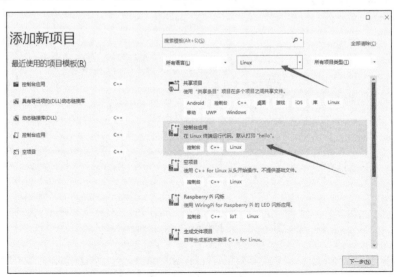

图 7-28　创建 Linux 控制台项目

在"项目名称"框中输入"chapter_7.5"，然后单击"确定"按钮，创建 Linux C/C++ 项目，如图 7-29 所示。

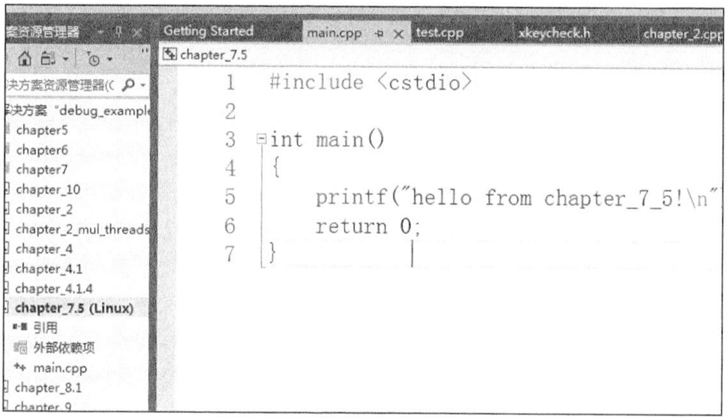

图 7-29　创建 Linux 项目

在图 7-29 中，自动创建了一个 main 函数，并且在项目名称后面添加一个 Linux 后缀来标识这是 Linux 项目。

现在为 main 函数设置一个断点，然后按 F5 键启动调试。如果是第一次远程调试 Linux 程序，那么会弹出如图 7-30 所示的对话框，要求填写远程 Linux 主机的信息。

图 7-30　填写 Linux 主机的信息

在图 7-30 中，"主机名"填写为 Linux 主机的 IP 地址或者主机名，"端口"默认设置为 "22"，"身份认证类型"选择"密码"，然后输入用户名和密码，最后单击"连接"按钮，就会远程连接到 Linux 系统并进行调试，如图 7-31 所示。

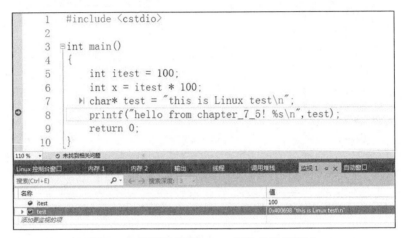

图 7-31　远程连接到 Linux 系统并进行调试

从图 7-31 中可以看出，为了在监视窗口中查看变量的值，我们添加了几行代码，定义了几个变量。除能够查看变量的值外，也可以执行其他的调试操作，比如查看调用栈、线程等信息。

接下来，再来查看编译过程。让代码发生编译错误，然后对项目进行编译，结果如图 7-32 所示。

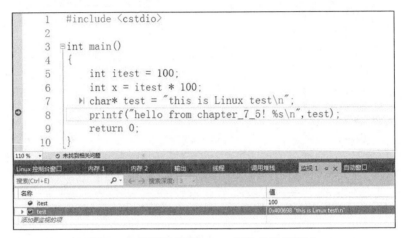

图 7-32　编译错误

从图 7-32 中可以看到，当代码发生编译错误时，VC 的输出窗口也会显示编译错误。

其实，VC 的 Linux 程序的编译和运行都是在 Linux 机器上执行的，会先把源代码复制到 Linux 机器上，然后再进行编译。调试的运行过程也是类似的，都是要先把源代码复制到 Linux 机器上，然后使用最新的代码编译、链接和运行。Linux 机器上的工程目录结构如图 7-33 所示。

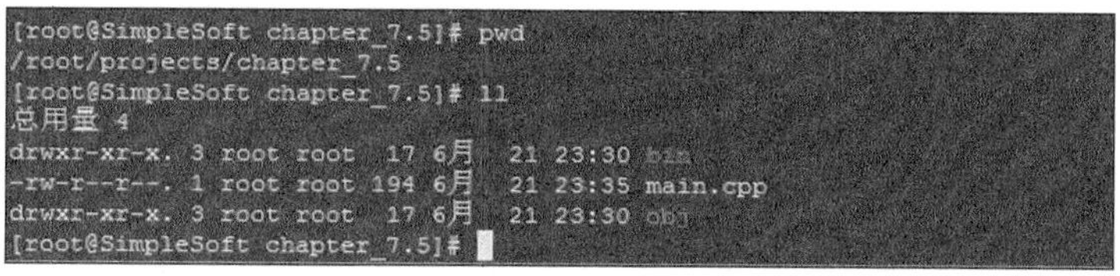

```
[root@SimpleSoft chapter_7.5]# pwd
/root/projects/chapter_7.5
[root@SimpleSoft chapter_7.5]# ll
总用量 4
drwxr-xr-x. 3 root root   17 6月  21 23:30 bin
-rw-r--r--. 1 root root 194 6月  21 23:35 main.cpp
drwxr-xr-x. 3 root root   17 6月  21 23:30 obj
[root@SimpleSoft chapter_7.5]#
```

图 7-33　Linux 机器上的工程目录结构

从图 7-33 可以看出，VC 在 Linux 机器上创建了一个 projects 目录，然后在 projects 目录下创建一个 chapter_7.5 子目录，其中包含 bin 目录（存放编译、链接后的可执行文件）、源程序 main.cpp 和 obj 目录（存放编译过程中的临时文件）。

《《《 第 8 章 》》》

转储文件调试分析

转储（dump）文件指的是程序在某个时刻的快照。快照这个词可能会比较容易理解，比如虚拟机的快照保存了虚拟机在某一个时刻的状态。程序的快照就是程序在某一时刻的某个状态，包含程序运行时的内存状态、调用堆栈状态、寄存器状态、线程状态等。转储文件通常是指程序崩溃时产生的程序快照文件，即崩溃转储文件。崩溃转储文件记录了程序崩溃时的所有信息。但是转储文件不仅指崩溃转储文件，程序运行的任意时刻都可以产生转储文件，可以通过一些工具在程序运行的任意时刻为该程序创建转储文件。

8.1 Windows 系统中的转储文件分析

8.1.1 转储文件死锁调试分析

第 4 章介绍过调试程序死锁的方法，但是这些方法需要满足一定条件。如果在测试机器上运行程序时，随时可以进行调试，并且可以对程序进行各种各样的操作。但是如果是在客户机器的环境中出现问题，比如发生死锁，我们就无法对客户机器上的程序进行调试，但是又要处理程序中的 BUG，此时比较有效的一个方法就是请客户为程序生成一个转储文件（有很多工具都可以为程序生成转储文件），然后将转储文件提交给我们，由我们来分析客户环境出现问题时的程序状态，从而分析出程序中的 BUG。

以前面的测试程序 chapter_4.1.4 为例，为其创建一个程序的快照（转储文件），以便我们能够分析转储文件，找出问题所在。

为程序生成转储文件的工具有很多，我们可以使用任务管理器为测试程序创建一个转储文件。打开任务管理器，找到测试程序 chapter_4.1.4.exe 并单击鼠标右键，在弹出的菜单中选择"创建转储文件"，如图 8-1 所示。

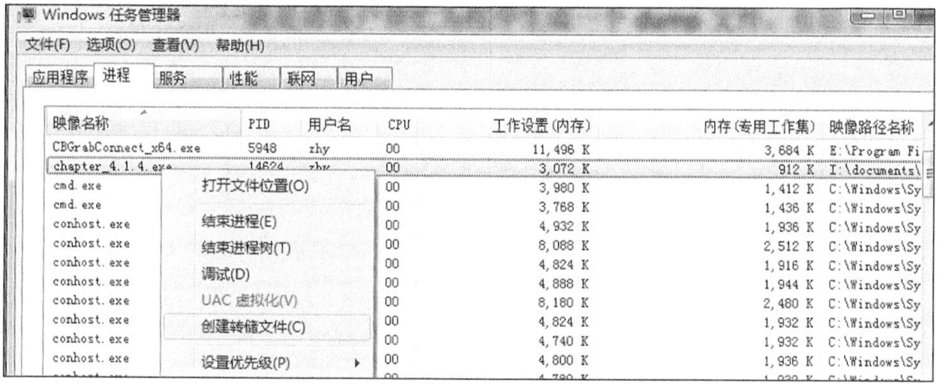

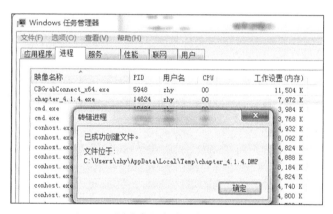

图 8-1　为测试程序创建转储文件

接着会弹出一个创建文件成功的对话框，如图 8-2 所示。

图 8-2　为测试程序成功创建转储文件

图 8-2 中提示创建的转储文件为 C:\Users\zhy\AppData\Local\Temp\chapter_4.1.4.DMP，复制转储文件并与 chapter_4.1.4.exe 存放到同一个目录下，以便于分析调试（因为在分析调试时需要对应的 pdb 文件）。最后将 chapter_4.1.4.DMP 和 chapter_4.1.4.pdb 存放到同一个目录下，并打开转储文件进行分析。

使用 VC 2019 打开转储文件，从"文件"菜单中选择"打开"选项，然后找到 chapter_4.1.4.DMP 文件，如图 8-3 所示。

图 8-3 中显示了转储文件摘要信息，比如转储文件名、上次写入时间、进程名称、进程架构（32 位还是 64 位）等。其中有一项为"异常代码"，该转储文件显示的是"未找到"，

表明该转储文件并不是崩溃转储文件，因此没有异常代码。

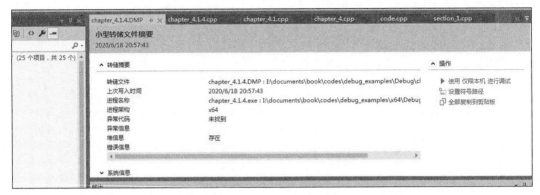

图 8-3　转储文件摘要信息

单击右侧的"使用仅限本机进行调试"选项，进入图 8-4 所示的界面。

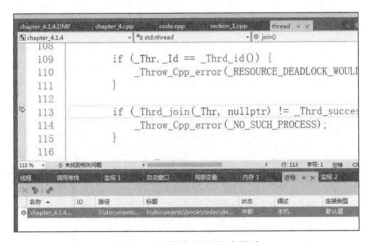

图 8-4　为转储文件启动调试

图 8-4 显示的是程序在生成转储文件时的状态，其中源代码显示的是 VC 的 thread 文件，正在执行的代码行是第 113 行的_Thrd_join 函数，这是生成转储文件时该线程正在执行的代码。查看堆栈的调用位置，打开调用堆栈窗口，如图 8-5 所示。

从图 8-5 中可以发现，程序是从 main 函数进入到刚才的 thread 文件中，正在执行 main 函数代码的第 83 行，即调用函数 t2.join。其中 t2 是一个线程，t2.join 一直没有返回，说明线程 t1 的线程函数一直没有结束。切换到线程窗口去查看现在程序中还有几个线程，如图 8-6 所示。

从图 8-6 中可以发现，共有 3 个线程：1 个主线程（即当前线程）和 2 个工作线程。2 个工作线程都没有结束，证明已经发生死锁。现在可以分别切换到 2 个工作线程去查看状况，后续分析过程与第 4 章的死锁分析完全相同。

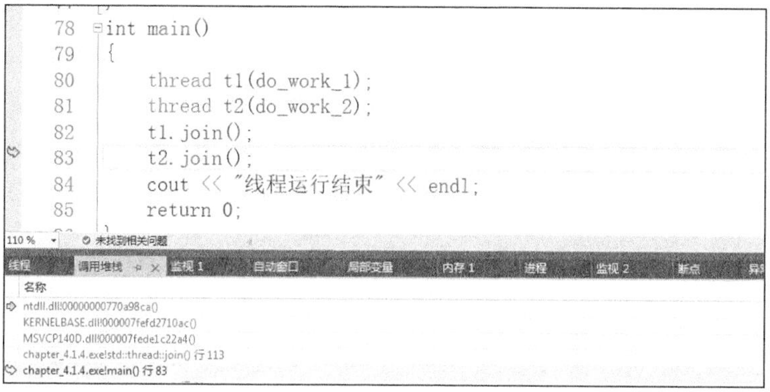

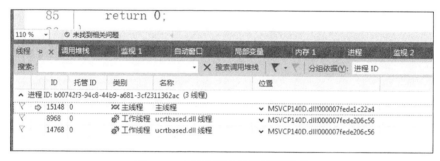

图 8-5　查看当前线程调用堆栈情况

图 8-6　查看存储文件的线程情况

同样地，如果希望结束存储文件调试分析，就只需要终止调试。

8.1.2　崩溃转储调试分析

大多数软件都会遇到崩溃的情况，读者遭遇最多的崩溃应该是 Windows 系统的蓝屏，这是 Windows 系统崩溃时产生存储文件时的画面。Windows 系统崩溃时默认会产生 dump 文件，供开发人员分析。如果一个程序发生崩溃，却没有留下任何有用的信息，这是一件非常令人沮丧的事情。但是，大多数软件的崩溃恰恰都是无声无息的，不会留下任何痕迹，即使有的软件留下了痕迹，对开发人员而言也毫无用处。

有些软件可以生成存储文件，比如 ADPlus。当配置好 ADPlus 后，程序若发生崩溃，ADPlus 会为该程序生成崩溃转储文件。但是我们不可能要求客户完成所有事情，我们开发软件的目的就是要解放客户，帮助客户提高工作效率。本来软件在客户环境下崩溃就已经令客户十分沮丧，如果再要求客户配置软件以等待下一次的崩溃，还有比这更令人崩溃的事情吗？

软件崩溃并不可怕，发生软件崩溃的原因有很多，比如系统内存不足、非法访问等。有时程序崩溃更比程序错误运行更好。

因此，如果程序在客户的运行环境中崩溃，而且能自动生成崩溃转储文件，我们就能够比较容易地分析崩溃的原因，只需要用户提交转储文件即可。

1．程序为什么会崩溃

一般是由于程序中出现异常引发程序崩溃。有些异常可以处理，可以避免程序崩溃；有些异常无法处理，一旦发生就会导致程序崩溃。

我们先来看一个简单的异常示例。新建项目 chapter_8.1，如代码清单 8-1 所示。

代码清单 8-1　抛出异常测试

```
49  void throw_exception_test()
50  {
51      throw 123;
52  }
53  int main(int argc, char *argv[])
54  {
55      throw_exception_test();
```

在代码清单 8-1 中，测试函数 throw_exception_test 中只有一行代码 throw 123，该行代码会抛出一个异常，在 main 函数中调用 throw_exception_test 函数，然后编译并执行，结果如图 8-7 所示。

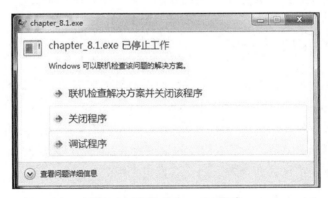

图 8-7　程序 chapter_8.1 崩溃

如果我们对抛出的异常进行捕获，即使用 try catch 来调用 throw_exception_test 函数，程序还会崩溃吗？相应代码如代码清单 8-2 所示。

```
49  ⊟void throw_exception_test()
50   {
51       throw 123;
52   }
53  ⊟int main(int argc, char *argv[])
54   {
55       try
56       {
57           throw_exception_test();
58       }
59       catch (...)
60       {
61           printf("catch the exception\n");
62       }
63       return 0;
```

在代码清单 8-2 中，我们使用 try catch 来捕获异常，其中 catch 语句使用(...)表示我们希望捕获所有的异常。再次运行该程序，结果成功捕获了异常，且程序正常运行，如图 8-8 所示。

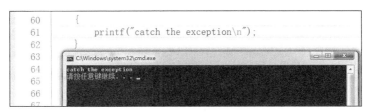

图 8-8　程序正常运行

但是，有些异常可以捕获，有些异常却无法捕获。例如除数为零的异常无法被捕获，空指针异常也无法被捕获。下面我们对空指针异常进行简单的测试，因为很多崩溃都是由于空指针异常导致的。我们把 throw 123 的代码修改为对空指针进行赋值的操作，如代码清单 8-3 所示。

代码清单 8-3　空指针异常测试

```
49  ⊟void throw_exception_test()
50   {
51       int* p = 0;
52       *p = 10;
53   }
54  ⊟int main(int argc, char *argv[])
55   {
56       try
57       {
58           throw_exception_test();
59       }
60       catch (...)
61       {
62           printf("catch the exception\n");
63       }
64       return 0;
```

代码清单 8-3 模拟了空指针赋值操作。我们在 main 函数中试图使用 catch (…)来捕获所有异常并编译运行，结果与图 8-7 相同，程序仍然崩溃。

2. 崩溃时自动生成转储文件

Windows 系统中有一个 API——SetUnhandledExceptionFilter，可以用来捕获程序的崩溃。该函数接收一个回调函数参数，当程序崩溃时（即有异常未被处理时），系统会调用程序设置好的回调函数。

先调用 SetUnhandledExceptionFilter 函数来设置一个回调函数，测试程序在崩溃时是否会进入我们设置的回调函数中，如代码清单 8-4 所示。

代码清单 8-4　调用 SetUnhandledExceptionFilter

```
12   void throw_exception_test()
13   {
14       int* p = 0;
15       *p = 10;
16   }
17   int main(int argc, char *argv[])
18   {
19       SetUnhandledExceptionFilter(handle_exception);
20       throw_exception_test();
21       printf("quit\n");
22
23       return 0;
24   }
25
26   LONG WINAPI handle_exception(LPEXCEPTION_POINTERS lpExceptionInfo)
27   {
28       printf("called handle_exception\n");
29       return  EXCEPTION_EXECUTE_HANDLER;
30   }
```

在代码清单 8-4 中，我们在 main 函数中调用了 SetUnhandledExceptionFilter，并且传入了 handle_exception 回调函数，然后同样调用了 throw_exception_test 函数。编译并执行该程序，结果如图 8-9 所示。

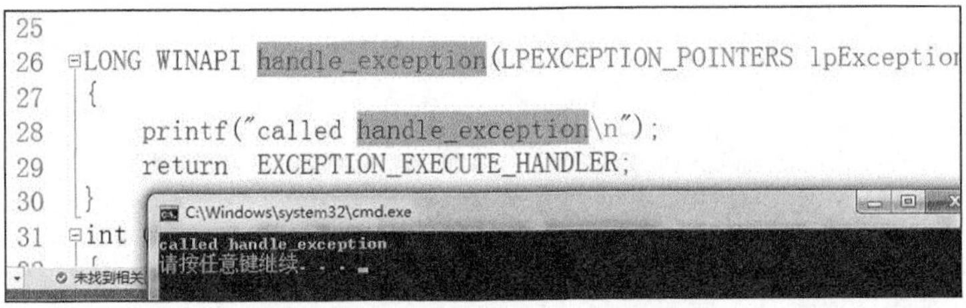

图 8-9　崩溃时进入回调函数

从图 8-9 中可以看出，程序进入到我们设置的回调函数中，输出了"called handle_exception"，而且没有出现崩溃对话框。现在只差一步未完成，就是生成存储文件。要生成存储文件，只需要在 handle_exception 中进行设置，这也是程序真正崩溃的根本原因。

需要说明的是，调试状态下并不会调用 handle_exception 回调函数，所以在 handle_exception 中设置断点并不会被命中，因为调试器会提前在崩溃的地方中断。

微软还提供了另外一个 API——MiniDumpWriteDump，可以为应用程序生成存储文件。可以利用该 API 来为程序生成崩溃转储文件，其中有一个参数指定存储文件类型（一般使用 MiniDumpNormal 类型），如代码清单 8-5 所示。该 API 生成的存储文件能够满足基本分析需求，所以我们在测试程序中使用该类型。读者也可以使用其他类型，比如 MiniDumpWithFullMemory，这样生成的存储文件包含的信息更多，但是文件也更大。

代码清单 8-5　生成存储文件

```
1  #include "stdafx.h"
2  #include <Windows.h>
3  #include <Dbghelp.h>
4  #include <stdio.h>
5
6  LONG WINAPI handle_exception(LPEXCEPTION_POINTERS lpExceptionInfo);
7  int GenerateMiniDump(PEXCEPTION_POINTERS exception_pointers);
8
9  void throw_exception_test()
10 {
11     int* p = 0;
12     *p = 10;
13 }
14 int main(int argc, char *argv[])
15 {
16     SetUnhandledExceptionFilter(handle_exception);
17     throw_exception_test();
18     printf("quit\n");
19
20     return 0;
21 }
22
23 LONG WINAPI handle_exception(LPEXCEPTION_POINTERS lpExceptionInfo)
24 {
25     GenerateMiniDump(lpExceptionInfo);
26     return EXCEPTION_EXECUTE_HANDLER;
27 }
28 int GenerateMiniDump(PEXCEPTION_POINTERS exception_pointers)
29 {
30     TCHAR file_name[MAX_PATH] = {0};
31     SYSTEMTIME local_time;
32     GetLocalTime(&local_time);
33     sprintf(file_name,"chapter_8.1_crash-%04d%02d%02d-%02d%02d%02d.dmp", local_time.wYear, loca
34         local_time.wHour, local_time.wMinute, local_time.wSecond);
35     HANDLE h_dump_file = CreateFile(file_name, GENERIC_READ | GENERIC_WRITE, FILE_SHARE_WRITE
36     if (INVALID_HANDLE_VALUE == h_dump_file)
37     {
38         return EXCEPTION_CONTINUE_EXECUTION;
39     }
40     MINIDUMP_EXCEPTION_INFORMATION exception_information;
41     exception_information.ThreadId = GetCurrentThreadId();
42     exception_information.ExceptionPointers = exception_pointers;
43     exception_information.ClientPointers = FALSE;
44     MiniDumpWriteDump(GetCurrentProcess(), GetCurrentProcessId(),
45         h_dump_file, MiniDumpNormal, (exception_pointers ? &exception_information : NULL), NUL
46     CloseHandle(h_dump_file);
47     return EXCEPTION_EXECUTE_HANDLER;
48 }
49
```

在代码清单 8-5 中，我们重点来看 GenerateMiniDump 函数。如果程序崩溃，该函数会在可执行文件目录下生成一个转储文件，该文件以 chapter_8.1_crash 加生成时间命名，这样生成的转储文件就不至于因为重名而被覆盖。代码清单 8-5 后面的代码用来调用 MiniDumpWriteDump 函数并创建转储文件。

再次编译测试程序并运行，因为程序会崩溃，所以会在可执行文件目录（因为转储文件名不包含绝对路径，所以是在当前目录）下生成转储文件。如果是在 VC 中执行，就会在源代码目录下生成一个转储文件。

同样用 VC 打开转储文件进行分析，打开崩溃转储文件，如图 8-10 所示。

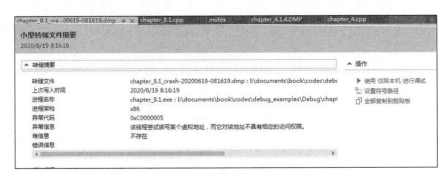

图 8-10　打开崩溃转储文件

从图 8-10 中可以看到，崩溃转储文件与死锁转储文件的不同之处在于"异常代码"和"异常信息"。本示例中的异常代码为"0xC0000005"，"异常信息"表示不能访问内存。继续单击"使用仅限本机进行调试"按钮，进入转储文件的调试状态，如图 8-11 所示。

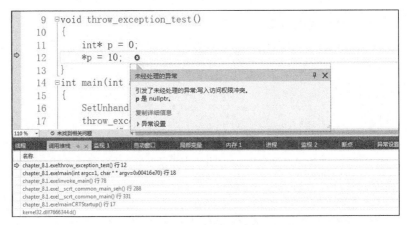

图 8-11　定位崩溃位置

从图 8-11 中可以看到，调试器直接定位到了第 12 行代码，说明该行代码出现了问题。

提示信息也很清楚，p 是空指针，同时我们也可以查看调用栈信息以及调用位置。一般情况下，崩溃转储文件调试可以直接定位到崩溃的位置，但是对大型软件来说，虽然我们能够定位到崩溃的代码处，但是了解崩溃的原因却需要花费更多的时间。

8.2 Linux 系统中的转储文件分析

Linux 系统中的转储文件一般被称为内核转储（core dump），生成的转储文件也包含程序在某一个时刻的状态信息，包括内存信息、堆栈信息、线程信息等。在 Linux 系统中，也可以通过调试转储文件来发现问题所在。

8.2.1 内核转储文件调试分析死锁

第 4 章介绍了死锁调试的方法和技巧，我们可以直接从源代码开始运行并进行调试。但是如果软件是在客户环境中运行时发生死锁，就无法直接在客户机器上进行调试。比较有效的一个方法是在客户环境中为软件生成一个内核转储文件，并利用该文件来分析为什么会发生死锁。下面以 chapter_4.1.4 的代码为例，逐步演示如何为死锁程序生成内核转储文件并进行调试和分析。

1．启动测试程序

切换到 chapter_4.1.4 目录，然后运行程序 chapter_4.1.4，模拟客户环境中的死锁情况，运行界面如图 8-12 所示。

图 8-12　启动死锁测试程序

2．创建内核转储文件

由于测试程序已经发生死锁，不会再有响应，因此我们要为测试程序创建内核转储文件，以便能够分析问题形成的原因。

先在 Shell 中找到 chapter_4.1.4 的进程 ID，执行命令 ps aux | grep chap，结果如图 8-13 所示。

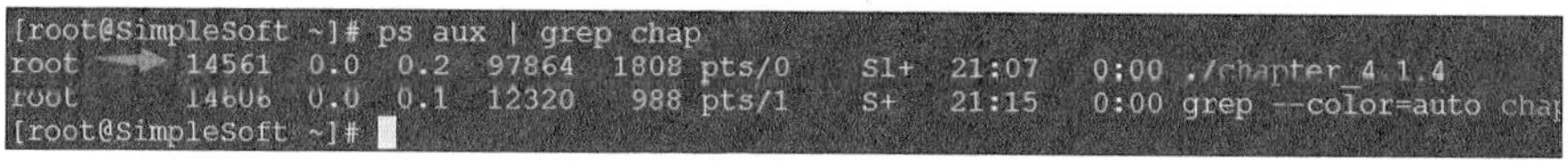

图 8-13　找到 chapter_4.1.4 的进程 ID

测试程序的进程 ID 为 14561。启动 gdb，然后将 gdb 附加到该进程，并为该进程创建一个内核转储文件。在 Shell 中执行如下命令：

```
gdb attach 14561
```

结果如图 8-14 所示。

```
[root@SimpleSoft ~]# gdb attach 14561
GNU gdb (GDB) Red Hat Enterprise Linux 8.2-6.el8
Copyright (C) 2018 Free Software Foundation, Inc.
License GPLv3+: GNU GPL version 3 or later <http://gnu.org/licenses/gpl.html>
This is free software: you are free to change and redistribute it.
There is NO WARRANTY, to the extent permitted by law.
Type "show copying" and "show warranty" for details.
This GDB was configured as "x86_64-redhat-linux-gnu".
Type "show configuration" for configuration details.
For bug reporting instructions, please see:
<http://www.gnu.org/software/gdb/bugs/>.
Find the GDB manual and other documentation resources online at:
    <http://www.gnu.org/software/gdb/documentation/>.

For help, type "help".
Type "apropos word" to search for commands related to "word"...
attach: 没有那个文件或目录.
Attaching to process 14561
[New LWP 14562]
[New LWP 14563]
[Thread debugging using libthread_db enabled]
Using host libthread_db library "/lib64/libthread_db.so.1".
0x00007f69c41437bd in __GI___pthread_timedjoin_ex (threadid=140092224337664,
    thread_return=0x0, abstime=0x0, block=<optimized out>) at pthread_join_common.c:89
89              lll_wait_tid (pd->tid);
(gdb) 
```

图 8-14　将 gdb 附加到 chapter_4.1.4 进程

由于我们模拟的是在客户环境中生成内核转储文件，所以只需要附加到进程，不用进行如查看变量和堆栈等更进一步的操作。

继续依次执行如下命令：

```
gcore chapter_4.1.4-20200801.core
detach
q
```

为测试程序生成名为 chapter_4.1.4-20200801.core 的内核转储文件，然后从测试程序分离，退出 gdb，如图 8-15 所示。

```
(gdb) gcore chapter_4.1.4-20200801.core
Saved corefile chapter_4.1.4-20200801.core
(gdb) detach
Detaching from program: /root/codes/book_debug/chapter_4.1.4/chapter_4.1.4, process 14561
[Inferior 1 (process 14561) detached]
(gdb) q
[root@SimpleSoft ~]# 
```

图 8-15　生成内核转储文件

等待客户提交测试程序生成的内核转储文件后，对内核转储文件进行调试分析。

3. 内核转储文件调试分析死锁问题

为了方便调试，可以将生成的内核转储文件复制到可执行文件目录下。当然也可以不进行复制，在指定可执行文件的路径时使用绝对路径。

gdb 调试内核转储文件的语法如下：

```
gdb 可执行文件名 dump 文件名
```

在 Shell 中执行以下命令：

```
gdb chapter_4.1.4 chapter_4.1.4-20200801.core
```

gdb 即可将内核转储文件加载进来，并对内核转储文件进行调试，如图 8-16 所示，这里并不是对可执行文件进行调试（指定可执行文件是为了获得调试符号信息）。

```
[root@SimpleSoft chapter_4.1.4]# gdb chapter_4.1.4 chapter_4.1.4-20200801.core
GNU gdb (GDB) Red Hat Enterprise Linux 8.2-6.el8
Copyright (C) 2018 Free Software Foundation, Inc.
License GPLv3+: GNU GPL version 3 or later <http://gnu.org/licenses/gpl.html>
This is free software: you are free to change and redistribute it.
There is NO WARRANTY, to the extent permitted by law.
Type "show copying" and "show warranty" for details.
This GDB was configured as "x86_64-redhat-linux-gnu".
Type "show configuration" for configuration details.
For bug reporting instructions, please see:
<http://www.gnu.org/software/gdb/bugs/>.
Find the GDB manual and other documentation resources online at:
    <http://www.gnu.org/software/gdb/documentation/>.

For help, type "help".
Type "apropos word" to search for commands related to "word"...
Reading symbols from chapter_4.1.4...done.
[New LWP 14561]
[New LWP 14562]
[New LWP 14563]
[Thread debugging using libthread_db enabled]
Using host libthread_db library "/lib64/libthread_db.so.1".
Core was generated by `./chapter_4.1.4'.
#0  0x00007f69c41437bd in __GI___pthread_timedjoin_ex (threadid=140092224337664,
    thread_return=0x0, abstime=0x0, block=<optimized out>) at pthread_join_common.c:89
89              lll_wait_tid (pd->tid);
[Current thread is 1 (Thread 0x7f69c4574740 (LWP 14561))]
(gdb) 
```

图 8-16　调试内核转储文件

在图 8-16 中，显示读取调试符号信息成功，停留在当前线程（1 号线程）。这时执行 bt 命令，查看当前线程的调用栈情况，如图 8-17 所示。

```
(gdb) bt
#0  0x00007f69c41437bd in __GI___pthread_timedjoin_ex (threadid=140092224337664,
    thread_return=0x0, abstime=0x0, block=<optimized out>) at pthread_join_commo
#1  0x00007f69c3e67da7 in __gthread_join (__value_ptr=0x0, __threadid=<optimizec
    at /usr/src/debug/gcc-8.3.1-4.5.el8.x86_64/obj-x86_64-redhat-linux/x86_64-re
tdc++-v3/include/x86_64-redhat-linux/bits/gthr-default.h:668
#2  std::thread::join (this=0x7fff85bf0b78)
    at ../../../../../libstdc++-v3/src/c++11/thread.cc:110
#3  0x0000000000401157 in main () at chapter_4.1.4.cpp:83
(gdb) f 3
#3  0x0000000000401157 in main () at chapter_4.1.4.cpp:83
83              t1.join();
(gdb) 
```

图 8-17　查看当前线程的调用栈情况

从图 8-17 中可以发现，1 号线程停留在代码的第 83 行，即 t1.join()没有返回，t1.join 函数是 main 函数中调用的线程 t1 等待函数，这说明线程 t1 还没有结束。

继续执行 i threads 命令来查看所有线程的情况，如图 8-18 所示。

```
(gdb) i threads
  Id   Target Id                          Frame
* 1    Thread 0x7f69c4574740 (LWP 14561) 0x0000000000401157 in main (
  2    Thread 0x7f69c3447700 (LWP 14562) __lll_lock_wait ()
    at ../sysdeps/unix/sysv/linux/x86_64/lowlevellock.S:103
  3    Thread 0x7f69c2c46700 (LWP 14563) __lll_lock_wait ()
    at ../sysdeps/unix/sysv/linux/x86_64/lowlevellock.S:103
(gdb)
```

图 8-18　查看所有线程的情况

从图 8-18 中可以看出，一共有 3 个线程。1 号线程是 main 函数所在线程，2 号线程和 3 号线程是在 main 函数中启动的线程，现在初步判断这两个线程都没有结束，都在执行 __lll_lock_wait()。接下来，任意选择其中一个线程进行详细查看，执行 t 2 命令切换到 2 号线程，然后再执行 bt 命令查看调用栈情况，如图 8-19 所示。

```
(gdb) t 2
[Switching to thread 2 (Thread 0x7f69c3447700 (LWP 14562))]
#0  __lll_lock_wait () at ../sysdeps/unix/sysv/linux/x86_64/lowlevellock.S:103
103     2:      movl    %edx, %eax
(gdb) bt
#0  __lll_lock_wait () at ../sysdeps/unix/sysv/linux/x86_64/lowlevellock.S:103
#1  0x00007f69c4144af9 in __GI___pthread_mutex_lock (mutex=0x604240 <_mutex2>)
    at ../nptl/pthread_mutex_lock.c:80
#2  0x000000000040130b in __gthread_mutex_lock (__mutex=0x604240 <_mutex2>)
    at /usr/include/c++/8/x86_64-redhat-linux/bits/gthr-default.h:748
#3  0x00000000004013e2 in std::mutex::lock (this=0x604240 <_mutex2>)
    at /usr/include/c++/8/bits/std_mutex.h:103
#4  0x000000000040145e in std::lock_guard<std::mutex>::lock_guard (this=0x7f69c3446de0,
    __m=...) at /usr/include/c++/8/bits/std_mutex.h:162
#5  0x0000000000400fa8 in do_work_1 () at chapter_4.1.4.cpp:61
#6  0x0000000000401862 in std::__invoke_impl<int, int (*)()> (
    __f=@0x8f1e78: 0x400f2c <do_work_1()>) at /usr/include/c++/8/bits/invoke.h:60
#7  0x00000000004016d6 in std::__invoke<int (*)()> (__fn=@0x8f1e78: 0x400f2c <do_work_1()>)
    at /usr/include/c++/8/bits/invoke.h:95
#8  0x0000000000401d08 in std::thread::_Invoker<std::tuple<int (*)()> >::_M_invoke<0ul> (
    this=0x8f1e78) at /usr/include/c++/8/thread:244
#9  0x0000000000401cde in std::thread::_Invoker<std::tuple<int (*)()> >::operator() (
    this=0x8f1e78) at /usr/include/c++/8/thread:253
#10 0x0000000000401cc2 in std::thread::_State_impl<std::thread::_Invoker<std::tuple<int (*)()
> > >::_M_run (this=0x8f1e70) at /usr/include/c++/8/thread:196
#11 0x00007f69c3e67b23 in std::execute_native_thread_routine (__p=0x8f1e70)
    at ../../../../../libstdc++-v3/src/c++11/thread.cc:80
#12 0x00007f69c41422de in start_thread (arg=<optimized out>) at pthread_create.c:486
#13 0x00007f69c3544133 in clone () at ../sysdeps/unix/sysv/linux/x86_64/clone.S:95
(gdb)
```

图 8-19　查看 2 号线程的调用栈情况

在图 8-19 中，大部分是系统调用栈，找到代码所在的栈帧（即箭头所指的 5 号帧），然后执行 f 5 命令切换到 5 号帧，如图 8-20 所示。

```
(gdb) f 5
#5  0x0000000000400fa8 in do_work_1 () at chapter_4.1.4.cpp:61
61              lock_guard<mutex> locker2(_mutex2);
```

图 8-20　查看 2 号线程的 5 号帧情况

从图 8-20 中可以看到，代码停留在 do_work_1 线程函数中（即第 61 行，等待锁的位置）。继续使用同样的方式查看 3 号线程，仍然可以定位到在 do_work_2 线程函数中发生死锁的位置，最后分析出导致死锁的原因是锁的使用位置不规范。

于是，通过调试分析死锁的内核转储文件（由客户提供），就可以解决客户环境中的死锁问题。

8.2.2　内核转储文件调试分析程序崩溃问题

8.1 节介绍了如何在 Windows 系统中生成崩溃转储文件以及如何调试崩溃转储文件。在 Linux 系统中也可以为程序生成崩溃转储文件。本节介绍如何在程序崩溃时自动生成内核转储文件，以及如何调试崩溃转储文件。

1．创建崩溃测试程序

8.1 节比较详细地介绍了 Windows 系统中程序崩溃的原因，感兴趣的读者可以跳转到 8.1 节进行阅读。

我们先创建目录 chapter_8.2，然后在该目录下创建一个测试程序 chapter_8.2.cpp。该测试程序非常简单，一旦运行就会发生崩溃，如代码清单 8-6 所示。

代码清单 8-6　Linux 系统下的崩溃测试程序

```
#include <iostream>
#include <string.h>
using namespace std;

void crash_test()
{
        char *str = 0;
        strcpy(str,"test");
}
int main()
{
        cout << "crash test!" << endl;
        crash_test();
        return 0;

}
```

2．配置并生成内核转储文件

编译、链接并运行测试程序，运行结果如图 8-21 所示。

```
[root@SimpleSoft chapter_8.2]# ./chapter_8.2
crash test
段错误
[root@SimpleSoft chapter_8.2]#
```

图 8-21　测试程序运行崩溃

从图 8-21 中可以看到，测试程序在运行后立刻崩溃，并提示"段错误"。程序开始运行即发生崩溃，这一点符合我们的设计初衷，但是并没有生成内核转储文件，这是因为大多数 Linux 系统不会自动生成内核转储文件。下面简单介绍在 Linux 系统中开启内核转储文件自动生成功能的方法（这里以 CentOS 为例）。

编辑/etc/security/limits.conf 文件：用编辑器打开 limits.conf 文件，在文件末尾添加一行内容，如图 8-22 所示。

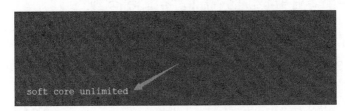

图 8-22　修改 limits.conf

这行内容表示为应用程序生成内核转储文件，不受大小限制。

修改内核转储文件名格式：修改/proc/sys/kernel/core_pattern 文件。由于该文件是系统文件，不能使用 vim 编辑器进行修改，因此使用 echo 命令来修改其内容。在 Shell 中执行以下命令：

```
echo -e "/root/corefile/core-%e-%s-%p-%t" > /proc/sys/kernel/core_pattern
```

修改后的文件内容如下：

```
/root/corefile/core-%e-%s-%p-%t
```

其中/root/corefile 必须是已经存在的目录名，因为最后生成的内核转储文件会存放在该目录下。%e 表示进程的名称，%s 表示进程崩溃时收到的信号，%p 代表进程 ID，%t 表示时间戳。修改完以后再次运行崩溃程序，结果如图 8-23 所示。

```
[root@SimpleSoft chapter_8.2]# ./chapter_8.2
crash test
段错误 (内核已转储)
[root@SimpleSoft chapter_8.2]# ll /root/corefile/
总用量 332
-rw-------. 1 root root 495616 6月  19 03:01 core-chapter_8.2-11-15224-1592550106
[root@SimpleSoft chapter_8.2]#
```

图 8-23　再次运行崩溃程序

在图 8-23 中运行测试程序时会提示"段错误（内核已转储）"，表示已经生成了内核转储文件。使用 ll 命令查看/root/corefile 目录，其中确实生成了一个内核转储文件，并且是按照我们设置的格式（core-程序名-崩溃时收到的信号-进程 ID-时间戳）生成的。

在 CentOS 上设置内核转储文件的生成方式与在 Ubuntu 上略有不同，感兴趣的读者可以在 Ubuntu 上进行配置并查看效果，如果不能立即生效可以重启系统再尝试。

3. 内核转储文件调试分析崩溃

假设现在我们已经从客户那里获取了崩溃转储文件，很重要的一点是必须要保留与内核转储文件对应的可执行文件，以便能够正确加载调试符号，否则调试起来会比较困难。调试死锁的转储文件时也需要保证内核转储文件与可执行文件的版本匹配，尤其是发布多个版本以后，每个版本都需要保留，以便于查找问题。

现在启动 gdb 来调试崩溃转储文件。在 Shell 中执行以下命令：

```
gdb chapter_8.2 /root/corefile/core-chapter_8.2-11-15224-1592550106
```

其中，chapter_8.2 为可执行文件名称，/root/corefile/core-chapter_8.2-11-15224-1592550106 为内核转储文件的全路径。启动 gdb 并开始调试崩溃转储文件，效果如图 8-24 所示。

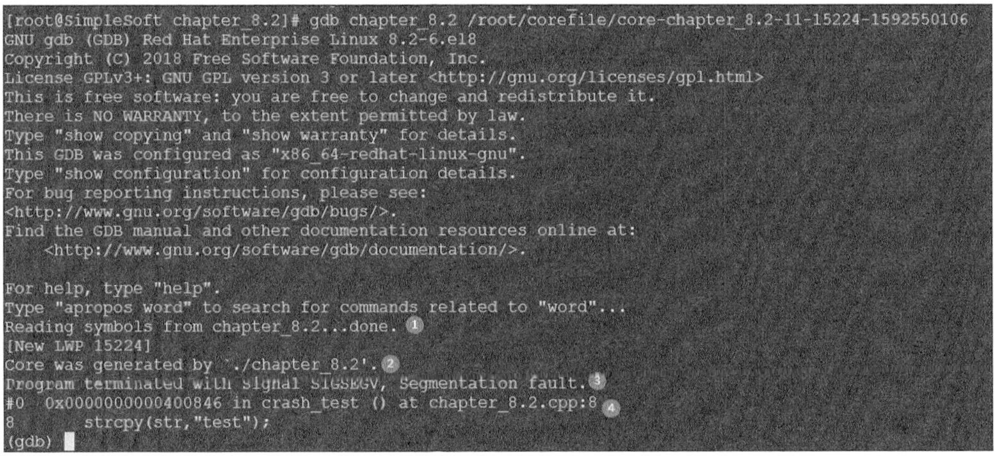

图 8-24　开始调试崩溃转储文件

标号❶处显示调试符号已经被成功加载，表明我们的可执行文件与内核转储文件的版本匹配。标号❷处提示该内核转储文件是由程序 chapter_8.2 创建的，不会发生混淆。标号❸处说明了崩溃的原因是段错误。标号❹处最重要，直接指出了崩溃的位置在文件 chapter_8.2.cpp 的第 8 行，即在执行函数 crash_test 时发生崩溃，具体是在执行 strcpy 函数时崩溃的，并且很快就能定位到了错误的位置。这时我们可以查看一些基本信息，比如变量等。因为程序非常简单，只有一个 str 变量，所以可以使用命令 p str 来查看 str 变量。结果发现 str 变量为空，因此程序崩溃后问题会得到解决。当然我们也可以查看一些其他的信息，比如调用栈信息等。其他所有操作都与调试普通进程类似，gdb 的大部分功能也都可以使用，唯一的不同是不能继续执行代码，只能查看信息，因为继续执行没有任何意义，只会使程序崩溃。

但是在实际应用中不会发生这么简单的错误，一般都要经过层层筛查，才能定位到真正的原因。不过从我们的分析过程中也能够看出，有时分析崩溃转储文件要比分析死锁简单一些，因为程序崩溃的位置就是最后执行代码的位置。

<< 第 9 章 >>

发行（Release）版调试

在软件开发过程中，开发人员会使用调试（Debug）版来运行软件。如果出现了 BUG，调试版能够提供更多调试信息，便于我们发现 BUG，从而能够更加容易地发现问题的根源并轻松解决该问题。

但是当我们把软件交给客户（哪怕是内部测试人员）正式使用时，提供的通常是发行版。因为我们希望软件占用的空间越小越好，运行速度越快越好。除这些区别外，发行版和调试版还有一些区别，比如调试版中的一些调试宏在发行版中不能使用、断言也不会起作用等。

9.1　在 VC 中调试发行版

9.1.1　去优化测试

先使用 VC 创建一个测试程序，命名为 chapter_9。下面先做一个很简单的测试，如代码清单 9-1 所示。

代码清单 9-1　发行版测试程序

```
 4   #include <iostream>
 5
 6   int release_test(int i,int j)
 7   {
 8       int x = i + j;
 9       return x;
10   }
11   int main(int argc,char**argv)
12   {
13       int x = release_test(10, 20);
14       std::cout << "x is " << x << std::endl;
15   }
16
```

代码清单 9-1 定义了一个 release_test 函数，然后在 main 函数中调用 release_test 函数。我们先使用调试版运行程序，可以在 release_test 函数中设置断点，观察变量的值。然后切换到发行版进行调试和运行并查看效果。接下来，先在 main 函数和 release_test 函数中各设置一个断点，然后按 F5 键启动调试，调试运行后的效果如图 9-1 所示。

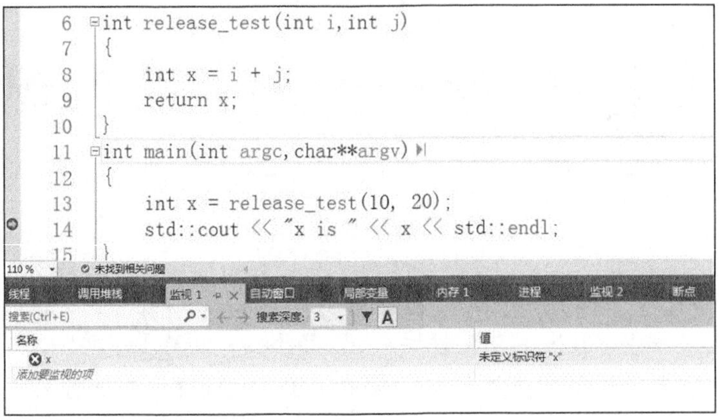

图 9-1　调试发行版

从图 9-1 可以看出，程序执行到第 14 行代码，这时还不能完全反映发行版的状态。我们本来在 release_test 函数中设置了一个断点，但是启动以后该断点消失，而且也没有被命中，就好像 release_test 函数不存在一样，但是程序又确确实实执行了里面的代码，所以最后能在控制台输出 x 的正确值。再查看监视窗口中的 x，结果发现无法查看执行了 release_test 函数后的 x 的值。

所以，如果按照这种方式去调试发行版，一定是比较困难的。这是因为发行版默认对代码进行了优化，并不是原原本本地按照我们写的那样编译，比如会把部分函数自动转换为内联函数，函数参数也会有一些优化。所以我们在调试发行版时会感觉与源代码不匹配，有时会发生执行一行代码时会跳过好几行，以及变量不能正常查看等问题。

我们可以查看此时调试版和发行版的 main 函数汇编代码的区别，以了解为什么在发行版调试时不能在 release_test 函数中设置断点。图 9-2 为调试版 main 函数的汇编代码，图 9-3 为发行版对应的 main 函数的汇编代码。

从图 9-2 中可以看出，有一个 release_test 函数的调用（箭头所指之处）。但是在发行版的汇编代码中，却没有该函数的调用，因为这个函数直接被优化掉了，所以在调试程序的发行版时，无法在 release_test 函数中设置断点。

有时一些 BUG 只会在发行版中出现，调试版中不会出现（比如初始化问题、宏调试问题等），这时我们必须要对发行版进行调试。因此，要暂时禁用发行版的优化功能，等解决掉 BUG 之后再启用优化功能（有时为了定位 BUG，需要牺牲一些性能和速度）。

```
        int x = release_test(10, 20);
011F2658    push            14h
011F265A    push            0Ah
011F265C    call            release_test (011F131Bh)
011F2661    add             esp,8
011F2664    mov             dword ptr [x],eax
   ◁| std::cout << "x is " << x << std::endl;
○011F2667    mov             esi,esp
011F2669    push            offset std::endl<char,std::char_traits<char> > (011F12A8h)
011F266E    mov             edi,esp
011F2670    mov             eax,dword ptr [x]
011F2673    push            eax
011F2674    push            offset string "x is " (011F9B30h)
011F2679    mov             ecx,dword ptr [_imp_?cout@std@@3V?$basic_ostream@DU?$char_traits@D@s
011F267F    push            ecx
011F2680    call            std::operator<<<std::char_traits<char> > (011F120Dh)
```

图 9-2   调试版 main 函数的汇编代码

```
        int x = release_test(10, 20);
        std::cout << "x is " << x << std::endl;
○01031000    mov             ecx,dword ptr [_imp_?cout@std@@3V?$basic_ostream@DU?$char_traits@D@std@@@1
 01031006    push            offset std::endl<char,std::char_traits<char> > (01031310h)
 0103100B    push            1Eh
 0103100D    call            std::operator<<<std::char_traits<char> > (010310F0h)
 01031012    mov             ecx,eax
 01031014    call            dword ptr [__imp_std::basic_ostream<char,std::char_traits<char> >::operato
 0103101A    mov             ecx,eax
 0103101C    call            dword ptr [__imp_std::basic_ostream<char,std::char_traits<char> >::operato
 } ◁|
```

图 9-3   发行版 main 函数的汇编代码

打开项目的"属性",选择"C/C++"选项下的"优化",将"优化"设置为"已禁用",如图 9-4 所示。单击"确定"按钮,保存设置。

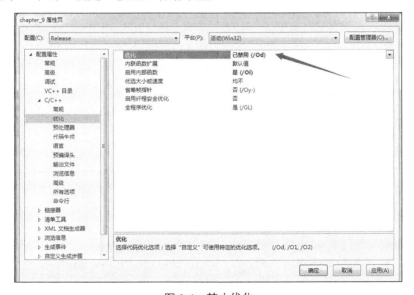

图 9-4   禁止优化

按 F5 键再次启动调试，这时能够命中 release_test 函数中的断点，并且可以查看变量 x 的值，如图 9-5 所示。

int release_test(int i,int j)
{
int x = i + j;
return x; 已用时间 <= 1ms
}
int main(int argc,char**argv)
{
int x = release_test(10, 20);
std::cout << "x is " << x << std::endl;
}
110 %
未找到相关问题
线程
调用堆栈
监视 1
自动窗口
局部变量
内存 1
进程
监视 2
断点
搜索(Ctrl+E)
搜索深度: 3
名称
值
x
30
添加要监视的项

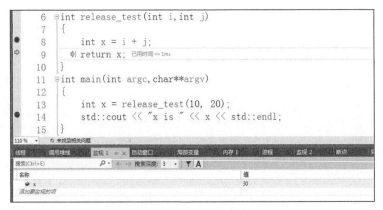

图 9-5　去优化后的发行版命中断点

此时再来查看 main 函数中调用 release_test 函数的汇编代码，如图 9-6 所示，它与调试版的汇编代码相同。

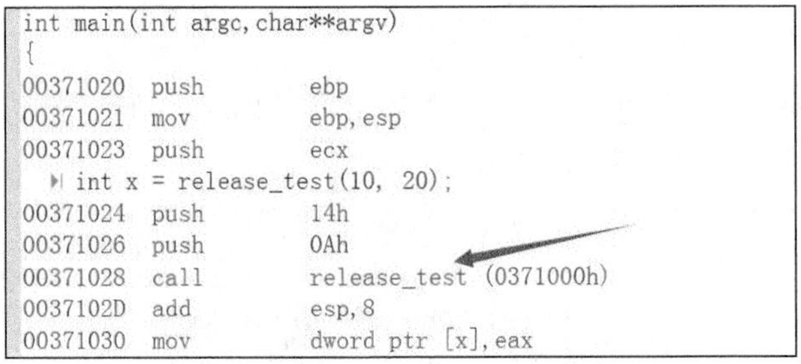

int main(int argc,char**argv)
{
00371020 push ebp
00371021 mov ebp,esp
00371023 push ecx
int x = release_test(10, 20);
00371024 push 14h
00371026 push 0Ah
00371028 call release_test (0371000h)
0037102D add esp,8
00371030 mov dword ptr [x],eax

图 9-6　去优化后的发行版的汇编代码

9.1.2　保留优化调试

但是很多时候需要保留优化功能，不能直接禁用，比如在客户环境出现问题、发生死锁时，可以要求客户生成转储文件，但是我们不可能要求客户使用未进行优化的版本。

尽管发行版进行了很多优化，但是有些东西是无法被优化的，比如线程信息、复杂的函数调用等，所以仍然可以根据发行版的一些信息找到问题的答案。

以第 4 章的死锁程序为例，编译发行版，并且设置为最大优化，如图 9-7 所示。

图 9-7　发行版启用最大优化

将图 9-7 中的"优化"属性设置为"最大优化",目的是使编译器尽最大的努力去优化代码,降低调试的难度。

按 F5 键以发行版调试方式去运行,程序发生崩溃。这时单击"全部中断"按钮,使程序中断,切换到调用栈窗口,同时定位到 main 函数代码的调用处,如图 9-8 所示。

图 9-8　切换到主线程 main 函数

我们多次看到过图 9-8 中的界面。程序停留在 t1.join 代码调用处,表示线程 t1 的线程函数一直没有执行完，所以 main 函数一直等待。

这时我们会发现，发行版调试也可以查看 t1 和 t2 的变量值，如图 9-9 所示。

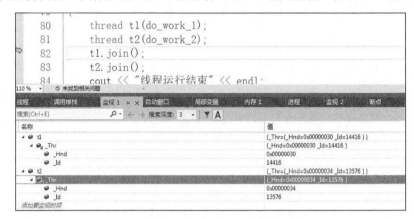

图 9-9　查看变量 t1 和 t2 的值

这说明编译器不会也不能对所有的变量都进行优化。我们现在看到的 t1 和 t2 的值也不能确保是正确的，因为在发行版中看到的变量值并不一定是真实值。我们还可以查看 t1 和 t2 的内存布局，可以在内存窗口中输入&t1 的值和&t2 的值，分别查看 t1 和 t2 在内存中的布局，如图 9-10 所示。

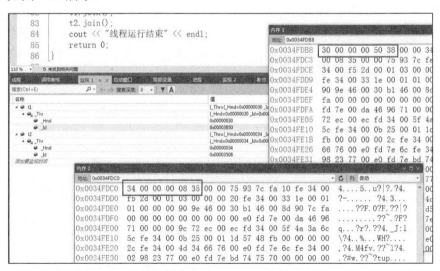

图 9-10　查看 t1 和 t2 的内存布局

其中"内存 1"窗口是变量 t1 对应的内存布局，"内存 2"窗口中显示的是变量 t2 对应的内存布局。我们在前面章节中曾经提到过小端问题，图 9-10 中显示的数据也是正确的——t1 是 0x30 和 0x3850，t2 是 0x34 和 0x3508。

现在程序在主窗口处停止运行（主线程），我们再来看其他两个线程的情况。打开线程窗口，切换到 1 号工作线程，并查看该线程的堆栈情况，如图 9-11 所示。

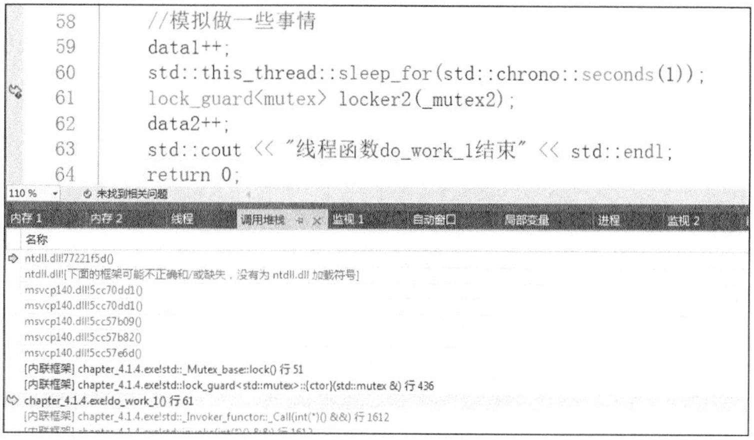

图 9-11　查看 1 号工作线程的情况

从图 9-11 中仍然可以看到死锁情况。再查看 2 号工作线程情况，发现 2 号工作线程中也在等待锁，这就是发生死锁的原因。

如果很重要的代码或者函数被优化，就会对我们的调试或者问题的发现产生影响，这时可以阻止编译器优化该函数。我们先看一个优化后的例子，以第 8 章的程序崩溃代码为例，代码执行到 throw_exception_test 函数时崩溃，如图 9-12 所示。

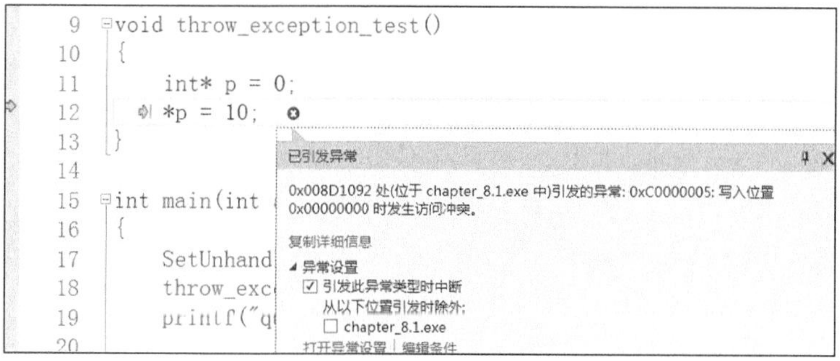

图 9-12　程序崩溃，但是不能查看变量值

虽然图 9-12 定位到了代码崩溃的位置，但是我们无法查看变量 p 的值，因为它已经被优化了。如果客户环境中的程序刚好在这里崩溃，查找起来也会比较麻烦。

我们可以阻止编译器优化 throw_exception_test 函数，并继续进行其他代码的优化。在函数的开始处添加以下代码：

```
#pragma optimize("",off)
```

然后在函数的结尾处添加以下代码：

```
#pragma optimize("",on)
```

接着告知编译器不要优化该代码，然后再次调试，结果如图 9-13 所示。

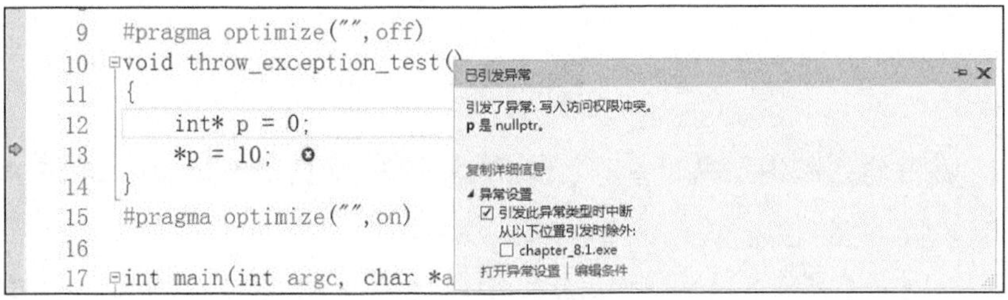

图 9-13　指定函数不要优化

从图 9-13 中可以看出，由于已经告知编译器不要优化 throw_exception_test 函数，因此当执行到该函数并使得程序崩溃时，我们可以查看该函数中各个变量的值。

9.2　在 gdb 中调试发行版

在 Linux 系统中，虽然调试版和发行版不像 Windows 系统那样严格，比如宏定义、预处理器的宏定义等，但是在 Linux 系统中，一般发布给客户的最终版本也是不包含调试信息的。没有调试信息，调试发行版时就会困难得多。

为了演示发行版的调试，我们以第 4 章的死锁程序 chapter_4.1.4 为例。新建一个 Makefile 文件，命名为 Makefile_release，将可执行文件的名称修改为 chapter_4.1.4_release，并且将-g 参数删除。Makefile_release 文件的内容如代码清单 9-2 所示。

代码清单 9-2　Makefile_release 文件

```
 1 EXECUTABLE:= chapter_4.1.4_release
 2
 3 LIBDIR:=
 4 LIBS:=pthread
 5 INCLUDES:=.
 6 SRCDIR:=
 7
 8 CC:=g++
 9 CFLAGS:= -Wall -O0 -static -static-libgcc -st
10 CPPFLAGS:= $(CFLAGS)
```

在代码清单 9-2 中，Makefile_release 文件和 Makefile 只有两处区别：可执行文件的名称不同；删除了-g 选项（即使用 Makefile_release 命令生成的可执行文件不包含调试信息）。在 Shell 中执行以下命令来构建没有调试信息的 chapter_4.1.4_release 可执行文件：

```
make -f Makefile_realse
```

构建成功以后，我们可以发现 chapter_4.1.4 和 chapter_4.1.4_release 两个文件的文件大小相差很多，如图 9-14 所示。

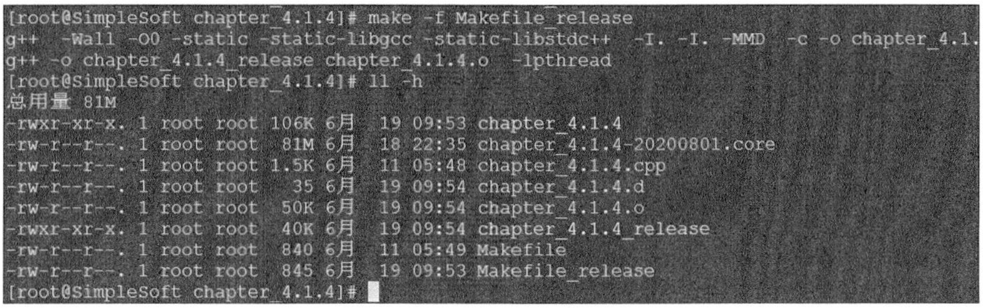

图 9-14　构建发行版程序

从图 9-14 中可以发现，包含有调试信息的 chapter_4.1.4 和不包含调试信息的 chapter_4.1.4_release 的文件大小差别很大，前者的文件大小是后者的文件大小的两倍多。

我们直接使用 gdb 来调试 chapter_4.1.4_release。在 Shell 中输入以下命令来启动调试发行版程序，如图 9-15 所示。

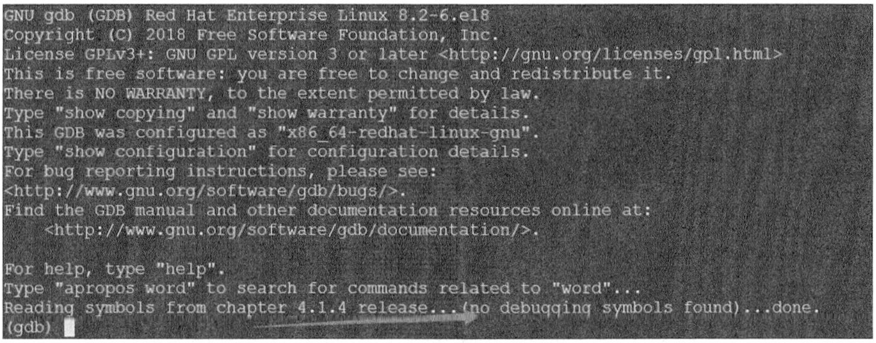

```
gdb chapter_4.1.4_release
```

图 9-15　调试发行版程序

从图 9-15 中可以发现，因为没有调试符号文件，所以在 gdb 命令窗口中使用 bt 命令和 l 命令后都看不到相应的源代码信息，如图 9-16 所示。

图 9-16 中没有加载对应的调试符号，所以很多事情实现起来比较困难，几乎看不到太多有用的信息。在调试软件中，如果没有被调试软件的调试符号信息，那么寻找程序中的 BUG 会比较困难。

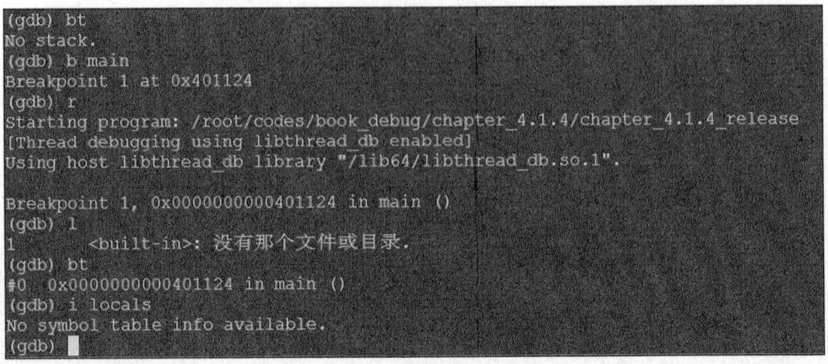

```
(gdb) bt
No stack.
(gdb) b main
Breakpoint 1 at 0x401124
(gdb) r
Starting program: /root/codes/book_debug/chapter_4.1.4/chapter_4.1.4_release
[Thread debugging using libthread_db enabled]
Using host libthread_db library "/lib64/libthread_db.so.1".

Breakpoint 1, 0x0000000000401124 in main ()
(gdb) l
1        <built-in>: 没有那个文件或目录.
(gdb) bt
#0  0x0000000000401124 in main ()
(gdb) i locals
No symbol table info available.
(gdb)
```

图 9-16   没有加载调试符号

9.2.1   从调试版中提取调试符号

所以，关键是使 gdb 了解哪里有调试信息。由于发行版程序本身不包含调试信息，所以只能指定其他文件。我们还有一个对应的 chapter_4.1.4 可执行文件，该文件不仅包含调试信息，而且对应的源代码完全相同，编译的参数也完全相同，只是没有-g 选项。所以我们需要想办法利用 chapter_4.1.4 来产生调试信息，供 gdb 调试 chapter_4.1.4_release 时使用。

生成调试符号表：在 Shell 中执行以下命令。

```
objcopy --only-keep-debug chapter_4.1.4 chapter_4.1.4.symbol
```

从 chapter_4.1.4 中提取出调试符号信息，可以在 gdb 中使用。

加上调试符号调试发行版：在 Shell 中执行以下命令。

```
gdb --symbol=chapter_4.1.4.symbol -exec=chapter_4.1.4_release
```

同时启动调试 chapter_4.1.4_release 可执行文件和加载调试符号，如图 9-17 所示。

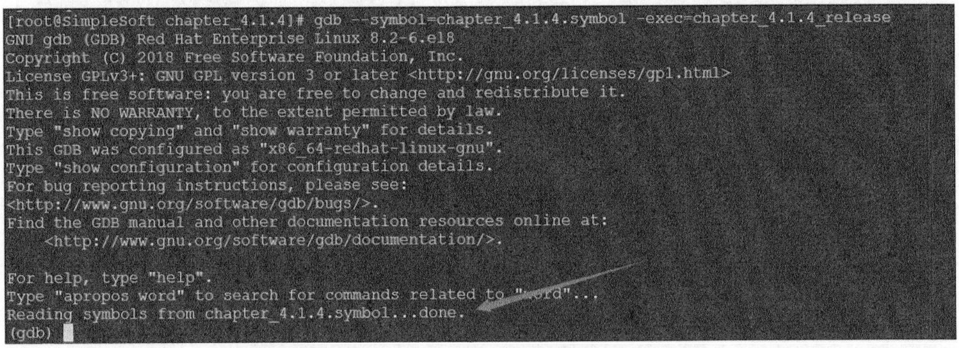

```
[root@SimpleSoft chapter_4.1.4]# gdb --symbol=chapter_4.1.4.symbol -exec=chapter_4.1.4_release
GNU gdb (GDB) Red Hat Enterprise Linux 8.2-6.el8
Copyright (C) 2018 Free Software Foundation, Inc.
License GPLv3+: GNU GPL version 3 or later <http://gnu.org/licenses/gpl.html>
This is free software: you are free to change and redistribute it.
There is NO WARRANTY, to the extent permitted by law.
Type "show copying" and "show warranty" for details.
This GDB was configured as "x86_64-redhat-linux-gnu".
Type "show configuration" for configuration details.
For bug reporting instructions, please see:
<http://www.gnu.org/software/gdb/bugs/>.
Find the GDB manual and other documentation resources online at:
    <http://www.gnu.org/software/gdb/documentation/>.

For help, type "help".
Type "apropos word" to search for commands related to "word"...
Reading symbols from chapter_4.1.4.symbol...done.
(gdb)
```

图 9-17   为发行版程序加载调试符号

从图 9-17 中可以看到，我们可以为 chapter_4.1.4_release 成功加载调试符号，还可以设置断点、查看变量等信息，如图 9-18 所示。

```
(gdb) b main
Breakpoint 1 at 0x401129: file chapter_4.1.4.cpp, line 81.
(gdb) r
Starting program: /root/codes/book_debug/chapter_4.1.4/chapter_4.1.4
[Thread debugging using libthread_db enabled]
Using host libthread_db library "/lib64/libthread_db.so.1".

Breakpoint 1, main () at chapter_4.1.4.cpp:81
81              thread t1(do_work_1);
(gdb) bt
#0  main () at chapter_4.1.4.cpp:81
(gdb) i locals
t1 = { M_id = { M_thread = 4197936}}
t2 = { M_id = { M_thread = 4201856}}
(gdb)
```

图 9-18　加载调试符号并调试发行版

在图 9-18 中，先使用 b 命令在 main 函数中设置一个断点，然后通过 r 命令启动程序。在 main 函数中命中断点后，执行 bt 命令查看调用栈信息，并使用 i locals 命令查看局部变量（所有操作都与调试带符号的可执行文件一致）。

9.2.2　直接使用调试版作为符号源

除从调试版中提取出调试符号外，还可以直接使用调试版作为符号源加载调试符号。继续以 chapter_4.1.4_release 为例，因为有对应的 chapter_4.1.4 调试版，所以可以直接在 Shell 中输入以下命令来启动发行版的调试并加载对应的调试符号：

```
gdb --symbol=chapter_4.1.4 -exec=chapter_4.1.4_release
```

结果如图 9-19 所示。

```
[root@SimpleSoft chapter_4.1.4]# gdb --symbol=chapter_4.1.4 -exec=chapter_4.1.4_release
GNU gdb (GDB) Red Hat Enterprise Linux 8.2-6.el8
Copyright (C) 2018 Free Software Foundation, Inc.
License GPLv3+: GNU GPL version 3 or later <http://gnu.org/licenses/gpl.html>
This is free software: you are free to change and redistribute it.
There is NO WARRANTY, to the extent permitted by law.
Type "show copying" and "show warranty" for details.
This GDB was configured as "x86_64-redhat-linux-gnu".
Type "show configuration" for configuration details.
For bug reporting instructions, please see:
<http://www.gnu.org/software/gdb/bugs/>.
Find the GDB manual and other documentation resources online at:
    <http://www.gnu.org/software/gdb/documentation/>.

For help, type "help".
Type "apropos word" to search for commands related to "word"...
Reading symbols from chapter_4.1.4...done.
```

图 9-19　直接使用调试版作为调试符号源

一旦符号加载成功，就可以像调试版程序一样进行各种操作，比如设置断点、查看变量信息等，如图 9-20 所示。

图 9-20　设置断点、查看变量等信息

在图 9-20 中，首先为 main 函数设置断点，然后执行 l 命令查看源代码，接着执行 r 命令启动调试，在命中断点后执行 i locals 命令查看局部变量。

对于发行版生成的转储文件，也可以使用这种方式进行调试。比如为 chapter_4.1.4_release 生成了一个转储文件 test.core，那么调试 test.core 的命令如下：

```
gdb /root/codes/book_debug/chapter_4.1.4/chapter_4.1.4 test.core
```

启动调试后，界面如图 9-21 所示。

图 9-21　调试发行版内核转储文件

图 9-21 显示已经成功加载了调试符号信息，此时可以对内核转储文件进行分析，如图 9-22 所示。

```
(gdb) i threads
  Id   Target Id                          Frame
  1    Thread 0x7feb426a6740 (LWP 15948) 0x00007feb422757bd in __GI___pthread_timed
    threadid=140648390301440, thread_return=0x0, abstime=0x0, block=<optimized out>
    at pthread_join_common.c:89
* 2    Thread 0x7feb41579700 (LWP 15949) __lll_lock_wait ()
    at ../sysdeps/unix/sysv/linux/x86_64/lowlevellock.S:103
  3    Thread 0x7feb40d78700 (LWP 15950) __lll_lock_wait ()
    at ../sysdeps/unix/sysv/linux/x86_64/lowlevellock.S:103
(gdb) t 1
[Switching to thread 1 (Thread 0x7feb426a6740 (LWP 15948))]
#0  0x00007feb422757bd in __GI___pthread_timedjoin_ex (threadid=140648390301440,
    thread_return=0x0, abstime=0x0, block=<optimized out>) at pthread_join_common.c
89              lll_wait_tid (pd->tid);
(gdb) bt
#0  0x00007feb422757bd in __GI___pthread_timedjoin_ex (threadid=140648390301440,
    thread_return=0x0, abstime=0x0, block=<optimized out>) at pthread_join_common.c
#1  0x00007feb41f99da7 in __gthread_join (__value_ptr=0x0, __threadid=<optimized ou
    at /usr/src/debug/gcc-8.3.1-4.5.el8.x86_64/obj-x86_64-redhat-linux/x86_64-redha
tdc++-v3/include/x86_64-redhat-linux/bits/gthr-default.h:668
#2  std::thread::join (this=0x7ffd03137638)
    at ../../../../../libstdc++-v3/src/c++11/thread.cc:110
#3  0x0000000000401157 in main () at chapter_4.1.4.cpp:83
(gdb) 
```

图 9-22　查看内核转储文件中的线程

在图 9-22 中，先执行了 i threads 命令查看当前内核转储文件中有几个线程，然后切换到 1 号线程，查看了 1 号线程的调用栈情况。所有操作都正常。

注意　如果希望发行版能够调试或者在出现 BUG 以后能够很好地去定位 BUG，尤其是在客户环境中出现的 BUG，那么一定要保留与其对应的调试符号。也就是说，除-g 选项不同外，其他选项都要尽可能保持一致，这样产生的包含调试符号信息的可执行文件与不包含调试符号的发行版可执行文件才能匹配，否则很难正确地进行调试。

<<<第 10 章>>>

调试高级话题

本章将介绍一些关于调试的其他知识。尽管这些知识在日常的软件开发过程中并不一定会涉及，但是了解这些知识对于我们的软件开发和调试非常有好处。

10.1　断点的秘密

断点是调试器最重要的功能。如果没有断点，程序就不会发生中断，我们也就没有办法调试程序。

微软的 VC 编译器内嵌了很多可以直接使用的调试函数，其中有一个调试函数 __debugbreak，函数原型如下：

```
void __debugbreak();
```

该函数没有参数，其功能是在代码中设置一个断点，如果执行到调用该函数的位置，就会提示用户遇到了一个断点，询问是否进行调试或者关闭程序。如果是在调试器中运行代码，就相当于我们在该行代码处设置了一个断点，运行到该行的函数调用时也会停止。

我们使用 VC 2019 创建了一个测试项目 chapter_10，然后在 main 函数中调用该函数并查看效果，如代码清单 10-1 所示。

代码清单 10-1　调用断点函数

```
4    #include <iostream>
5
6    int main()
7    {
8        std::cout << "debug break test!\n";
9        __debugbreak();
10       std::cout << "Hello World!\n";
11   }
```

在代码清单 10-1 中，main 函数调用了＿debugbreak 函数。先直接编译和运行该程序，按 Ctrl + F5 组合键直接运行程序，暂时不进行调试，查看运行效果，如图 10-1 所示。

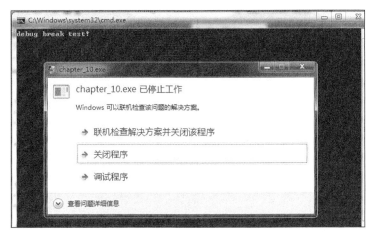

图 10-1　直接运行程序

从图 10-1 中可以看出，弹出来的对话框与程序崩溃错误提示框类似（操作系统或者 VC 版本不同，对话框可能会略有不同）。因为我们没有处理这个被触发的异常（断点），该异常也不能通过 try catch 捕获，所以程序会崩溃。如果单击"关闭程序"选项，那么程序会直接退出；如果单击"调试程序"选项，那么程序会进入调试状态，如图 10-2 所示。

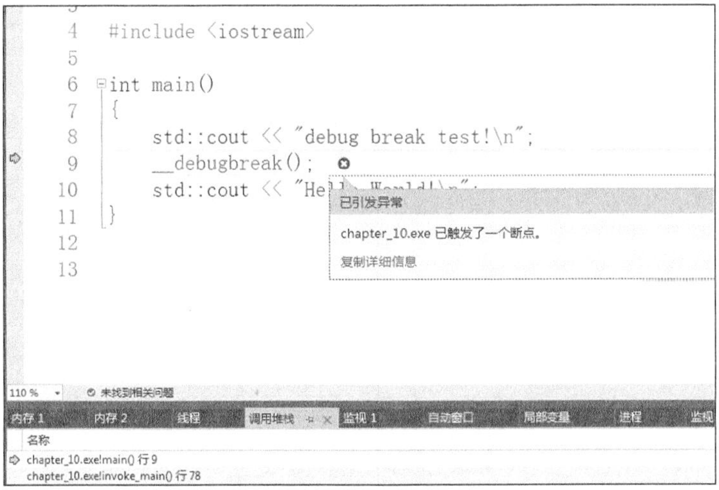

```
  3
  4    #include <iostream>
  5
  6    int main()
  7    {
  8        std::cout << "debug break test!\n";
  9        __debugbreak();
 10        std::cout << "Hello World!\n";
 11    }
 12
 13
```

已引发异常

chapter_10.exe 已触发了一个断点。

复制详细信息

110 %　　未找到相关问题

内存 1　　内存 2　　线程　　调用堆栈　　监视 1　　自动窗口　　局部变量　　进程　　监视

名称

chapter_10.exe!main() 行 9
chapter_10.exe!invoke_main() 行 78

图 10-2　触发断点

在图 10-2 中，程序在调用＿debugbreak 函数的地方发生中断，并且提示已经触发了一个断点，这时我们可以继续执行并正常结束程序。

虽然我们没有在 main 函数中设置断点，但如果在调试器中执行到第 9 行代码（即调用 __debugbreak 函数）时，程序会自动中断。这与设置断点的效果相似，结果与图 10-2 完全相同。

我们来看一看 __debugbreak 函数到底实现了哪些功能。在程序暂停时，按 Alt+8 组合键打开反汇编界面，如图 10-3 所示。

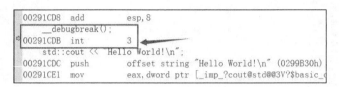

图 10-3　__debugbreak 反汇编界面

从图 10-3 中可以看到，__debugbreak 函数只对应一行汇编代码 int 3，即调用 __debugbreak 函数相当于执行一句 int 3 汇编指令。

我们把内嵌函数 __debugbreak 替换成 int 3 汇编指令并查看效果。在 main 函数中取消调用 __debugbreak 函数，嵌入汇编代码（关于如何在 VC 中使用汇编代码，感兴趣的读者可以去查阅相关的资料，这里只提供简单的示例），如代码清单 10-2 所示。

代码清单 10-2　嵌入汇编代码 int 3

```
 6  int main()
 7  {
 8      std::cout << "debug break test!\n";
 9      __asm {
10          int 3;
11      }
12      std::cout << "Hello World!\n";
13  }
```

运行程序，效果与使用 __debugbreak 函数相同，如图 10-4 所示。

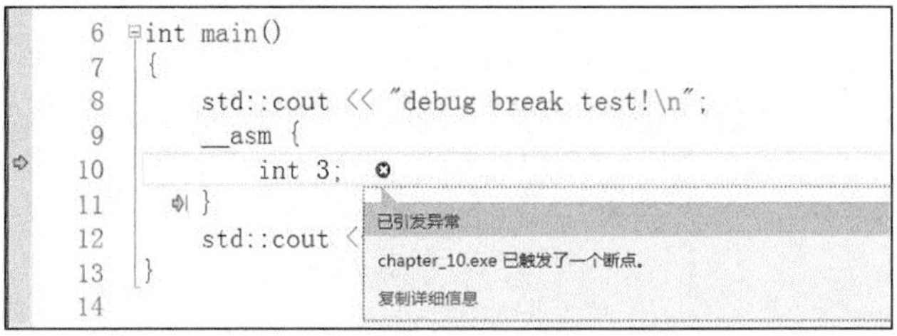

```
 6  int main()
 7  {
 8      std::cout << "debug break test!\n";
 9      __asm {
10          int 3;      ⊗
11      }
12      std::cout
13  }
14
```
已引发异常

chapter_10.exe 已触发了一个断点。

复制详细信息

图 10-4　替换为 int 3 后触发断点

int 3 是 CPU 专门用于支持调试的一条指令，当 CPU 执行该指令时，就会发生中断，以便软件开发人员能够对软件进行调试、分析代码等。

10.2　你好，烫

在使用 VC 调试程序时，或者在使用 C/C++开发程序时，经常会发现程序中输出很多"烫"字符。示例代码如代码清单 10-3 所示。

代码清单 10-3　输出"烫"的示例代码

```
 6  int main()
 7  {
 8      char name[100];
 9      std::cout << "你好:" << name << std::endl;
10  }
```

编译并执行代码清单 10-3 中的代码，运行结果如图 10-5 所示。

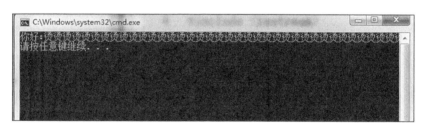

图 10-5　输出"烫"的程序

图 10-5 中的程序输出了很多"烫"。然而，我们并没有为 name 赋值"烫"，却输出了那么多"烫"，这是 VC 编译器的 BUG 吗？

恰恰相反，这不是 VC 编译器的 BUG，而是编译器为了能够使程序在运行过程中尽可能地暴露 BUG 而进行的特别设计。

我们先在记事本中输入一个"烫"字，然后保存为 tang.txt。可以使用 UltraEdit 或者 Notepad++等工具以十六进制方式查看该文件。我们使用 VC 来查看"烫"字，从 VC 的"打开"菜单中选择刚才创建的文件，在"打开文件"对话框中的"打开方式"对话框中选择"二进制编辑器"，如图 10-6 所示。

注意，一定要在图 10-6 中选择"二进制编辑器"，否则默认会以普通文本的方式打开文件，我们看到的就会是"烫"字。如果以二进制编辑器打开，看到的就是汉字"烫"的二进制编码，如图 10-7 所示。

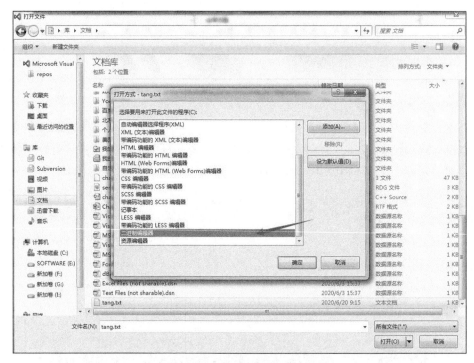

图 10-6　用二进制编辑器打开文件

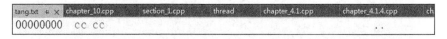

图 10-7　"烫"的二进制编码

在图 10-7 中，0xcccc 就是汉字"烫"所对应的 GBK 或者 GB2312 编码，比如"中"对应的 GBK 的十六进制编码是 0xD6D0，"国"的十六进制编码为 0xB9FA。我们可以直接在程序中使用"中国"对应的 GBK 编码来显示"中国"两个汉字，如图 10-8 所示。

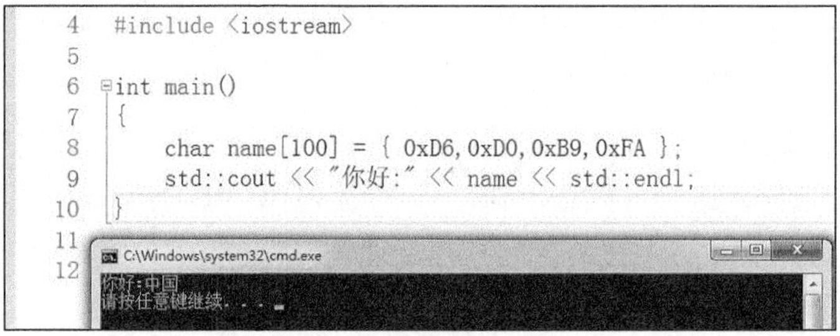

```
4    #include <iostream>
5
6    int main()
7    {
8        char name[100] = { 0xD6, 0xD0, 0xB9, 0xFA };
9        std::cout << "你好:" << name << std::endl;
10   }
11
12
```

你好:中国
请按任意键继续...

图 10-8　通过 GBK 编码来显示汉字

因为一个汉字占用 2 字节，所以图 10-8 中的"中国"占用了 4 字节。我们也可以查看"烫"字在内存中的编码是不是 0xcccc，先直接将 name 赋值为"烫"，然后在调试状态下查看 name 的内存布局，如图 10-9 所示。

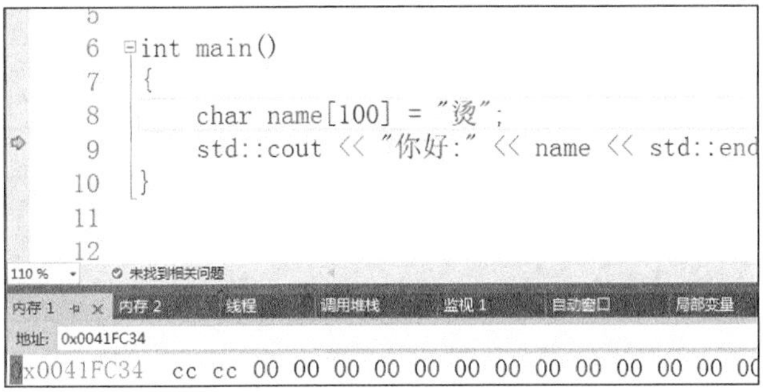

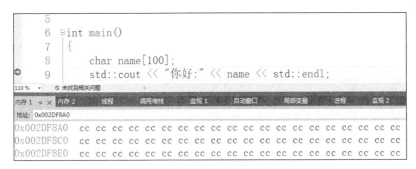

图 10-9　查看 name 的内存布局

从图 10-9 中可以看出，"烫"在内存中的编码确实是 0xcccc，这与 tang.txt 中保存的内容是相同的。现在来看为什么刚开始的测试程序会输出许多"烫"字。在 main 函数中设置一个断点，然后查看 name 的内存布局，如图 10-10 所示。

图 10-10　设置断点后查看 name 的内存布局

从图 10-10 中可以看到，name 的长度是 100 字节，这 100 字节全被 0xcc 填充，所以我们在输出 name 时会显示许多"烫"字。这是 VC 在调试版中特意对字符串数组进行的初始化。也就是说，如果我们没有对一个字符串数组进行赋值，就会默认使用 0xcc 填充整个字符串数组。

为什么选择 0xcc 而不选择其他编码来填充呢？

再回到断点的话题。前面提到，汇编指令 int 3 可以插入一个断点，那么 int 3 指令的机器码是什么呢？

我们在__debugbreak 函数处添加一个断点，在代码执行到断点处时，按 Alt+8 组合键切换到反汇编模式，查看汇编代码。然后单击鼠标右键，在弹出的菜单中选择"显示代码字节"，如图 10-11 所示。

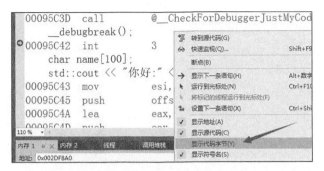

图 10-11　显示代码字节

单击"显示代码字节"，汇编时就会显示机器码，如图 10-12 所示。

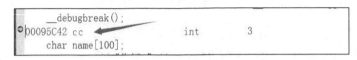

图 10-12　显示机器码

在图 10-12 中，箭头所指的 cc 就是对应的 int 3 的机器码。所以在调试版中，VC 编译器将刚分配的字符串数组初始化为 0xcc 是有特别用意的。即当程序中出现 BUG（比如缓冲区溢出或者栈溢出）后，程序的执行指针意外地执行到了这些 0xcc 代码，也就相当于执行到了断点处，程序会立刻中断，以便开发人员查看问题。

VC 调试版对堆内存一般不会使用 0xcc 填充，会对堆栈（堆栈有时候也被称为栈，和堆不同，主要用来存储局部变量）内存上的字符串数组使用 0xcc 填充，堆栈内存上其他类型的数组（比如整型数组）也会使用 0xcc 填充，如图 10-13 所示。

9	char name[100];
10	int arr[100];
11	char* ... arr	0x0031f8dc {0xcccccccc, 0xcccccccc, 0xcccccccc, 0xcccccccc, 0xc

图 10-13　使用 0xcc 填充整型数组

gcc 编译器并没有对堆栈上的缓冲区使用 0xcc 填充，所以一个未初始化的变量在 Windows 系统和 Linux 系统中的执行结果会有不同。因此在我们使用变量时，一定要先进行初始化，否则可能会得到意想不到的结果。

10.3　与 Windows 调试相关的 API

微软提供了很多与调试有关的 API，我们可以在代码中直接使用这些 API 来实现特定的目的或者功能。这里只介绍几个 API 作为示例，如果读者对其他的 API 感兴趣，可以查询相关文档进一步了解。

10.3.1 输出窗口输出信息

我们可以调用 OutputDebugString 这个 API，在调试状态下输出调试信息到输出窗口，如图 10-14 所示。

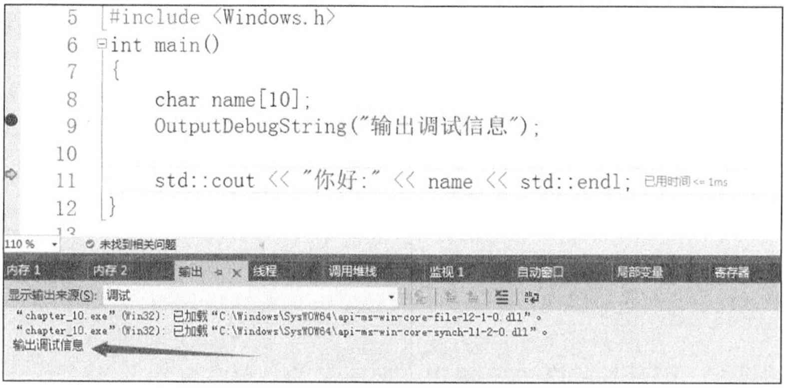

图 10-14 输出调试信息到输出窗口

如果程序没有在调试器中运行，那么用户是看不到这些输出信息的，但是用户可以通过 DebugView 等工具进行查看。只要是在调试器中执行，调试发行版时就会在输出窗口输出调试信息，所以这些调试 API 与软件是调试版还是发行版没有直接关系，只与是否在调试器中运行有关。

10.3.2 检测是否在调试器运行

IsDebuggerPresent 这个 API 可以检测程序是否正在被调试。如果程序在调试器中运行，就返回 true，否则返回 false，执行效果如图 10-15 所示。

在图 10-15 中，调用 IsDebuggerPresent 返回 true，表示正在调试器执行。还有另外一个 API——CheckRemoteDebuggerPresent。虽然这个 API 的名称中包含 Remote，但是它并不是检测远程机器上的进程是否正在被调试，而是检测某个进程是否在被一个单独的或者并行的进程所调试。而 IsDebuggerPresent 用来检测程序是否在调试器中运行，因此这两个 API 可以用于反调试应用中，如果不希望自己的程序被调试，那么可以使用这两个 API 来检测。

```
 5    #include <Windows.h>
 6   □int main()
 7    {
 8        char name[10];
 9      ▶ OutputDebugString("输出调试信息");
10        bool isdebug = IsDebuggerPresent();
11        if (isdebug)
12        {
13            std::cout << "正在调试器运行\n";
14        } 已用时间 <= 3ms
15        else
16        {
17            std::cout << "没有在调试器运行\n";
18        }
19        std::cout << "你好:" << name << std::endl;
20    }
21
```

图 10-15　检测程序是否在调试器中运行

10.3.3　Windows 调试 API 列表

Windows 还有一些调试 API，如表 10-1 所示，感兴趣的读者可以调用其中的一些 API 进行测试。

表 10-1　Windows 调试 API

API	功能
CheckRemoteDebuggerPresent	检测一个进程是否正在被调试
ContinueDebugEvent	使调试器继续运行
DebugActiveProcess	将调试器附加到一个活跃的进程进行调试
DebugActiveProcessStop	停止调试器调试指定的进程
DebugBreak	在当前进程设置一个断点；与 __debugbreak 的功能相同
DebugBreakProcess	在指定进程设置一个断点
DebugSetProcessKillOnExit	设置一个线程结束时要执行的动作
FlushInstructionCache	为指定进程刷新执行指令缓存
GetThreadContext	获取指定线程的上下文
IsDebuggerPresent	检查当前进程是否被调试
OutputDebugString	在调试窗口中输出调试信息
ReadProcessMemory	从指定进程中读取指定内存
SetThreadContext	为指定线程设置上下文
WaitForDebugEvent	等待调试事件
WriteProcessMemory	向指定进程的内存写入数据

10.4　与 Linux 调试相关的系统调用

Linux 系统中有一个重要的系统调用是 ptrace。gdb 主要使用 ptrace 来调试应用程序。ptrace 可以控制子进程,包括读写子进程的内存、寄存器、控制子进程的执行等。ptrace 的函数原型如下:

```
long ptrace(
    enum __ptrace_request request,
    pid_t pid,
    void *addr,
    void *data
    );
```

下面对该函数的 4 个参数进行说明。

● request:请求要执行的操作。

● pid:目标进程的 ID。

● addr:目标进程的地址。

● data:接收或者传递的数据。

ptrace 的功能非常强大,感兴趣的读者可以查询相关资料进行学习,这里不再举例说明。

10.5　使用 gdb 为软件制作补丁

软件补丁,就像衣服的补丁一样,是对软件的某个功能的不足、缺陷或者其他问题进行修复。对软件进行补丁制作有很多方式,比如重新编译源代码、重新打包软件、重新发布等,一般是重新发布部分模块,并将其看作补丁程序。

本节讨论的制作补丁,指的是在不修改源代码的情况下,不对软件进行重新编译,直接修改二进制文件来对程序进行一些简单的改造,以满足某些特殊的要求。为什么需要这个功能呢?因为稍微大型一点的软件,从写代码、编译、打包到发布等操作,整个流程可能会耗时几小时或者更长时间。有时候可能刚好出了一个新版本给测试人员测试,但是由于一个小的疏忽,导致程序不能正常运行,如果要走完整流程,再出一个更新的版本给测试人员测试,可能要让测试人员白白等待好几个小时。这个时候就可以让测试人员继续安装有问题的版本,然后快速制作一个补丁(知道了问题所在,就可以很快制作补丁）供测试人员替换，接着继续进行正常的测试。这样既省时间，又提高了开发和测试的效率。

还有一些场景也需要使用制作补丁来修改程序,比如对一些软件研究者或学习者而言,他们自己是没有软件源码的,但是有时候又需要研究或学习某个功能,这时可能就需要用到这个技术,对软件进行一些改变（比如改变执行流程），然后进行研究和学习。

本节对有源码和没有源码两种情况分别进行介绍,其中 10.5.1 节介绍有源码和调试符号情况下为软件制作补丁,10.5.2 节介绍没有源码也没有调试符号的情况下为软件制作补丁。

10.5.1 为有源码软件制作软件补丁

这里以一个比较简单的补丁制作示例代码为例，如清单 10-4 所示。

代码清单 10-4 补丁制作示例代码

```cpp
#include <iostream>
#include <cstring>
using namespace std;
int check_some()
{
        int x=100;
        return x;
}


int main(int argc,char** argv)
{
        if(check_some() == 100)
        {
                cout << "check failed!" << endl;
                return 1;
        }
        else
        {
                cout << "check successfully!" << endl;
        }
        //do somethings

        return 0;
}
```

这个示例程序比较简单，在 main 函数中调用 check_some 函数，如果 check_some 返回 100，就输出失败，否则输出成功。假设开发者不小心把 check_some 函数中的 x=101 写成了 x=100，所以每次执行都会输出失败，为了不影响其他的开发测试，希望能迅速出一个补丁，解决这个问题。

因为这是一个已经发布的程序，希望能直接修改可执行文件，下面详细介绍使用 gdb 来完成这个任务的具体操作方法。

假设这个可执行文件名字为 chapter_10.5.1，通过下面的命令行启动 gdb，把 chapter_10.5.1 加载到 gdb 中：

```
gdb --write chapter_10.5.1
```

其中--write 参数一定要加上，如果不使用--write 参数，那么 gdb 是以只读方式打开被调试程序的。加上--write 参数后，在 gdb 中可以修改被调试的程序，而且在退出 gdb 的时候会自动保存修改后的程序，如图 10-16 所示。

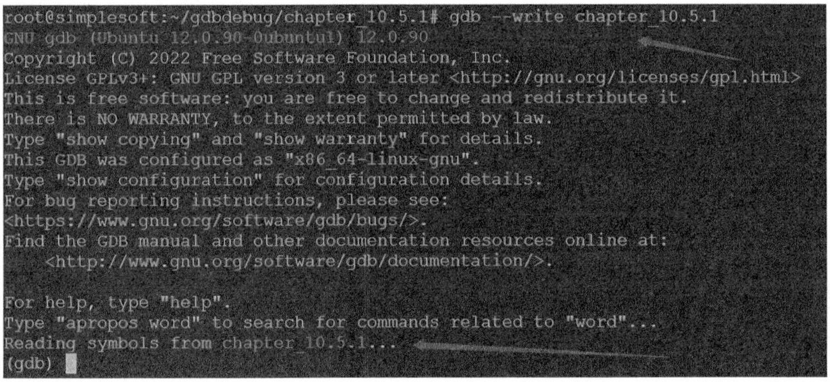

图 10-16　以--write 方式调试程序

由于有调试符号和源代码，因此我们就很容易知道在哪里进行修改，现在可以使用 l 命令查看源代码，执行如下命令：

```
l check_some
```

结果如图 10-17 所示。

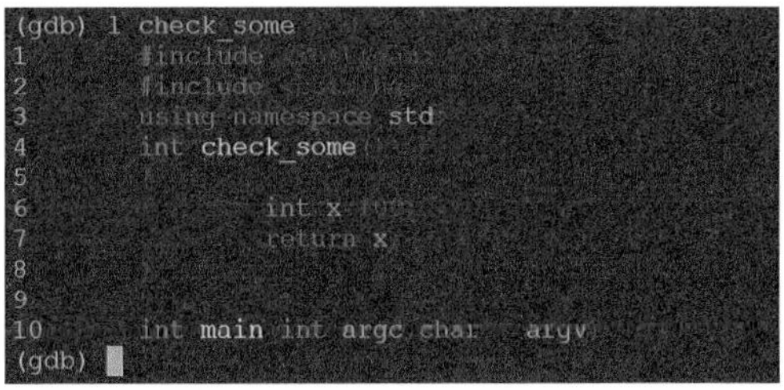

因为我们知道 int x=100 有问题，而且我们需要把它改成 int x=101，这里需要用到一部分汇编知识，gdb 中有一个 disassemble 命令，就是用来查看程序的反汇编代码的，还支持一些

图 10-17　查看 check_some 源代码

选项，有关 disassemble 命令更加具体的用法可以参考 gdb 的一些相关文档，这里只做简单的介绍。

在 gdb 命令窗口输入如下命令：

```
disassemble /mr check_some
```

其中 /mr 参数是为了能够显示源码和对应的汇编代码，并且能够显示十六进制的指令码（也称之为 OPCODE），结果如图 10-18 所示。

图 10-18　显示 check_some 的反汇编代码

在图 10-18 中，主要分成三部分，最左边的是地址，中间的是指令码，最右边的是汇编代码，对我们的任务而言，可以只关心地址和指令码部分，不用考虑汇编代码部分。现在我们只关注第 6 行代码的信息，第 6 行代码 int x=100;对应的程序中的地址和指令码就在下面，其中起始地址为 0x00000000000011b1，指令码为 c7 45 fc 64 00 00 00，因此要修改x=100 的内容，就要修改指令码里面的内容，十进制数 100 对应的十六进制数是 64，因为一个整型占 4 字节，所以指令码 64 00 00 00（小端显示）对应的就是十进制数 100。现在要把它改成 101，有两种方式，一是把整个 4 字节的内容改成 101，二是把 64 对应的这一个字节改成 101，两种方式在本质上是一样的，如果以整型 4 字节的方式去修改，就可以执行下面的命令：

```
p {int}0x00000000000011b4=101
```

前面章节学过，p 命令是显示和修改变量的命令，在这里也可以使用 set 命令来修改，因为起始地址是 0x00000000000011b1，而 64 对应的地址就是 0x00000000000011b4，所以这里要使用 0x00000000000011b4 这个地址进行操作，执行完之后，可以再查看一下反汇编的结果，如图 10-19 所示。

从图 10-19 中可以看到，64 已经被修改为 65 了，这个时候就可以直接退出 gdb，之前所做的修改会被自动保存到 chapter_10.5.1 程序中，然后执行 chapter_10.5.1，发现运行结果确实不一样了，就相当于为 chapter_10.5.1 做了一个补丁，改变了运行结果。

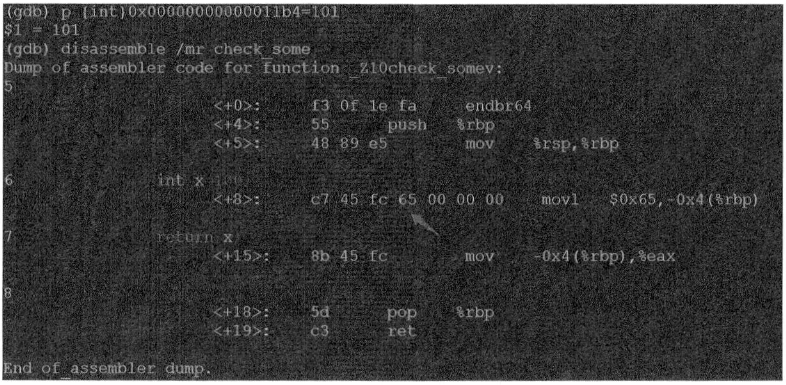

```
(gdb) p {int}0x00000000000011b4=101
$1 = 101
(gdb) disassemble /mr check_some
Dump of assembler code for function _Z10check_somev:
5
                        <+0>:       f3 0f 1e fa     endbr64
                        <+4>:       55          push   %rbp
                        <+5>:       48 89 e5    mov    %rsp,%rbp
6           int x
                        <+8>:       c7 45 fc 65 00 00 00    movl   $0x65,-0x4(%rbp)
7           return x
                        <+15>:      8b 45 fc    mov    -0x4(%rbp),%eax
8
                        <+18>:      5d          pop    %rbp
                        <+19>:      c3          ret
End of assembler dump.
```

图 10-19　修改指令码的值

10.5.2　为无源码软件制作软件补丁

如果我们研究一个软件，但是没有源代码，又想查看或者修改这个软件，也可以使用 gdb 的 --write 参数来启动或者调试这个软件，并对这个软件进行一些修改。网上提供了很多练习的程序，在 GitHub 上也有很多写好的可供练习的例子，比如地址 https://github.com/NoraCodes/crackmes 上有很多 crackme 程序的代码，读者可以下载下来进行编译，然后用这些代码来研究和学习。

把这个代码下载下来以后，直接执行 make，会生成很多相关的可执行文件，因为我们是拿来做练习的，所以也不用去看源代码是什么，执行完 make 以后，这些生成的可执行文件都是没有调试符号的，我们也不知道每个程序都是什么功能，就先运行第一个程序 crackme01.64，效果如图 10-20 所示。

从图 10-20 中可以看出，这个程序运行的时候需要传入一个参数，因为我们也不知道具体要什么参数，所以再次运行该程序，随便输入一个参数（比如 123），然后再看看效果是什么，如图 10-21 所示。

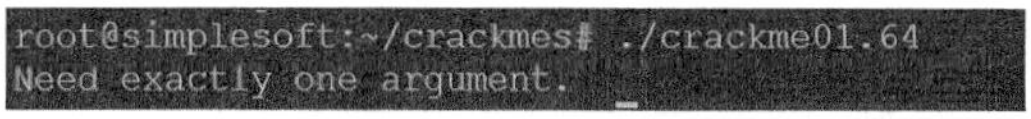

图 10-20　运行 crackme01.64

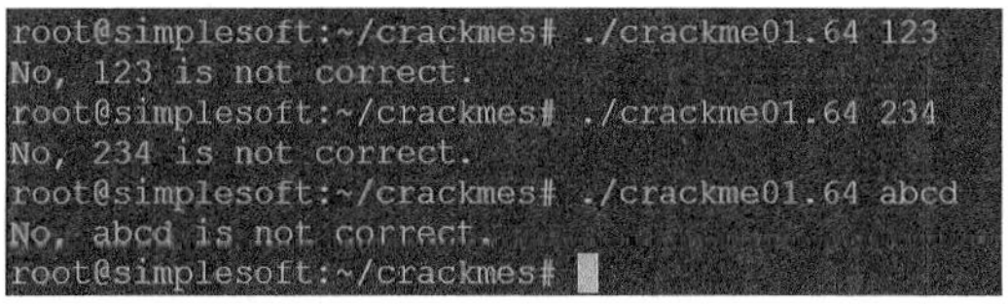

图 10-21　运行 crackme01.64 并输入参数

在图 10-21 中，执行了多次./crackme01.64，并且输入了不一样的参数，但是结果都提示不正确，此时我们就可以猜想，只有输入一个特定的值的时候，才会提示输入正确，因此，我们的目标就是为这个程序做一个补丁，即使我们输入一个错误的参数，程序也能够正常运行。

同样地，在 Shell 中输入如下命令：

```
gdb --write ./crackme01.64
```

将程序 crackme01.64 以可写的方式加载进来，虽然没有符号，也没有源码，但是可以肯定的一点是有一个 main 函数，因此，在 gdb 中执行如下命令：

```
disassemble /mr main
```

结果如图 10-22 所示。

```
(gdb) disassemble /mr main
Dump of assembler code for function main:
   <+0>:     f3 0f 1e fa     endbr64
   <+4>:     55       push   %rbp
   <+5>:     53       push   %rbx
   <+6>:     48 83 ec 08     sub    $0x8,%rsp
   <+10>:    83 ff 02        cmp    $0x2,%edi
   <+13>:    75 45    jne          <main+84>
   <+15>:    48 8b 6e 08     mov    0x8(%rsi),%rbp
   <+19>:    ba 09 00 00 00  mov    $0x9,%edx
   <+24>:    48 8d 35 77 0e 00 00   lea    0xe77(%rip),%rsi
   <+31>:    48 89 ef        mov    %rbp,%rdi
   <+34>:    e8 c0 fe ff ff  call          <strncmp@plt>
   <+39>:    89 c3    mov    %eax,%ebx
   <+41>:    85 c0    test   %eax,%eax
   <+43>:    74 3a    je           <main+103>
   <+45>:    48 89 ea        mov    %rbp,%rdx
   <+48>:    48 8d 35 69 0e 00 00   lea    0xe69(%rip),%rsi
   <+55>:    bf 01 00 00 00  mov    $0x1,%edi
   <+60>:    b8 00 00 00 00  mov    $0x0,%eax
   <+65>:    e8 c1 fe ff ff  call          <__printf_chk@plt>
   <+70>:    bb 01 00 00 00  mov    $0x1,%ebx
   <+75>:    89 d8    mov    %ebx,%eax
```

图 10-22　查看 main 的反汇编代码

对这个 main 函数的反汇编代码进行简单的分析，注意这里有一个很明显的关键函数的调用，即 strncmp，显然这是在对两个字符串进行比较，很可能就是将我们输入的那个参数与一个内置的字符串进行比较，如果不相等，就提示错误；如果相等，就提示正确。这是我们的猜想，下面验证一下我们的猜想是否正确。

为了方便讨论，我们把这关键的几行代码单独拿出来，如图 10-23 所示。

```
   <+31>:    48 89 ef        mov    %rbp,%rdi
   <+34>:    e8 c0 fe ff ff  call          <strncmp@plt>
   <+39>:    89 c3    mov    %eax,%ebx
   <+41>:    85 c0    test   %eax,%eax
   <+43>:    74 3a    je           <main+103>
   <+45>:    48 89 ea        mov    %rbp,%rdx
```

图 10-23　main 函数的关键代码

在图 10-23 中，第一个方框里的汇编代码就是在比较两个字符串，第二个方框的汇编代码是在字符串不相等的时候跳转到某个地方去。现在任务就比较简单了，就是把这个不相等的跳转汇编指令 je 改成 jne，其中 je 的指令码是 0x74，jne 的指令码是 0x75，因为我们不知道正确的参数应该是什么，所以在这里需要把执行逻辑修改一下，即原来是相等的情况下进行跳转，现在改成不相等的情况下跳转，那么即使我们输入任意的参数，也能被认为是正确的了，具体是不是这样呢？

因为只需要修改一个字节的值，所以我们可以执行如下的命令：

```
p {char}(0x00000000000011b4)=0x75
```

然后输入"q"退出 gdb，这样就会自动保存修改结果。

现在再次运行程序 crackme01.64，同样随便输入参数，比如 123、234 等，运行结果如图 10-24 所示。

从图 10-24 中可以看到，即使随便输入一个值（只要不输入一个正确的值），也会输出正确的结果，这就验证了我们前面的分析，也就相当于使用这个方法为这个 crackme 程序制作了

```
root@simplesoft:~/crackmes# ./crackme01.64 123
Yes, 123 is correct!
root@simplesoft:~/crackmes# ./crackme01.64 234
Yes, 234 is correct!
root@simplesoft:~/crackmes# ./crackme01.64 abc
Yes, abc is correct!
```

图 10-24　再次运行 crackme01.64

补丁。crackmes 目录下有多个示例程序，感兴趣的读者朋友可以自行下载练习。

10.6　使用 gdb "破解" 软件密码

先进行一下说明，这里的"破解"并不是对一个商业软件进行反编译、逆向等操作，以达到非法使用的目的，而是对一个练习程序进行分析，以达到综合练习 gdb 的目的。作者鼓励对知识产权的重视和保护，珍惜他人劳动成果。

这个练习程序的下载地址为：

https://github.com/SimpleSoft-2020/gdbdebug/blob/master/crack-section/crack-section

读者可以自由下载和使用，本节以这个程序作为练习程序，介绍如何通过 gdb 来获知该练习程序设置的一些"密码"信息。

图 10-25　运行练习程序

首先运行 crack-section 程序，提示输入密码，因为我们不知道密码是什么，就随便输入一个，比如 abcd，如图 10-25 所示，提示密码不对，不能运行。

因为我们的目的是练习 gdb 的使用，所以我们不会使用暴力破解的方式来获取这个练习程序的密码，如果这个密码很长的话，暴力破解也会很困难。

执行如下命令来启动对这个练习程序的调试：

```
gdb ./crack-section
```

启动练习程序后，如图 10-26 所示。

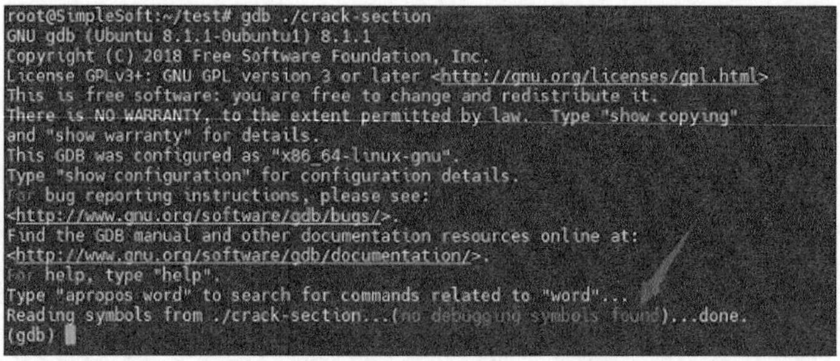

图 10-26　对练习程序启动调试

从图 10-26 中箭头所指部分可以看到，这个练习程序是没有调试符号的。

在 gdb 窗口中输入如下命令来查看该练习程序都有哪些函数：

```
info functions
```

运行结果如图 10-27 所示。

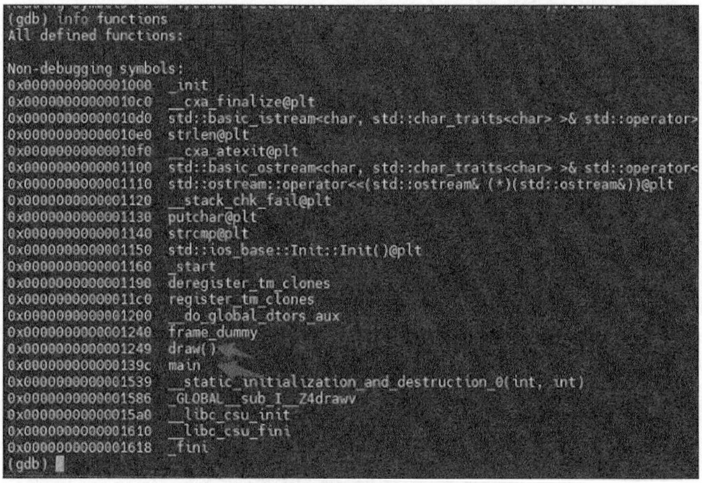

图 10-27　练习程序中的函数

从图 10-27 中可以看到，该练习程序不是很复杂，并没有多少函数，除了 main 函数，大多数都是系统函数，于是我们直接输入如下命令来在 main 函数中设置一个断点：

```
b main
```

然后输入"r"运行程序，程序就会在 main 函数中中断，如图 10-28 所示。

因为该练习程序没有源代码，也没有调试符号，因此很多针对源码的操作都不能执行，但是我们回想一下刚开始运行这个程序，在输入"abcd"作为密码的时候，提示密码错误，不能运行程序。由此可以想到该程序一定会把我们输入的"abcd"与某个字符串进行比较，因为没有匹配，所以输出密码错误。

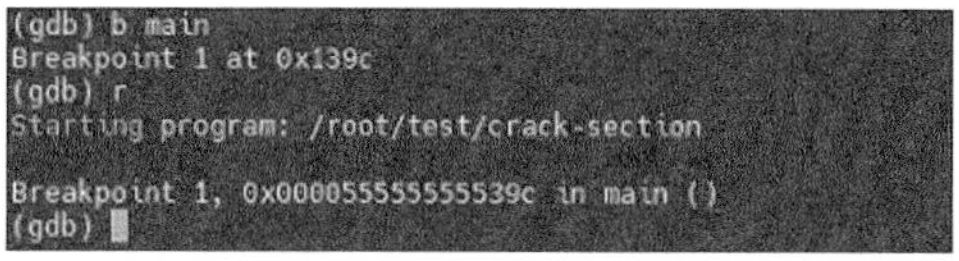

图 10-28 在 main 函数中中断

在 10.5 节中，使用了 disassemble 命令来查看反汇编代码，这里也需要用到这个命令，同样地，在 gdb 窗口中输入如下命令来查看 main 函数的反汇编代码：

```
disassemble /mr main
```

运行结果如图 10-29 所示。

图 10-29 main 函数的反汇编代码

图 10-29 中列出了 main 函数对应的大部分反汇编代码，前面提到，该练习程序一定用到了字符串比较相关的函数，因此在这个反汇编代码中寻找与字符串比较相关的代码。图 10-29 中箭头所指的部分是一个 strcmp 函数，暂时认为这里的 strcmp 函数就是用来比较输入的密码的。strcmp 对应的地址为 0x00005555555554be，在这个地址处设置一个断点，使用如下命令：

```
b *0x00005555555554be
```

然后输入"c"继续运行程序，提示输入密码，仍然输入"abcd"，然后在 strcmp 函数处中断下来，如图 10-30 所示。

从图 10-30 中可以看出，代码在 strcmp 函数处中断了下来，现在验证一下我们输入的"abcd"是不是在这里使用，这就用到前面学过的另一个知识——查看寄存器。在 Linux 64位程序中，如果函数参数少于 7 个，都会使用寄存器来传递参数，从左到右前四个参数存放的寄存器分别为 rdi、rsi、rdx 和 rcx，由于 strcmp 函数只有两个参数，因此 rdi 和 rsi 里面存放了这两个参数的值。

由于不知道我们输入的"abcd"是第一个参数，还是第二个参数，因此要查看一下两个寄存器里面的值，分别执行如下命令：

```
x /s $rdi
x /s $rsi
```

运行结果如图 10-31 所示。

图 10-30　在 strcmp 函数处中断下来

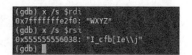
图 10-31　查看 rdi 和 rsi 的值

在图 10-31 中，并没有看到我们输入的"abcd"字符串，但是 rdi 的值有点可疑，因为 rdi 的值也是 4 个字符，而且是很有规律的，我们输入的是"abcd"，rdi 的值是"WXYZ"，这之间有什么相关性吗？为了验证二者是否相关，可以重新再调试一次，在输入密码的时候可以输入三个相同字符（比如"aaa"），查看 rdi 的值是什么，这里直接告诉结果。如果输入的是"aaa"三个相同字符，那么 rdi 的值对应变成了"WWW"。由此可以得出结论，在 strcmp 函数断点处，rdi 的值就是与我们输入的密码相关的值，只是这个值被转换了，并不是输入的明文。

到了这一步，只需要找到"abcd"变成"WXYZ"的算法即可，可以看出从"abcd"变成"WXYZ"是比较简单的，可以在 gdb 窗口中输入如下命令：

```
p 'a'-'W'
p 'b'-'X'
```

图 10-32　寻找转换算法

可以看到，它们之间都是相差 10，如图 10-32 所示。

也就是说，这个练习程序将输入的密码字符串进行了一个简单的加密，对输入的每个字符都减去了 10，即"abcd"变成了"WXYZ"，因此 rsi 的值也是经过转换后的结果，rsi 的值为"I_cfb[Ie\\j"，也就是程序内置的密码，是转换后的结果。如果要知道内置密码的原始值，只需要将每个字符加上 10 就可以了，比如字符"I"加上 10 就是字符"S"，字符"_"加上 10 就是字符"i"，其中"\\"表示这是一个转义字符，代表字符"\"，我们可以对每个字符都加 10 得到原始密码。但是这里我们为了练习 gdb 的一些功能，在 gdb 窗口中编写一个循环，得到每个字符对应的原始字符，从而输出原始的密码值，在 gdb 窗口中输入如下命令：

```
set $str=(char*)$rsi
set $i=10
while $i--
 >set $str[$i]=$str[$i]+10
 >end
p $str
```

最后一行的 p $str 就是为了输出原始的密码值，结果如图 10-33 所示。

此时，可以退出调试，然后直接运行这个练习程序，在要求输入密码的时候输入"SimpleSoft"，看看运行结果是什么，如图 10-34 所示。

图 10-33　输出原始的密码值　　　　　　　　图 10-34　练习程序正常运行

从图 10-34 中可以看到，正确的密码就是"SimpleSoft"，尽管这个密码还做了一个小小的转换，但是我们还是成功地"破解"了这个练习程序的密码。

<<< 第 11 章 >>>

调试扩展知识

除了前面介绍的这些与调试有关的一些基本知识、基本调试技巧和工具，如果想更进一步地掌握与调试相关的知识或者工具，可以参考本章提到的一些开发、调试技巧和工具，这对读者在软件开发、调试技术等方面的提升都会带来很大帮助。

11.1 Windows 驱动开发调试入门

VC 2019 系统中集成了驱动开发调试的功能，这使得开发驱动已经不再像过去那样神秘。VC 2019 不但提供了创建驱动项目的向导和模板，还提供了远程调试驱动的功能。这在以前是不可想象的，以前调试驱动需要使用 WinDbg 或者其他工具，而且准备环境也很麻烦。现在通过 VC 2019 创建一个驱动项目要容易得多。本节将演示如何使用 VC 2019 来创建驱动项目，以及如何配置调试环境并进行远程内核调试。

11.1.1 环境准备

1. 开发机的环境准备

要想创建并编译 Windows 内核驱动，需要安装 Windows Driver Kit（WDK），读者可以从微软官网上下载并安装最新的 WDK。

下载并安装程序，WDK 会被自动集成到 VC 2019 开发环境中。

2. 目标机的环境准备

因为我们希望远程部署调试，所以需要在目标机上进行配置。

- 首先安装 WDK，与开发环境相同，但是不用再安装 VC。

- 安装 WDK Test Target Setup。将 C:\Program Files (x86)\Windows Kits\10\Remote\x64\WDK Test Target Setup x64-x64_en-us.msi 安装程序复制到目标机中，然后运行安装程序。

11.1.2 创建 Helloworld 驱动项目

从"文件"菜单中选择"创建新项目"，选择"Kernel Mode Driver (KMDF)"，如图 11-1 所示。

图 11-1　创建驱动项目

KMDF 是微软的驱动程序框架，使用 KMDF 框架开发 Windows 驱动要比以前的 WDM 框架更加简单，可以使开发人员更加专注于业务层代码。

将项目名称设置为 Helloworld，单击"确定"按钮创建驱动项目，如图 11-2 所示。

从图 11-2 中可以发现，向导已经生成了许多文件和对应的代码，我们不用修改任何代码。Helloworld 驱动、驱动入口函数 DriverEntry 以及设备添加处理函数等都已经开发完毕，这里不再进行详细说明。

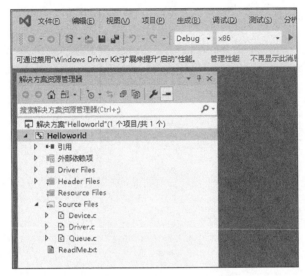

图 11-2　创建 Helloworld 驱动项目

11.1.3　编译、构建驱动

按 F7 键或者从"生成"菜单中选择"生成"选项，在正常情况下会成功生成我们的第一个 Helloworld 驱动。VC 会自动将相关文件生成到 Helloworld 目录下，如图 11-3 所示。

图 11-3　生成驱动文件

图 11-3 一共显示了 3 个文件：Helloworld.sys 文件是真正的驱动文件，helloworld.cat 和 Helloworld.inf 是安装时需要的辅助文件。

11.1.4　部署驱动

我们对 Helloworld 驱动属性进行一些配置，以便能够远程部署到另外一台机器上。打开 Helloworld 项目的"属性"，选择"Driver Install"选项下的"Deployment"，如图 11-4 所示。

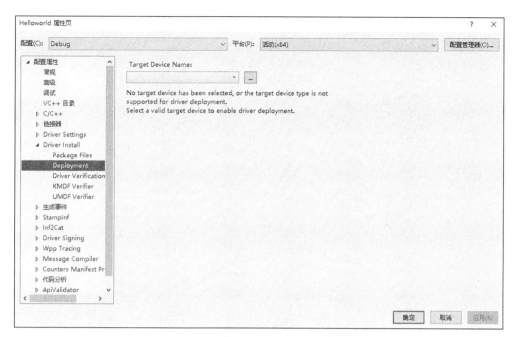

图 11-4　打开 Helloworld 属性页

然后单击按钮"…"，弹出图 11-5 所示的对话框。

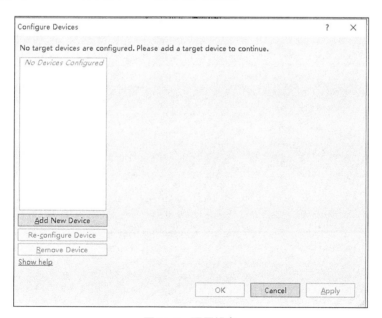

图 11-5　配置设备

接着在图 11-5 所示的对话框中选择"Add New Device"，弹出图 11-6 所示的对话框。

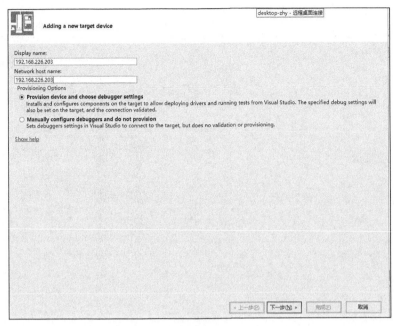

图 11-6　添加新的目标设备

在图 11-6 中输入目标计算机的 IP 地址（或者机器名），保持其他设置不变，并单击"下一步"按钮，弹出图 11-7 所示的对话框。

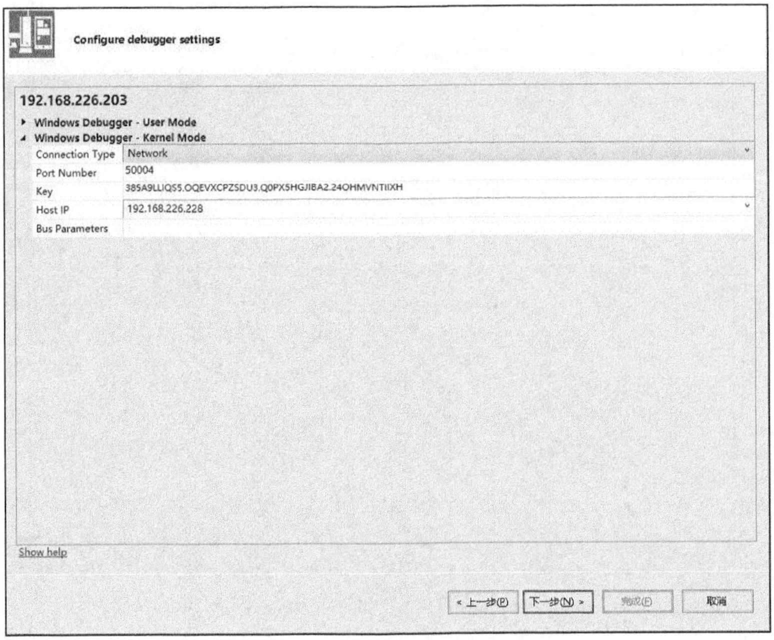

图 11-7　远程内核调试设置

在图 11-7 中的"Connection Type"下拉列表中选择"Network",即使用网络连接进行远程内核调试(这是最方便的方式),其他属性保持不变,继续单击"下一步"按钮。如果配置一切正常,那么会出现配置成功窗口,如图 11-8 所示。

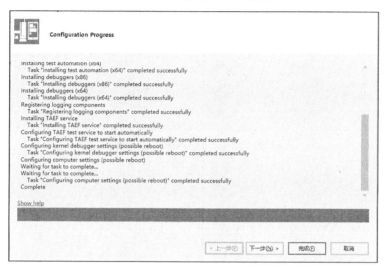

图 11-8　配置成功

配置成功后,单击"完成"按钮,然后在"Driver Installation Options"选项下的 Hardware ID Driver Update 中输入"Root\Helloworld",再单击"确定"按钮,如图 11-9 所示。

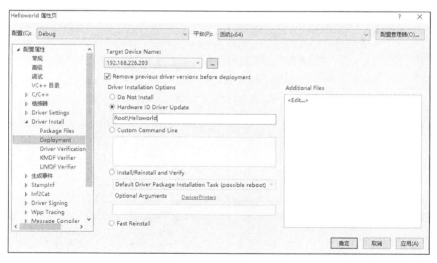

图 11-9　选择目标机

然后从"生成"菜单中选择"部署解决方案"。部署解决方案的过程可能会持续一段时间。当远程部署成功以后,输出窗口会输出图 11-10 所示的信息。

图 11-10　部署到远程目标机

部署完成后可以到目标机器的 C:\DriverTest 目录下查看是否已经成功部署驱动以及文件是否存在，如图 11-11 所示。

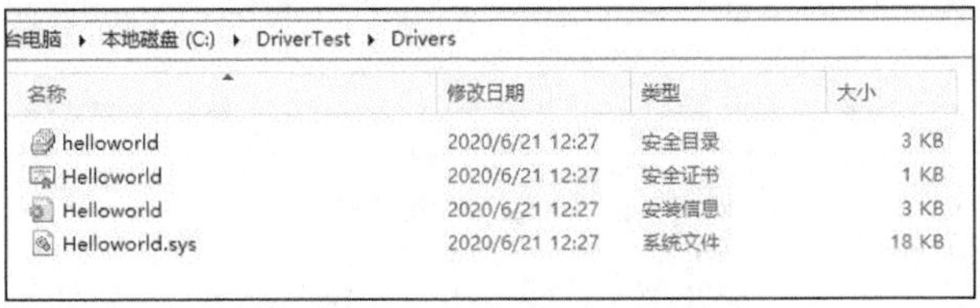

名称	修改日期	类型	大小
helloworld	2020/6/21 12:27	安全目录	3 KB
Helloworld	2020/6/21 12:27	安全证书	1 KB
Helloworld	2020/6/21 12:27	安装信息	3 KB
Helloworld.sys	2020/6/21 12:27	系统文件	18 KB

图 11-11　成功部署驱动文件

11.1.5　安装驱动程序

进入到目标机器，在 helloworld.inf 文件上单击鼠标右键，在弹出的菜单中选择"安装"选项，正常情况下就可以将驱动成功安装到系统中。打开设备管理器查看刚才安装的驱动，如图 11-12 所示。

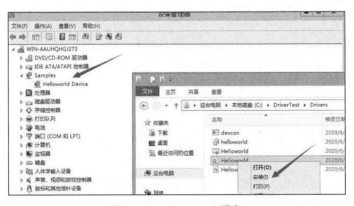

图 11-12　Helloworld 设备

11.1.6　调试驱动

现在可以使用 VC 远程调试目标机上的驱动程序。从"调试"菜单中选择"附加到进程"选项，在"连接类型"中选择"Windows Kernel Mode Debugger"，"连接目标"选择"192.168.226.203"，即我们设置好的远程目标机的 IP 地址，然后单击"附加"按钮，如图 11-13 所示。

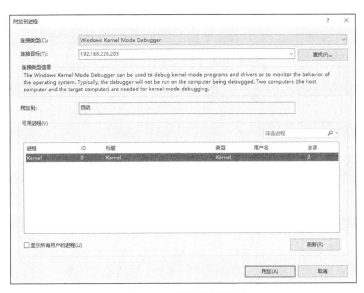

图 11-13　远程调试驱动

这时就可以为驱动程序代码设置断点。当命中断点时，就可查看相应的堆栈、变量等信息，如图 11-14 所示。

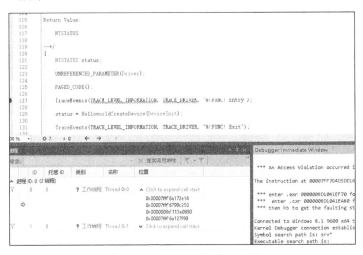

图 11-14　调试驱动时命中断点

11.2　WinDbg 简介

WinDbg 是 Windows 系统中另一个著名的调试器，除了可以调试应用层程序，还可以调试 Windows 内核。WinDbg 具有图形操作界面，但是很多命令需要通过命令行的方式输入。因此，WinDbg 的使用体验介于 VC 和 gdb 之间——一部分可以使用菜单，另一部分需要手动输入。WinDbg 与 gdb 相似，不仅有很多的命令，而且支持扩展命令，即支持以插件的方式来使用新的功能。由于 WinDbg 的功能非常丰富，这里只做一些简单的演示，希望能够引导感兴趣的读者入门 WinDbg。

WinDbg 是与 Windows SDK 一起发布的，WinDbg 也可以单独安装，其使用方式与 VC 调试器类似，可以直接启动程序进行调试，也可以附加到进程进行调试。

11.2.1　直接启动应用程序进行调试

首先我们为 WinDbg 设置符号路径，从"File"菜单中选择"Symbol File Path"，设置应用程序所在的 pdb 路径，如图 11-15 所示。

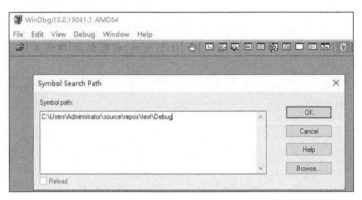

图 11-15　设置符号路径

再继续设置源代码路径。从"File"菜单中选择"Source File Path"，设置方式与图 11-15 相同，此时选择对应的源代码路径。

从"File"菜单中选择"Open Executable"，打开要启动调试的程序，然后再打开源文件。在 main 函数中按 F9 键设置一个断点，如图 11-16 所示。

然后按 F5 键启动执行。命中断点以后，我们就可以查看堆栈信息、变量信息等，如图 11-17 所示。

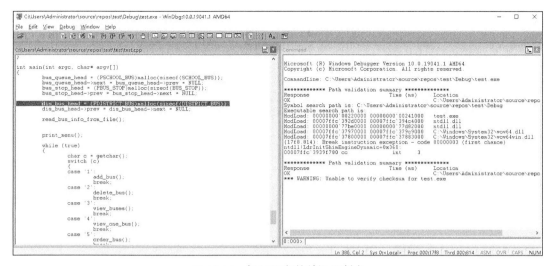

图 11-16　打开源文件并设置断点

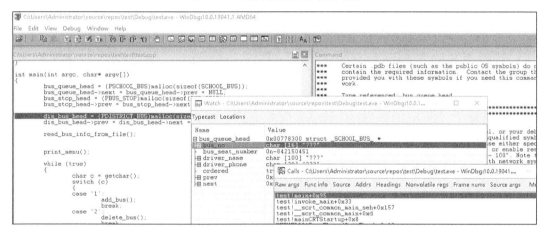

图 11-17　命中断点

在命中断点以后，也可以按 F11 键或者 F10 键进行逐语句或者逐过程调试，调试方式与 VC 类似，只是查看变量等功能没有 VC 方便。

11.2.2　附加到进程

启动测试程序以后，在 WinDbg 的 "File" 菜单中选择 "Attach to a Process"，在弹出的对话框中选择 test.exe 程序，然后单击 "OK" 按钮，如图 11-18 所示。

再打开源文件，在源文件中设置断点，按 F5 键继续运行。当程序运行到断点处就会发生中断，如图 11-19 所示。

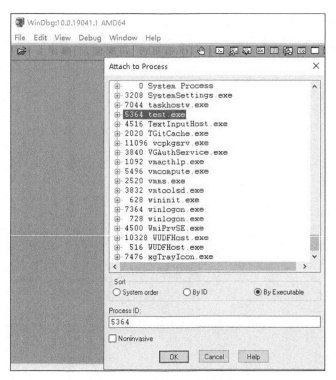

图 11-18　附加到测试程序

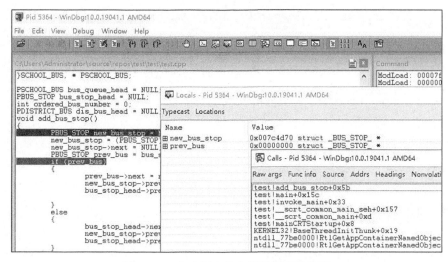

图 11-19　命中断点并查看局部变量信息

在命中断点以后，我们打开了"局部变量"窗口和"调用堆栈"窗口，查看信息的方式也与 VC 类似。

11.2.3　调试转储文件

从"File"菜单中选择"Open Crash Dump"，选择生成的转储文件，打开文件后如图11-20所示。分析转储文件的方法与使用 VC 或者 gdb 分析转储文件的方法相似，这里不再赘述。

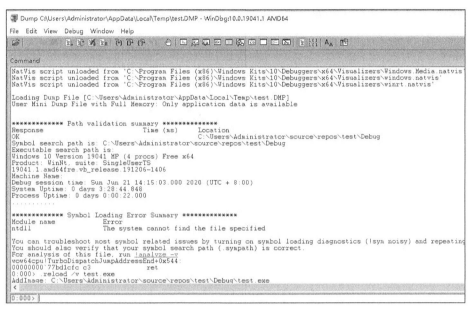

图 11-20　调试转储文件

11.2.4　WinDbg 命令列表

前面介绍的是 WinDbg 的基本功能，都是在图形界面上的操作方式。WinDbg 的强大之处在于提供了很多实用的命令，这些命令可以在 WinDbg 的命令行窗口中输入和执行。比如!analyze -v 是自动分析崩溃转储文件的最常用的命令，执行完该命令后，WinDbg 会自动定位到程序崩溃的地方。表 11-1 中列出了 WinDbg 常用的部分命令，感兴趣的读者可以参考。

表 11-1　WinDbg 常用的部分命令列表

类型	命令	功能
通用功能	version	显示调试器和扩展模块的版本信息
	vercommand	查看启动的调试器的命令行
	vertarget	调试目标所在系统的版本信息

类型	命令	功能
通用功能	n	设置数字基数
	.formats	显示数字的各种格式
	.cls	清屏操作
	.lastevent	显示最后一个异常或者事件
	.effmach	显示或者修改 CPU 模式
	.time	显示系统时间
调试会话	.attach	附加到进程
	.detach	从进程剥离，被调试的进程继续运行
	q	停止调试，同时终止被调试的进程
	.restart	重新启动调试会话
表达式相关命令	? 表达式	计算表达式的值
	.expr	指定表达式的计算器
	.echo 字符串	显示字符串
调试符号相关	ld 模块名	为指定模块加载符号
	!sym	获得调试符号状态或者设置调试符号加载模式
	x	显示调试符号
	ln	显示距离指定地址最近的调试符号
	.sympath	设置调试符号或者添加调试符号路径
	.reload	重新加载符号
源代码相关	.srcpath	查看并设置源代码路径
	.srcnoisy	控制源代码显示方式
	.lines	启用/禁用源代码行显示
异常/崩溃命令	g	执行
	!analyze	显示当前异常情况或者崩溃

类型	命令	功能
异常/崩溃命令	.ecxr	显示当前异常的上下文
断点相关	bl	列出断点信息
	bc	清除断点信息
	be	启用断点
	bd	禁用断点
	bp	设置断点
	bu	设置断点
	bm	设置断点
线程相关	~	列出线程
	~e	执行线程相关命令
	~f	冻结线程
	~u	解冻线程
	~n	挂起线程
	~m	恢复线程
	!teb	显示线程环境块
	.ttime	显示线程时间
	!runaway	显示每个线程消耗的时间
执行	g（F5）	继续执行
	p	逐过程执行
	t	逐语句执行
	pt	逐语句执行到 return 语句
堆栈命令相关	k	调用栈
	kd	查看原始栈数据
	.frame	切换栈帧

11.3　Linux 内核驱动开发简介

Linux 系统中有很多内核驱动种类，要开发 Linux 系统中的驱动模块，也需要了解一些 Linux 内核的知识。本节主要介绍 Linux 系统中驱动开发的基本概念，以及如何实现一个类似 Hello World 的 Linux 驱动。如果读者对 Linux 驱动开发感兴趣，可以进一步参考其他相关资料。

11.3.1　环境准备

如果希望开发驱动程序，就需要获取 Linux 内核的一些头文件以及相关的模块，才能在 Linux 系统中进行编译生成。这里假设已经安装了 gcc 等相关的工具，Ubuntu 系统和 CentOS 系统所需要的文件有些区别，下面分别介绍。

1．Ubuntu 系统

Ubuntu 系统所需要的文件较少。要下载内核驱动开发包，就是要把相关的驱动编译所需要的相关库文件安装好，执行以下命令：

```
apt install kernel-devel
```

然后执行以下命令来检验安装是否成功：

```
ll /lib/modules/$(uname -r)/build
```

如果存在，说明该目录安装成功；如果不存在，可能需要重新安装或者检查安装是否存在错误。该目录是内核源代码目录，编译的过程中需要用到。

2．CentOS 系统

在 CentOS 系统上安装的库会多一些，因为我们在安装 CentOS 系统时一般都默认选择最小化安装，所以安装过程非常快，占用的空间也非常小。

在 Shell 中执行以下命令来安装相关的开发包：

```
yum install kernel
yum install kernel-devel
yum install kernel-headers
yum install kernel-debug-devel
yum install elfutils-libelf-devel
```

11.3.2 开发 Helloworld

Linux 驱动程序至少需要实现两个函数：一个初始化函数和一个结束函数，如代码清单 11-1 所示。

代码清单 11-1　Helloworld 驱动程序

```
 1 #include<linux/init.h>
 2 #include<linux/kernel.h>
 3 #include<linux/module.h>
 4
 5 static int __init helloworld_init(void)
 6 {
 7         printk("hello world init\n");
 8         return 0;
 9 }
10 static void __exit helloworld_exit(void)
11 {
12         printk("hello world exit\n");
13 }
14
15 module_init(helloworld_init);
16 module_exit(helloworld_exit);
17 MODULE_LICENSE("Proprietary");
```

在代码清单 11-1 中，helloworld_init 是驱动模块的初始化函数，加载模块时（比如使用 insmod 命令加载驱动模块时）会被系统调用。

helloworld_exit 是在驱动模块被卸载时（比如使用命令 rmmod 来卸载驱动模块时）调用。printk 用于打印输出的调试信息，可以通过 dmesg 命令来查看，后面会进行演示。

除源文件以外，我们还需要一个 Makefile 文件。驱动程序的 Makefile 文件与应用程序的 Makefile 文件略有不同，如代码清单 11-2 所示。

代码清单 11-2　驱动程序的 Makefile 文件

```
 1 obj-m        += hworld.o
 2 hworld-objs  := \
 3         helloworld.o
 4
 5 KERNEL_DIR := /lib/modules/$(shell uname -r)/build
 6
 7 KERNEL_PWD := $(shell pwd)
 8
 9
10 ARCH:= x86_64
11
12 all:
13         make -C ${KERNEL_DIR} SUBDIRS=$(KERNEL_PWD) ARCH=${ARCH} module
14 clean:
15         rm -rf *.o *.ko *.mod.c .tmp_versions *.c.ur-safe *.o.cmd *.cpc
    *.tmp *.cmd .*.o .*.cmd
```

查看代码清单 11-2 中的第 5 行代码，这里用到了前面准备环境时的目录/lib/modules/$(uname-r)/build。再看第 13 行代码，执行 make 命令时将这个目录作为源代码目录，最后生成的驱动文件为 hworld.ko，结果如图 11-21 所示。

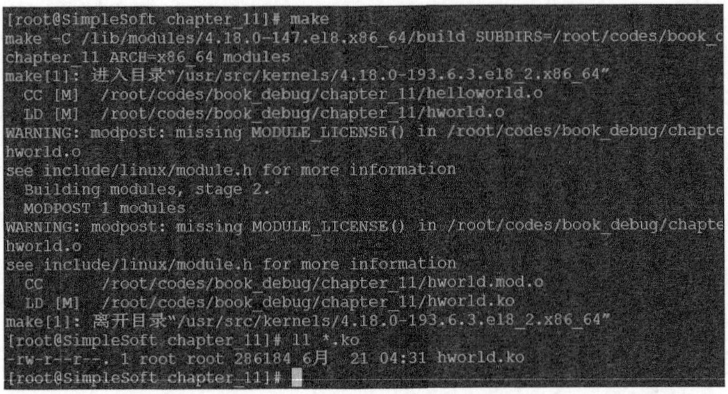

```
[root@SimpleSoft chapter_11]# make
make -C /lib/modules/4.18.0-147.el8.x86_64/build SUBDIRS=/root/codes/book_c
chapter_11 ARCH=x86_64 modules
make[1]: 进入目录"/usr/src/kernels/4.18.0-193.6.3.el8_2.x86_64"
  CC [M]  /root/codes/book_debug/chapter_11/helloworld.o
  LD [M]  /root/codes/book_debug/chapter_11/hworld.o
WARNING: modpost: missing MODULE_LICENSE() in /root/codes/book_debug/chapte
hworld.o
see include/linux/module.h for more information
  Building modules, stage 2.
  MODPOST 1 modules
WARNING: modpost: missing MODULE_LICENSE() in /root/codes/book_debug/chapte
hworld.o
see include/linux/module.h for more information
  CC      /root/codes/book_debug/chapter_11/hworld.mod.o
  LD [M]  /root/codes/book_debug/chapter_11/hworld.ko
make[1]: 离开目录"/usr/src/kernels/4.18.0-193.6.3.el8_2.x86_64"
[root@SimpleSoft chapter_11]# ll *.ko
-rw-r--r--. 1 root root 286184 6月  21 04:31 hworld.ko
[root@SimpleSoft chapter_11]#
```

图 11-21　生成驱动文件

11.3.3　加载和卸载驱动

可以通过执行 insmod 命令来加载驱动。进入驱动文件所在目录，然后执行以下命令：

```
insmod hworld.ko
```

如果一切正常，没有任何错误提示，我们就可以通过 lsmod 命令来检验驱动是否加载成功。在 Shell 中执行以下命令：

```
lsmod
```

结果如图 11-22 所示。

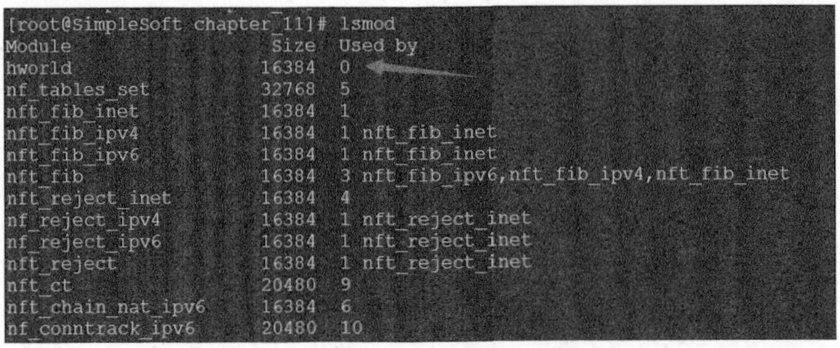

```
[root@SimpleSoft chapter_11]# lsmod
Module                  Size  Used by
hworld                 16384  0
nf_tables_set          32768  5
nft_fib_inet           16384  1
nft_fib_ipv4           16384  1 nft_fib_inet
nft_fib_ipv6           16384  1 nft_fib_inet
nft_fib                16384  3 nft_fib_ipv6,nft_fib_ipv4,nft_fib_inet
nft_reject_inet        16384  4
nf_reject_ipv4         16384  1 nft_reject_inet
nf_reject_ipv6         16384  1 nft_reject_inet
nft_reject             16384  1 nft_reject_inet
nft_ct                 20480  9
nft_chain_nat_ipv6     16384  6
nf_conntrack_ipv6      20480  10
```

图 11-22　查看驱动是否加载

在图 11-22 中能够看到驱动模块 hworld 已经加载成功，因为初始化函数 helloworld_init 打印了调试信息。我们也可以查看调试信息来证明驱动确实在工作，在 Shell 中执行以下命令：

```
dmesg
```

结果如图 11-23 所示。

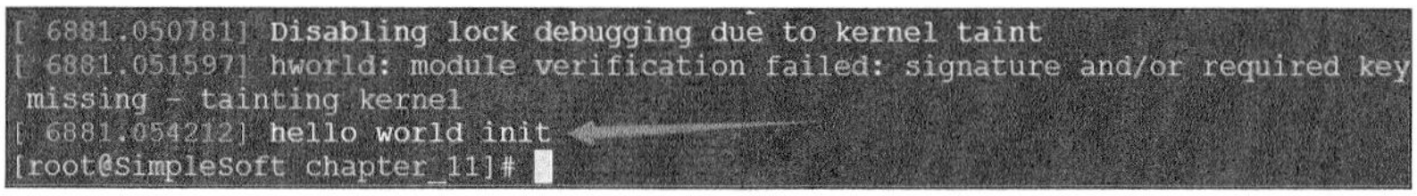

图 11-23　使用 dmesg 查看内核调试信息

从图 11-23 中可以看到，我们的驱动确实已经加载成功，卸载驱动则需要在 Shell 中执行以下命令：

```
rmmod hworld
```

再使用 lsmod 命令来查看 Helloworld 驱动是否已经成功卸载。在命令行执行以下命令：

```
lsmod
```

结果如图 11-24 所示，表明驱动已经成功卸载。

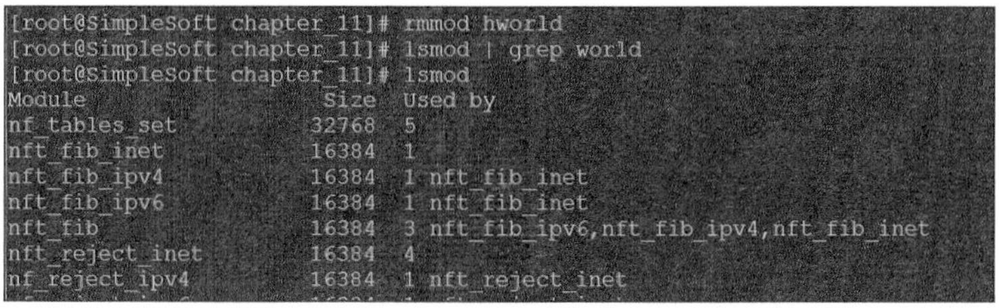

图 11-24　成功卸载驱动

同样地，因为驱动的卸载函数 helloworld_exit 会打印调试信息，所以可以继续使用 dmesg 命令来查看卸载驱动时输出的调试信息。在命令行执行以下命令：

```
dmesg
```

结果如图 11-25 所示。

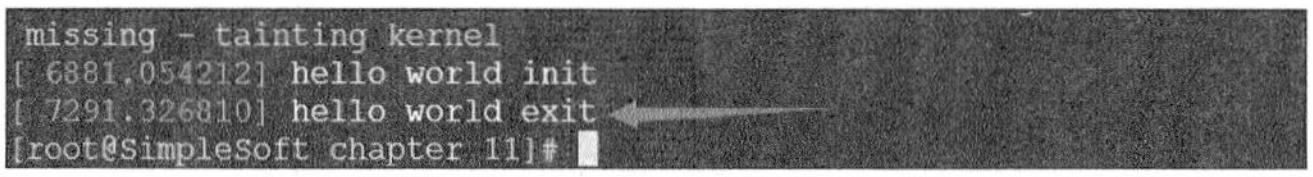

图 11-25　卸载驱动时输出的调试信息

这里的示例只是一个没有任何功能的驱动程序，但是无论是多么复杂的驱动程序，都是从最简单的代码开始的。如果要开发一个真正的驱动程序，那么还有很多事情需要处理，比如与应用层的通信等。后文会比较详细地介绍如何使系统在崩溃时生成内核转储文件，以及如何调试和分析内核转储文件。

11.4　Linux 内核转储文件调试分析

Linux 系统崩溃时也可以像 Windows 系统一样，生成内核转储文件。默认情况下该功能没有开启，要使系统在崩溃时生成内核转储文件，需要进行一些配置。下面分别以 Ubuntu 系统和 CentOS 系统为例，分别介绍可以生成内核转储文件并对内核转储文件进行调试和分析的方法。

11.4.1　Ubuntu 系统

1．安装 crashdump 相关工具

为了使系统在崩溃时能够自动生成内核转储文件，需要进行一些配置。先安装 crashdump 相关工具，在命令行执行以下命令：

```
apt install linux-crashdump
```

这时会安装 crashdump 相关工具，并且会在安装过程中弹出如图 11-26 所示的界面。

选择图 11-26 中的"Yes"，等待系统重启，在系统重启后再检验 crashdump 相关工具是否安装成功。

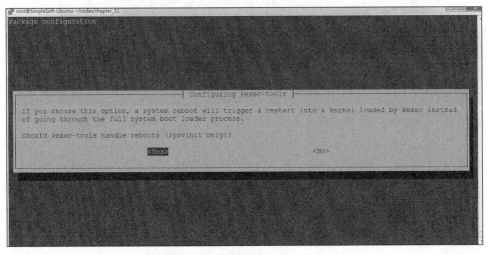

图 11-26　配置 kexec-tools 工具

2．检查内核转储文件是否正常工作

系统成功重启以后，在 Shell 中输入以下命令：

```
kdump-config show
```

如果程序运行结果与图 11-27 的界面类似，那么表示内核转储生成配置正确。

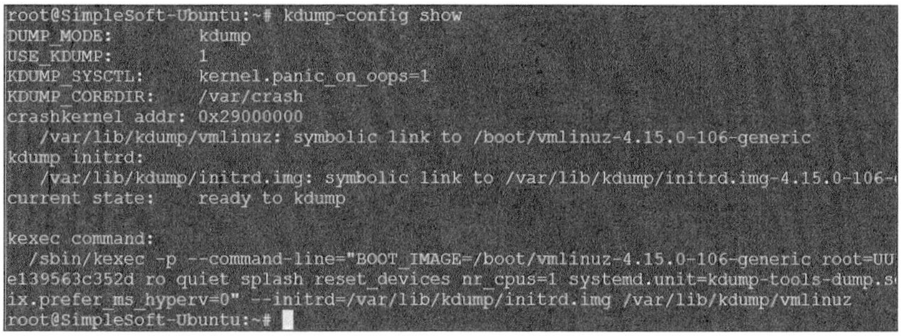

```
root@SimpleSoft-Ubuntu:~# kdump-config show
DUMP_MODE:        kdump
USE_KDUMP:        1
KDUMP_SYSCTL:     kernel.panic_on_oops=1
KDUMP_COREDIR:    /var/crash
crashkernel addr: 0x29000000
   /var/lib/kdump/vmlinuz: symbolic link to /boot/vmlinuz-4.15.0-106-generic
kdump initrd:
   /var/lib/kdump/initrd.img: symbolic link to /var/lib/kdump/initrd.img-4.15.0-106-
current state:    ready to kdump

kexec command:
  /sbin/kexec -p --command-line="BOOT_IMAGE=/boot/vmlinuz-4.15.0-106-generic root=UU
e139563c352d ro quiet splash reset_devices nr_cpus=1 systemd.unit=kdump-tools-dump.s
ix.prefer_ms_hyperv=0" --initrd=/var/lib/kdump/initrd.img /var/lib/kdump/vmlinuz
root@SimpleSoft-Ubuntu:~#
```

图 11-27　查看 kdump 配置

继续输入以下命令来验证内核转储机制是否有效：

```
cat /proc/cmdline
```

结果如图 11-28 所示。

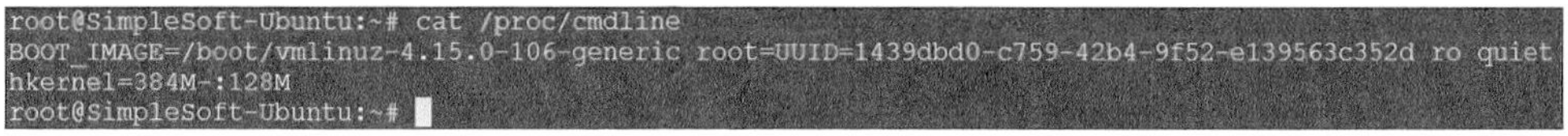

```
root@SimpleSoft-Ubuntu:~# cat /proc/cmdline
BOOT_IMAGE=/boot/vmlinuz-4.15.0-106-generic root=UUID=1439dbd0-c759-42b4-9f52-e139563c352d ro quiet
hkernel=384M-:128M
root@SimpleSoft-Ubuntu:~#
```

图 11-28　查看 cmdline 内容

同样地，如果查看到的内容与图 11-28 类似，那么说明 cmdline 内容也是正确的。

继续验证，在命令行中输入以下命令：

```
dmesg | grep -i crash
```

结果如图 11-29 所示。

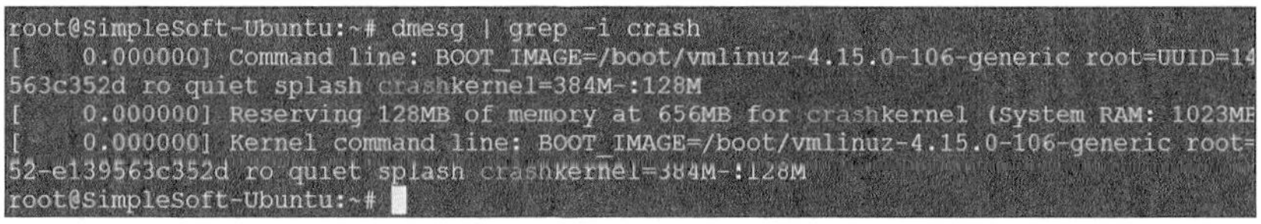

```
root@SimpleSoft-Ubuntu:~# dmesg | grep -i crash
[    0.000000] Command line: BOOT_IMAGE=/boot/vmlinuz-4.15.0-106-generic root=UUID=14
563c352d ro quiet splash crashkernel=384M-:128M
[    0.000000] Reserving 128MB of memory at 656MB for crashkernel (System RAM: 1023MB
[    0.000000] Kernel command line: BOOT_IMAGE=/boot/vmlinuz-4.15.0-106-generic root=
52-e139563c352d ro quiet splash crashkernel=384M-:128M
root@SimpleSoft-Ubuntu:~#
```

图 11-29　查看 dmesg 信息

如果 dmesg 中也显示了与 crashkernel 相关的信息，那么说明配置正确。

接下来，查看 sysrq 文件内容，在 Shell 中执行以下命令：

```
cat /proc/sys/kernel/sysrq
```

结果如图 11-30 所示。

图 11-30　查看 sysrq 内容

如果图 11-30 中的值不为 0，那么表示程序运行正常。

最后，我们来测试内核转储功能是否有效，如果能够生成转储文件，就说明内核转储功能有效。

如果执行下面的命令成功生成了内核转储文件，就说明配置成功，否则需要检查到底是哪里出现了问题。如果配置成功，系统就会自动重启。因此如果系统此时正在执行任务，就要确保系统数据不会被破坏。在命令行中执行以下命令：

```
echo c > /proc/sysrq-trigger
```

如果系统重启并且在/var/crash 目录下生成了内核转储文件，那么说明成功配置了内核转储。

11.4.2　在 CentOS 系统中配置内核转储

在 CentOS 系统上配置内核转储要稍微简单一些，下面将演示在 CentOS 系统中安装内核转储文件的分析工具 crash 以及对应的调试信息包。

1．安装内核转储生成工具

在命令行中执行以下命令：

```
yum install kexec-tools
```

如果一切正常，没有错误，就表明我们成功安装了内核转储生成工具。

2．安装崩溃分析工具

在命令行中执行以下命令：

```
yum install crash
```

crash 工具用来分析内核转储文件，后面我们将使用这个工具来演示如何分析内核崩溃转储文件。

3．安装内核调试信息包

在命令行执行以下命令：

```
yum install kernel-debuginfo-$(uname -r)
```

如图 11-31 所示，因为调试信息包含的内容比较多，所以安装过程较缓慢。

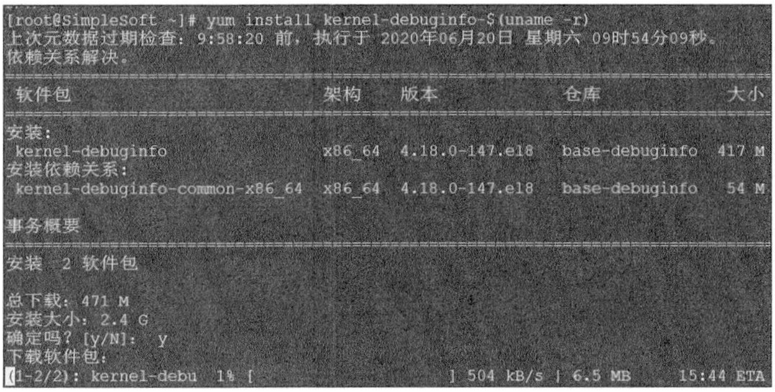

图 11-31　安装内核调试信息包

等安装软件执行完毕后，我们再来确认内核转储配置是否成功。在命令行执行以下命令来确认服务是否正在运行：

```
systemctl is-active kdump
```

如果结果是 active，就表示服务正常。

然后再来测试是否能够生成转储文件，在命令行输入以下命令：

```
echo c > /proc/sysrq-trigger
```

如果内核转储配置成功，那么系统很快就会生成内核转储文件并重新启动。生成内核转储文件的过程如图 11-32 所示。

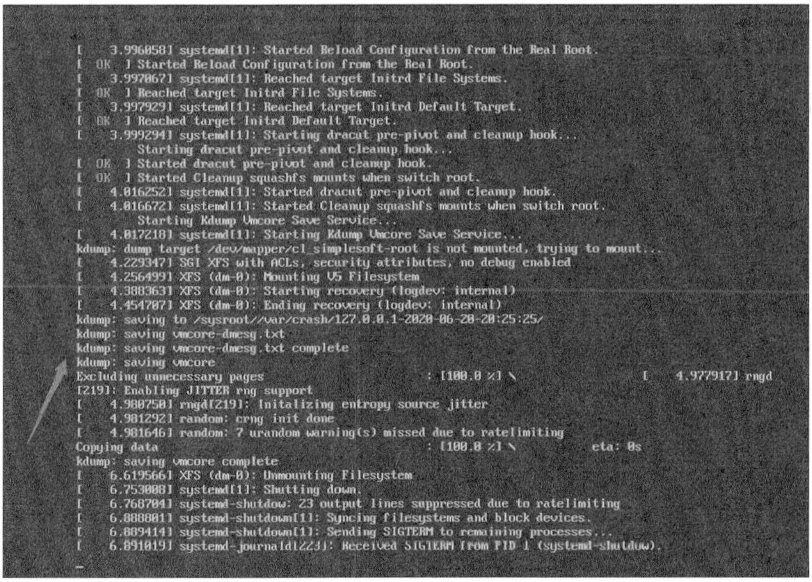

图 11-32　生成内核转储文件

系统重启后，我们可以查看/var/crash 目录下是否生成了内核转储文件。

11.4.3　分析内核转储文件

既然生成了内核转储文件，并且安装了内核转储文件的和分析工具 crash，我们就可以使用 crash 工具来简单演示如何分析内核转储文件。

先执行以下命令来查看系统的内核版本，因为我们要根据当前系统的内核版本来加载对应的调试符号：

```
uname -r
```

这里使用的测试机的内核版本是 4.18.0-147.el8.x86_64，下一步的路径与该版本有关。

然后在命令行执行如下命令：

```
crash/usr/lib/debug/lib/modules/4.18.0-147.el8.x86_64/vmlinux/var/crash/127.0.0.
1-2020- 06-20-20\:25\:25/vmcore
```

其中第一个参数指定的是对应版本的调试版内核，包含调试信息。第二个参数是我们手动生成的内核转储文件。启动后的界面如图 11-33 所示。

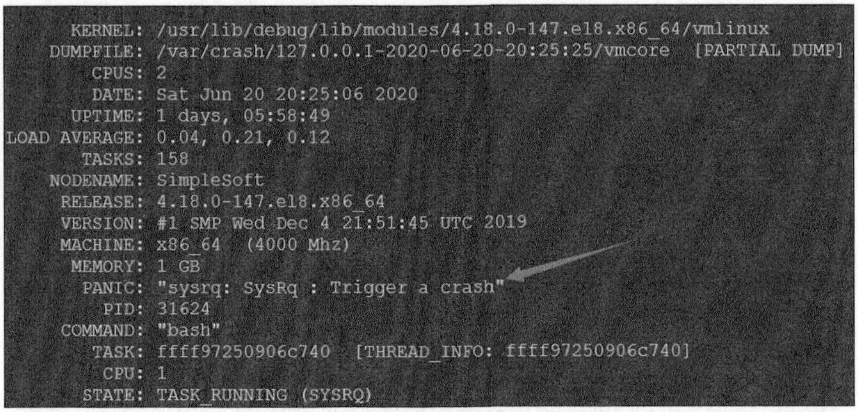

图 11-33　启动调试内核转储文件

图 11-33 中显示了一些基本的系统信息，其中的 PANIC（箭头所指之处）指明了这次崩溃的原因。我们可以在 crash 窗口中执行 bt 命令来查看对应崩溃线程的调用栈信息，如图 11-34 所示。

```
crash> bt
PID: 31624  TASK: ffff97250906c740  CPU: 1   COMMAND: "bash"
 #0 [ffffa564c0643bf0] machine_kexec at ffffffff95857c4e
 #1 [ffffa564c0643c48] __crash_kexec at ffffffff95955b8d
 #2 [ffffa564c0643d10] crash_kexec at ffffffff95956a6d
 #3 [ffffa564c0643d28] oops_end at ffffffff95820e8d
 #4 [ffffa564c0643d48] no_context at ffffffff958676ce
 #5 [ffffa564c0643da0] do_page_fault at ffffffff95868202
 #6 [ffffa564c0643dd0] page_fault at ffffffff9620114e
    [exception RIP: sysrq_handle_crash+18]
    RIP: ffffffff95d12d22  RSP: ffffa564c0643e80  RFLAGS: 00010246
    RAX: ffffffff95d12d10  RBX: 0000000000000063  RCX: 0000000000000000
    RDX: 0000000000000000  RSI: ffff97253cc56a08  RDI: 0000000000000063
    RBP: 0000000000000004   R8: 00000000000005fd   R9: 0000000000aaaaaa
    R10: 0000000000000000  R11: ffffa564c0da63c0  R12: 0000000000000000
    R13: ffffffff96b36fc0  R14: 00005646e8787da0  R15: 0000000000000000
    ORIG_RAX: ffffffffffffffff  CS: 0010  SS: 0018
 #7 [ffffa564c0643e80] __handle_sysrq.cold.9 at ffffffff95d138d5
 #8 [ffffa564c0643ea8] write_sysrq_trigger at ffffffff95d1379b
 #9 [ffffa564c0643eb8] proc_reg_write at ffffffff95b33f9c
#10 [ffffa564c0643ed0] vfs_write at ffffffff95ab9925
#11 [ffffa564c0643f00] ksys_write at ffffffff95ab9b9f
#12 [ffffa564c0643f38] do_syscall_64 at ffffffff958041cb
#13 [ffffa564c0643f50] entry_SYSCALL_64_after_hwframe at ffffffff962000ad
```

图 11-34　查看调用栈信息

也可以使用 ps 命令查看内核进程信息。如果要查找是否有 watch 关键字的进程，可以输入以下命令：

```
ps | grep watch
```

结果如图 11-35 所示。

```
crash> ps | grep watch
     12      2   0  ffff97250ff6af80  IN   0.0       0      0  [watchdog/0]
     15      2   1  ffff97250f6e17c0  IN   0.0       0      0  [watchdog/1]
     38      2   1  ffff97253e1f8000  IN   0.0       0      0  [watchdogd]
crash> 
```

图 11-35　查看进程信息

还可以使用 files 命令来查看打开了哪些文件，如图 11-36 所示。

```
crash> files
PID: 31624  TASK: ffff97250906c740  CPU: 1   COMMAND: "bash"
ROOT: /    CWD: /root
 FD       FILE             DENTRY           INODE       TYPE PATH
  0 ffff972535a72c00 ffff972502438fc0 ffff9725396fc530 CHR  /dev/pts/0
  1 ffff972538244b00 ffff97253b1ef200 ffff97253b264d10 REG  /proc/sysrq-trigger
  2 ffff972535a72c00 ffff972502438fc0 ffff9725396fc530 CHR  /dev/pts/0
  3 ffff972535a72100 ffff972539789e00 ffff972539775538 REG  /var/lib/sss/mc/passwd
  4 ffff972535a73800 ffff972502438000 ffff972503077930 SOCK UNIX
 10 ffff972535a72c00 ffff972502438fc0 ffff9725396fc530 CHR  /dev/pts/0
255 ffff972535a72c00 ffff972502438fc0 ffff9725396fc530 CHR  /dev/pts/0
crash> 
```

图 11-36　查看打开的文件

在 crash 命令窗口中，可以直接输入“log”来查看当时系统对应的 log 信息，如图 11 37 所示。

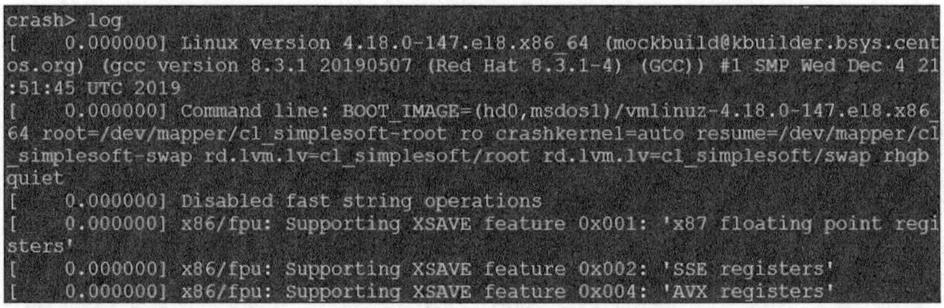

```
crash> log
[    0.000000] Linux version 4.18.0-147.el8.x86_64 (mockbuild@kbuilder.bsys.cent
os.org) (gcc version 8.3.1 20190507 (Red Hat 8.3.1-4) (GCC)) #1 SMP Wed Dec 4 21
:51:45 UTC 2019
[    0.000000] Command line: BOOT_IMAGE=(hd0,msdos1)/vmlinuz-4.18.0-147.el8.x86_
64 root=/dev/mapper/cl_simplesoft-root ro crashkernel=auto resume=/dev/mapper/cl
_simplesoft-swap rd.lvm.lv=cl_simplesoft/root rd.lvm.lv=cl_simplesoft/swap rhgb
quiet
[    0.000000] Disabled fast string operations
[    0.000000] x86/fpu: Supporting XSAVE feature 0x001: 'x87 floating point regi
sters'
[    0.000000] x86/fpu: Supporting XSAVE feature 0x002: 'SSE registers'
[    0.000000] x86/fpu: Supporting XSAVE feature 0x004: 'AVX registers'
```

图 11-37　查看 log 信息

crash 还有很多命令，可以在 crash 命令界面中输入“help”去获得更多的帮助信息。最后执行 q 命令，退出 crash 调试。

11.5　Visual Studio 2022 调试新特性介绍

Visual Studio 2022 新增了很多的功能特性，比如开发效率更高、更智能等。本节主要针对 C/C++调试新特性做一些具体的介绍。

11.5.1　临时断点

顾名思义，临时断点说明这个断点是临时的，执行一次就不再起作用了，这个和 gdb 的临时断点类似，命中一次之后，就不再起作用而被自动删除了。

先看一个简单的示例代码，如代码清单 11-3 所示。

代码清单 11-3　临时断点示例代码

```
#include <iostream>
void test_fun(int i)
{
    std::cout << i << std::endl;
}
void test_temp_break_point()
{
    for (int i = 0; i < 10; i++)
    {
        test_fun(i);
    }
}
int main()
```

```
    {
        test_temp_break_point();
    }
```

这个示例程序很简单，test_temp_break_point 函数以循环的方式调用 test_fun 函数，我们需要在 test_fun 函数中观察变量 i 的值或者观察其他变量的值等，这里只展示一个最简单的代码，简单输出 i。在 test_fun 函数中设置一个断点，由于 test_fun 函数是被循环调用的，会被多次调用并被多次命中，但是我们又不需要多次在 test_fun 函数里面中断下来，因此，就可以在 test_fun 函数中设置一个临时断点。先在 test_fun 函数中设置一个断点，然后鼠标移动到断点上，此时会出现"Settings..."（设置）按钮，如图 11-38 所示。

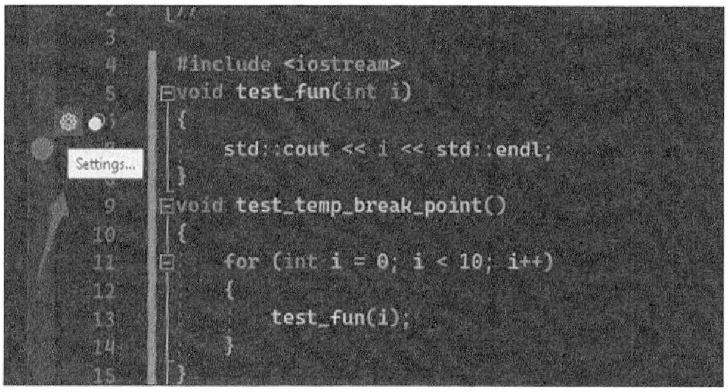

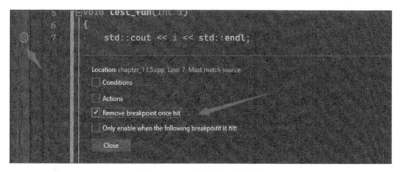

图 11-38　断点上的"Settings"按钮

然后点击"Settings"按钮，弹出图 11-39 所示的对话框。

图 11-39　设置临时断点

在图 11-39 中，勾选上"Remove breakpoint once hit"，此时断点图标也会发生变化，如图中箭头所指，然后点击"Close"按钮，就将这个断点设置为临时断点了。此时可以按 F5 键调试执行程序，会发现确实只会命中一次，而且命中之后断点也会自动被删除。

11.5.2　断点行为控制

这个功能很有意思，也很有用，相当于可以动态为程序输出日志。这里仍然以代码清单 11-3 的代码为例。同样地，先在 test_fun 函数中设置一个断点，然后把"Settings..."对话框打开，勾选"Actions"，如图 11-40 所示。

图 11-40　为断点设置动作

如图 11-40 所示，当勾选"Actions"后，同时又勾选"Continue code execution"，断点图标就变成了菱形图案，下面有两个选项，第一个选项"Actions"是可以在输出窗口中输出自定义信息，比如图 11-40 中的自定义信息为：test_fun:the i is {i}，其中{i}是表示会使用变量 i 的值，所以在输出窗口中输出的是当时真正 i 的值，i 的值是变化的。第二个选项是"Continue code execution"，当勾选这个选项后，命中断点的时候就只会在输出窗口中输出信息，程序不会中断，如果没有勾选这个选项，那么代码执行到断点处的时候才会中断下来，同时在输出窗口中输出信息。这个输出信息的功能非常有用，尤其是在一些大型软件中，只有满足某些条件才能进入到某个函数，而往往要满足这些条件，可能需要执行很长时间，这个时候就可以设置一个断点，并设置输出一些信息，这样就可以查看某些重要的变量的值，既不用白白等待那么久，又不会错过重要信息。

按 F5 键，启动代码清单 11-3 的代码，执行效果如图 11-41 所示。

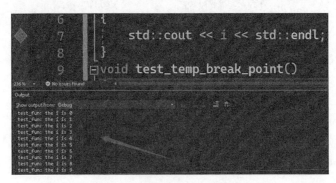

图 11-41　输出窗口的输出信息

从图 11-41 中可以看出，每次命中断点的时候都输出了当时 i 的值，由于勾选了"Continue code execution"，因此程序并没有中断下来，这就相当于为程序动态输出了日志信息并且是很高级的日志信息，打印出了当时变量的值。

11.5.3 依赖断点

比如一个公共的函数，有很多个入口，即有很多地方都调用到了这个公共函数，如果我们在这个公共函数里面设置断点，那么每一次调用都会命中断点，都将导致程序中断下来，但是我们可能只关心一些特殊的调用，比如是从特定的函数里面调用的。如果我们用条件断点的方式，有时候也是可以满足的，但是需要明确具体条件是什么，而这些满足的条件往往很难被明确指定。

另外，可以在公共函数里面设置一个依赖断点，即该断点依赖另外一个断点，只有另外一个断点被依赖的断点命中以后，公共函数里面的断点才会命中，不论以其他任何方式调用到这个公共函数，里面的断点都不会命中，以代码清单 11-4 的代码为例进行说明。

代码清单 11-4 依赖断点示例代码

```cpp
#include <iostream>
void test_fun(int i)
{
    std::cout << i << std::endl;
}
void test_temp_break_point()
{
    for (int i = 0; i < 10; i++)
    {
        test_fun(i);
    }
}
void depend_break_point()
{
    int i = 100;
    test_fun(i);
}
int main()
{
```

```
    test_temp_break_point();
    depend_break_point();
}
```

在代码清单 11-4 中，假设 test_fun 为一个被多个地方调用的公共函数，在本示例中，有两个地方调用该函数，一个地方是在 test_temp_break_point 函数中，另一个地方是在 depend_break_point 函数中，我们在 test_fun 函数中设置一个断点，希望只有从 depend_break_point 函数中的调用才会命中，其他地方的调用都不会命中，这时就可以使用依赖断点。首先在 depend_break_point 函数中设置一个断点，然后在 test_fun 函数中设置一个断点，打开 test_fun 函数中断点的 "Settings..." 对话框，如图 11-42 所示。

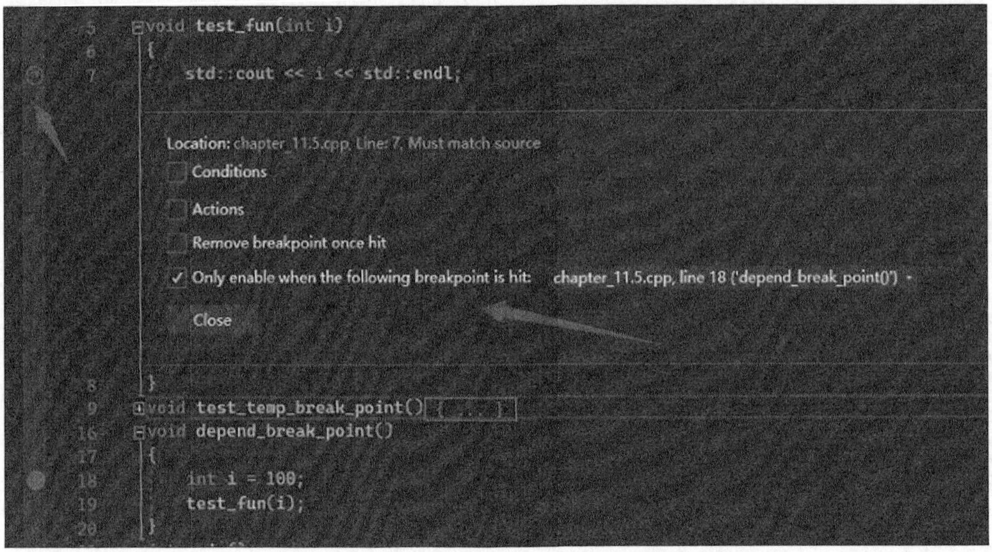

图 11-42　依赖断点设置

打开 test_fun 函数中断点的 "Settings..." 对话框之后，勾选 "Only enable when the following breakpoint is hit"，然后选择 depend_break_point 函数中的断点，这样在启动调试后，只有 depend_break_point 函数中的断点被命中后，test_fun 函数中的断点才会被命中，在 depend_break_point 函数中的断点被命中之前，test_fun 函数中的断点都是不会被命中。需要特别说明一下，这里的依赖断点是严格依赖的，即当 depend_break_point 函数执行完毕以后，即使还有别的代码再次调用 test_fun 函数，test_fun 函数中的断点依然不会命中，除非再次触发 depend_break_point 函数中的断点。

11.5.4　强制运行到光标处

在 Visual Studio 2022 之前的版本，有运行到光标处的功能，即在调试过程中，可以在希望中断下来的源代码的某一行，点击鼠标右键，选择"运行到光标处"，就会最终运行到光标处中断下来，如果在运行到该行代码之前，有其他的断点被命中，就会先中断在其他的断点处，只有继续按 F5 键或者继续调试执行，才会继续往下执行代码，中间命中几个断点，就会中断几次，直到运行到光标处。

"强制运行到光标处"则不同，在执行到光标处的代码之前，无论前面设置了多少个断点，无论多少个断点可能会被命中，这些断点都将被自动忽略，直接运行到光标处中断下来，这就是"强制"的效果。也就是说，"强制运行到光标处"将跳过所有断点和第一次异常，直到调试程序到达光标所在的代码行。

11.5.5　强制运行到单击处

"运行到单击处"和"强制运行到单击处"的区别与"运行到光标处"和"强制运行到光标处"的区别类似。在调试程序暂停时，可将鼠标悬停在源代码中的某个语句上，同时按住 Shift 键，并选择"Force run execution to here"（绿色双箭头），如果选择此选项，程序将在光标位置处中断下来，在程序执行期间，发生的任何断点和首次异常将被暂时禁用，如图 11-43 所示。

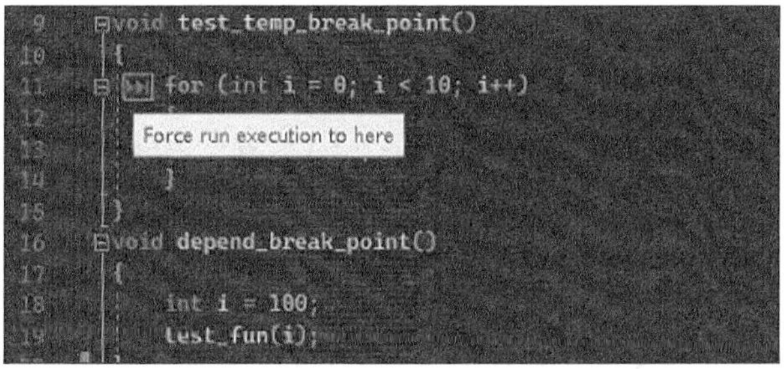

图 11-43　强制运行到单击处

11.5.6　附加到进程

在 Visual Studio 2022 中，"附加到进程"功能得到了一些增强，主要是在选择要附加的进程的操作上，先看一下具体的变化，从"Debug"菜单中选择"Attach to Process..."（"附加到进程"）选项，如图 11-44 所示。

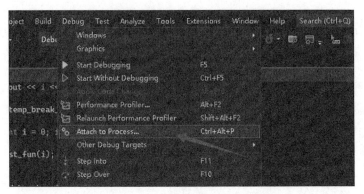

图 11-44 "Attach to process…"选项

在点击"Attach to Process..."选项后,弹出如图 11-45 所示的对话框。

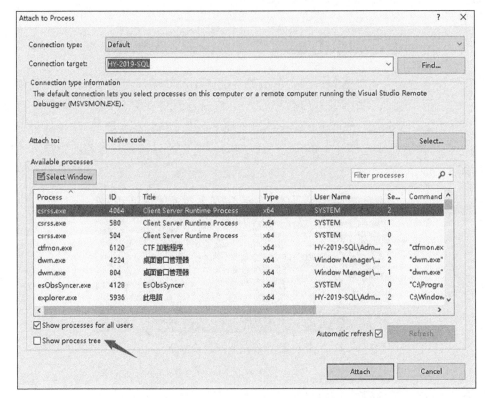

图 11-45 "Attach to Process"对话框

从图 11-45 中可以看到,"Attach to Process"对话框有两个新的变化,一个变化是多了一个选项"Show process tree"(显示进程树),勾选这个选项后,进程列表会以进程树的方式显示进程信息,即会同时显示父进程和子进程,如图 11-46 所示。

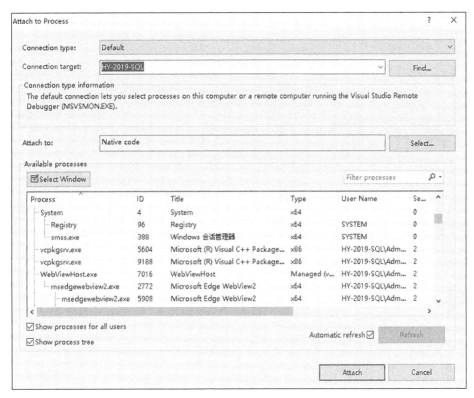

图 11-46　以进程树的方式显示进程信息

　　另一个变化是多了一个按钮"Select Window"（选择窗口），即可以通过选择窗口的方式来附加进程，有时候去找进程名比较麻烦，如果这个要被调试的程序是一个窗口程序，那么也可以采用选择窗口的方式来确定进程。点击"Select Window"后，会运行选择窗口程序，如图 11-47 所示。

图 11-47　通过选择窗口确定程序

　　图 11-47 中选择了一个正在运行的安装程序，当把鼠标移动到这个安装程序的时候，

选择对话框里面同时会显示这个程序的名字以及进程 ID，单击鼠标完成程序的选择，接着回到如图 11-48 所示的界面。

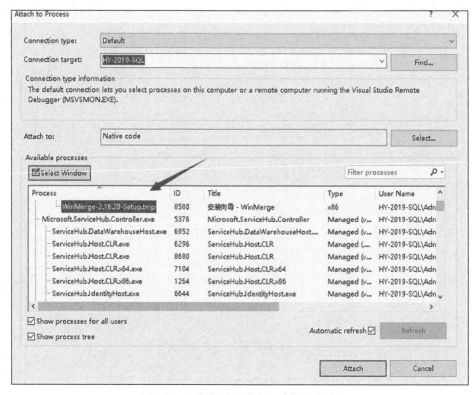

图 11-48　定位到通过窗口选择的程序

从图 11-48 中可以看到，通过窗口选择的程序被自动选中，这个时候只需要用鼠标单击"Attach"按钮就可以把这个程序附加到调试器中。